秘　書　實　務

黃　正　興　編著

學歷：國立臺灣大學外文系學士
　　　國立師範大學英語研究所碩士
經歷：私立東海大學外文系講師
　　　私立實踐大學外國語文學系系主任
　　　輔仁大學講師

東大圖書公司印行

國家圖書館出版品預行編目資料

秘書實務／黃正興編著.－－初版五刷.－－臺北市：
東大，2004
　　　面；　　公分
　　參考書目：面
　　ISBN 957-19-1398-7　（平裝）

　　1.秘書

493.9　　　　　　　　　　　　　　　　81001367

網路書店位址　http：//www. sanmin. com. tw

© 秘　書　實　務

編著者　黃正興
發行人　劉仲文
著作財　東大圖書股份有限公司
產權人　臺北市復興北路386號
發行所　東大圖書股份有限公司
　　　　地址／臺北市復興北路386號
　　　　電話／(02)25006600
　　　　郵撥／0107175-0
印刷所　東大圖書股份有限公司
門市部　復北店／臺北市復興北路386號
　　　　重南店／臺北市重慶南路一段61號
初版一刷　1992年4月
初版五刷　2004年9月
編　號　E 492322
基本定價　柒元貳角
行政院新聞局登記證局版臺業字第〇一九七號

ISBN　957-19-1398-7　（平裝）

編輯大意

一、本書是爲在目前仍普遍缺乏「秘書實務」方面專著的情況下，
希望能提供給學校教學、相關從業人員暨社會大衆一本最適
宜、實用的書籍而編寫。

二、本書之編寫目標：

(一)認識秘書及助理工作的内容。

(二)訓練秘書、助理工作的實務能力。

(三)配合專業知識與技能，運用管理方法，發揮秘書工作的功
能。

(四)培養秘書職業道德。

三、本書之編寫特色：著重實務經驗之傳授，盡量列舉實例，使學
生暨從業人員、社會大衆能了解實際工作情況及需要。

四、「秘書實務」涵蓋層面廣泛，疏漏之處，在所難免，尚祈方家
先進不吝指正。

秘書實務　目次

第一章　秘書概述

第二章　秘書的功能與業務

第三章　秘書的條件

第六章　秘書的事務工作（續）

第七章　公共關係

第八章　秘書與禮儀

第九章 謀職準備

第十章 結論

第一章 秘書概述

第一節 秘書的歷史

秘書的歷史溯源，中西典故各異，其所涵括的業務範圍因時代的演進而有所不同，各具其特色。時至現今工商科技時代，秘書的角色由於其專業性質而更形重要。茲就秘書的歷史，依中西的背景，分別敍述如下：

一、西方的秘書歷史

英文中的秘書一字 secretary 中，包括二個主要涵義：一爲「秘密」secret 及另一爲「的人」ary。合起來，即是處理秘密事情的人。依韋氏字典，秘書的主要意義有五種：

1. 受主管託付機密或秘密之人。（如私人秘書）
2. 受雇來爲主管處理例行及其他事務者。（如業務秘書）
3. 公司人員負責開會、聯絡、通信、監督事宜者。（如執行秘書）
4. 政府官員負責行政督導者。（如國務卿、州務卿）
5. 寫字的書桌。（如下頁之圖）

在西方，秘書的起源並沒有詳細的記載。但傳說在紀元前羅馬帝國時代就已創造出一種獨特的速記方法，因此當時有專司速記、文書整理的秘書以爲負責。此即是早期的秘書❶。對於秘書的發展有三件

秘書（寫字的書桌）圖

重要的事情之發生，使得秘書演變成具有現代秘書的形態：

1.打字機的發明：1714 年英國人 Henry Mill 發明了打字機，但不普遍。1868 年，美國威斯康辛州梅爾渥基市的雪里斯(Latham Sholes)和格立頓(Carlos Glidden)兩人，由號碼機的改良，而發明了第一架實用的英文打字機，並且獲得了專利。1874 年，愛迪生對打字機作了許多改進，後漸演進成現代所用的打字機❷。

2.速記的使用：速記起源極早，西洋遠在希臘、羅馬時代已有人發明，但是當時只求其便捷而已，還沒有發展到自成系統的學問。在十七、八世紀，經過多人的努力，才普遍爲各國所重視與採用。其中以英人伯萊特(Timothy Bright)及貝爾斯(Peter Bales)、維理斯(John Willis)諸人相繼研究改良，至 1837 年，匹特曼(Pitman)著《簡字記音術》一書，奠定速記的基礎。1888 年貴格(John R. Gregg)創的速記法，現普遍爲世人所採用❸。

3.電腦的發明：世界上第一部自動化電子數位電腦是由一位愛荷華大學的數學家兼物理學家(John Vincent Atanasoff)及一位物理系的研究生(Clifford Edward Berry)，於 1939 年所發明的。這部電腦叫 ABC 電腦(Atanasoff Berry Computer)❹。

　　由於打字機及速記的發明及互相配合，使得秘書的文書處理速度及效率得以進步改善。尤其，在電腦的發明後，使得辦公室自動化，秘書工作需要現代科技來配合，更形重要了。

二、中國的秘書歷史

　　我國的秘書歷史，可追溯到東漢桓帝時（西元 159 年）設秘書監，職掌宮中圖籍文書。其實秘書一辭在中國歷史上，涵義甚廣。依《中文大辭典》，可分以下四點：

　　㈠秘密之書籍也：

　　　①禁中秘藏之書。歷代置秘書省，有秘書監、秘書郎等官專典其事。

　　　②讖錄圖緯等隱秘之書，亦稱秘書。

　　　③機密文件。

　　㈡官名：

　　　①掌圖書之官。漢以來秘書監、秘書郎之類。

　　　②掌文書之官。謂機密之文書。魏武帝時以爲官名置秘書令，典尚書奏事。今中央政府各院部會、各省官署，皆有秘書長、秘書之官。

　　㈢叢書名：

　　　①三種本。清朝劉一峰撰。其書目有思誠錄、鑒古錄，論古錄。

　　　②二十八種本。清朝汪士漢校訂。其書目有汲冢周書等二十八種。

　　㈣各機關公司首長屬下掌理機要及文書人員。

　　由上可知，我國歷史上秘書的官職可分兩類：掌理圖書及文書。近來，由於時代之演進及工商科技之需要，秘書一職除掌文書外，另

掌其他機要事務，如公關、協調、管理等。秘書官職之演進，列表如下：

朝代	職稱	職掌
東漢桓帝（西元159年）	秘書監	古代圖書
魏武帝	秘書令 秘書郎	尚書奏事機要之職
魏文帝黃初	中書令 （以秘書令為監）	機密之職
隋　五省（尚書、門下、 　　內史、秘書、內侍）	秘書省 秘書監	機密之職
唐　三省（中書、門下、 　　尚書）	中書令	草擬詔令
宋	秘書監	藝文圖籍
元	秘書監	藝文圖籍
明（明太祖罷中書省）	其職併入翰林院	藝文圖籍
清	文淵閣官	藝文圖籍
民國	秘書長	機密和文書管理等

第二節　秘書工作之意義

一、秘書的定義

㈠中文字典的定義

依《辭海》對秘書之定義爲「謂機密之文書」,「今中央政府各院部會, 各省官署, 皆有秘書長、秘書之官。今較大之公司機關亦多設有秘書之職。」❺可見秘書是掌秘密或機密之文書人員。在公家機關或私人機構都設有秘書之職。一般而言, 掌理秘密或機密, 不外掌理文書、公文或圖書而言, 因秘密或機密大部份以文書存之, 典故由此而來。現代, 由於科技之發達, 電腦普遍受到採用, 存檔範圍擴大, 磁碟(disc)已被認爲機密文書的一部份。這是較狹義的觀點, 即秘書是處理機密或文書方面的工作者。其實, 現代的秘書, 尤其是企業秘書, 工作的範圍已包括很廣, 諸如: 主管時間表的調配、情報的收集、提供與管理、接待訪客、整理環境、注意主管的健康狀況、資料整理、文書處理等, 所要處理的事, 實在不勝枚舉❻。

㈡英文字典的定義

依 *The Random House Dictionary of the English Language* 中對於秘書的定義爲❼:

① a person, usually an official, who is in charge of the records, correspondence, minutes of meetings, and related affairs of an organization, company, association, etc. : the secretary of the Linguistic Society of America.(一個人, 通常是官員, 管理一個組織、公司、協會等的記錄、通信、會議紀錄及其他相關的事宜。例如: 美國語言學會的秘書。)

② a person employed to handle correspondence and do routine work in a business office, usually involving taking dictation, typing, filing, and the like.

（一個人被雇用在企業界，處理通信及例行業務，通常包括記口授、打字、檔管及相關事宜。）

以上二定義，類似在我國的公家機關及私人機構秘書所承擔的責任。從廣義與狹義來看，秘書的職務是因時、因地、因人而略有所不同。然而，在整體上，秘書的意義是一致的，秘書是個重要職務，因其所掌的機密職務與其所具備的特殊能力，對於整個組織機構、公司團體所帶來的影響力是很大的。

二、秘書的角色

一般而言，秘書的角色定位應是輔佐的功能。襄助主管處理一切裏裏外外的業務成了秘書的職責。美國的企業組織董事長各有其秘書，而每一項業務負責人也有其專屬的秘書，如下圖：

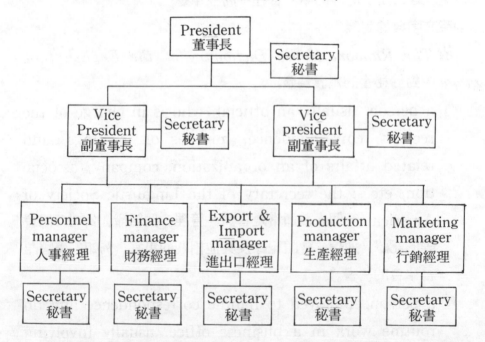

我國的公司大都是延襲美國系統。一般公司或機構，因為傳統背

景的關係，秘書的職務並不是那麼確定，秘書除了本身主管外，和其他部門業務人員的關係也非常密切和重要，形成縱橫交錯而複雜的人際關係，因此其工作範圍是秘書，又是一般的職員，工作領域無法正確的予以劃分。因此，漸漸地，現代的工商秘書，已演變成名符其實的「業務秘書」或「公關秘書」了❽。

三、秘書工作的性質

　　秘書的工作，主要為協助主管執行工作細節。想想大公司的董事長或機關的主管，如果每天早上自己要打開信件，打字回信、存檔處理、接聽電話等工作，那麼，他們將沒有時間來從事高層次的商業活動與計劃。所以，必須要有位助理來處理這些辦公室事務。這位助理，即是秘書。

　　主管依賴他的秘書來處理聯絡事宜：接聽外來電話、口授(dictation)、傳譯(transcription)、電報、檔案管理、打字、文書處理、複印，及對外聯絡等。此外，主管也依賴秘書來協助執行督導及規劃的職責。因此，依主管行業之不同，職責因而有所變更。例如，出版公司的董事長、法律公司的資深股東(senior partner)、市長(mayor)及製造商的業務經理等❾。

　　由上可知，秘書的工作性質最早為輔佐，漸漸責任增加，需要對外聯絡，所以必須具備公關與協調的能力。最後因業務的需要，還需要具備專業知識，才能使秘書工作勝任愉快。秘書的工作如下圖：

四、秘書工作的意義

秘書工作最主要爲輔佐功能，此即是其一主要的意義。秘書工作的另一重要意義爲管理。對很多秘書來說，秘書工作的歷練是作爲一行政主管的重要階梯。因爲秘書常襄助主管處理與主管相關的業務，所以對於主管的工作有一全盤的瞭解。秘書可以學到如何去指導、督導、規劃及處理問題，並且熟悉公司的政策。因此，秘書工作亦是管理人才的訓練搖籃，其理由有二：

(一)秘書熟悉人事、業務、程序、管理等內部作業。

(二)秘書熟悉公關、協調、市場等外部作業。

秘書工作的意義即是在造就優秀的管理經營主管人才。其意義可由下圖看出❿：

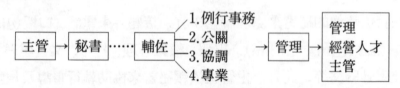

茲就秘書工作的意義：輔佐及管理兩項，畫成簡要關係圖如下：

第三節　秘書的類型

由於時代的進步及工商業的發達，各行各業分工愈來愈細。秘書

的職務也因事實的需要而分成各種類型。現依組織、功能、性質、等級及性別分成各類型分別說明如下:

一、由組織觀點來看:

秘書的類型可列表如下:

組織類別	職稱	職務
1.政府機構 (如中央、省政府及縣市政府等)	主任秘書 機要秘書 秘書長 秘書	機要和文書管理等
2.財團法人 (民間組織,如海峽交流基金會等)	秘書長 秘書	行政主管
3.企業公司 (如長榮海運公司等)	董事長秘書 總經理秘書 經理秘書 業務秘書 秘書 助理秘書	業務、公關、文書、檔管、協調、管理、安排公私事宜。
4.秘書服務公司 (專業服務公司)	電話秘書 電腦秘書 行動秘書	聯絡及文書處理

二、由功能上來區分:

秘書的業務包括甚廣,由前面的組織觀點分類,可看出在功能上亦歸類成四種:

㈠參謀型秘書：

此類型的秘書所擔任的工作幾乎可代理主管處理某些決定性的事務，或者可提供建議供主管參考。對於主管來說，這類秘書就是最有輔助性的參謀了。因秘書工作對主管負責，在整個行政體系中，佔有很重要的地位。例如主任秘書、機要秘書，及美國國務卿(Secretary of State)等。

㈡主管型秘書：

此類型的秘書，得到授權，全權處理一切業務，對外代表組織，處理與組織相關的事務。例如秘書長（基金會等）。

㈢副官型秘書：

此類型的秘書，經過嚴格的秘書養成訓練。爲應付工商企業界的需要，必須精修或歷練相關業務專業知識，如航運、空運、文書處理、企業管理等。平時協助主管處理例行及瑣碎的行政工作；在主管不在時，如獲得授權，偶而代理主管之職務。例如董事長秘書、總經理秘書等。

㈣管家型秘書：

此類型的秘書，是爲因應近來尤其忙碌的工商社會而設。管家型的秘書，一般是專業的秘書服務公司雇用多位秘書，負責接聽電話、傳達信息、收發電報、書信寫作、文書處理等。方便、效率、經濟是主要特徵。如果維持優良品質，此類秘書的優點是值得肯定的。例如：電話秘書、電腦秘書等。

三、由性質上來分類：

在性質上，秘書可分爲二大類：私人專業秘書及公司組織秘書。

1.私人專業秘書：處理私人專業的一切事務。

2.公司組織秘書：處理會議紀錄、文書、及管理等。

私人專業秘書，依其所從事的業務，可分為社會秘書、教育秘書、文書秘書（中文或外文）、政治秘書、法律秘書、教會秘書、財務秘書、公關秘書及企業秘書等。在公司組織秘書方面，一般都以執行秘書、機要秘書、業務秘書或秘書稱之。

在教育訓練方面，前者需要較專業的訓練；後者所需要的則是良好的一般基礎訓練，然後需要較長的在職訓練，以培育各方面的能力，如應對、禮儀、公關、文書、檔案管理，及企業管理等。

由上二類的秘書，可知私人專業秘書所重視的是專業能力，故需要專門科目的專業訓練；公司組織秘書所重視的是一般秘書能力，故需要一般秘書專業課程的訓練❶。

四、由等級來探討：

美國行政管理協會(The Administrative Management Society)把秘書分成三級——B 級、A 級及執行秘書／行政助理(Secretary-level B, Secretary level A, executive secretary/administrative assistant)。其主要職務說明如下：

1. B 級秘書：為小型公司或中型公司主管執行有限的秘書業務。能迅速而準確地做口授筆錄(dictation)、傳譯、篩選電話、訂定約會、做旅行安排、回覆例行的信件，及做檔案管理等。

2. A 級秘書：為中級管理人員或為多位主管執行無限的秘書職務。擬稿或做傳譯的工作，及回覆機密性的信件。此職務需要有公司策略及業務流程的知識，以及水準以上的秘書及行政管理技巧。

3.執行秘書／行政助理：為高層次的行政主管人員執行全盤性的秘書工作及行政業務。負責規劃性的業務並監督此業務之如期完成。

紓解行政主管的例行工作。此職務需要對於公司業務結構有深入的了解及高度的專業技能⓬。

五、由性別來分類：

一般人都認爲秘書是女性的職業，但男性作爲秘書人員有愈來愈多之趨勢。所以，由性別來分類，可分女性秘書及男性秘書。

1.*女秘書*：女秘書的特點爲活潑、仔細、體貼、耐心、熱心等。工商企業界皆喜歡用女秘書，在秘書就業市場約佔有 95% 的比例。多位女秘書，由於在企業界的歷練，已晉升爲經理、總經理，或甚至爲董事長了。

2.*男秘書*：在政府機關及文教機構中，男秘書佔較大的比例，而且職等也高，屬於管理階層。在企業界也有喜歡用男秘書的，如運輸方面、石油及橡膠工業、重機械工業等。在這些行業，男秘書反而比女秘書吃香。這可能是由於秘書需要與工人熟悉，有時候還要跑外勤或在夜間工作。另外，常在外面旅行的主管，往往會選一位男秘書。男秘書的特點爲穩重、刻苦、幹勁、踏實等。男秘書有時也因個性因素而被重用。有些行政主管喜愛男秘書，因男士較客觀，較容易接受批評及指正，較少情緒化，對於工作及對人較不具私心⓭。

附　註

❶ 徐筑琴，《秘書理論與實物》，台北：文笙；民國七十八年，　P. 3.

❷ 《環華百科全書》，台北：環華出版公司，1982 年，　v. 4, P. 18.

❸ 同上，　v. 14, P. 426

❹ Larry Long-Nancy Long,陳棟樑譯，*Computers* 《計算機概念》，台北：松崗，1987, P. 68.

❺ 《辭海》, 台北: 台灣中華書局, 1980, P. 3239.

❻ 夏目通利編, 陳宜譯, 《企業秘書》, 台北: 台北國際商學, 民國七十七年十一月版, P. 36.

❼ *The Random House Dictionary of the English Language,* 2 nd ed., New York; Random House, 1987, P. 1730.

❽ 同❶, P. 11.

❾ Beamer, Hanna, Popham, *Effective Secretarial Practices,* Cincinnati: South-Western Publishing Company, 1962, P. 3.

❿ 同上, P. 11.

⓫ *ENCYCLOPEDIA AMERICANA,* NEW YORK:AMERICANA CORPORATION, 1959, v. 24 P. 518.

⓬ Emmett N. McFarland, *Secretarial Procedures,* Reston:Prentice-Hall Int. Ed. 1985, PP.14-15.

⓭ 同註❾, P. 10.

本章摘要

秘書的歷史典故可分中西兩方面來說。中國方面最早使用「秘書」此詞爲西元 159 年東漢桓帝時設秘書監, 管理古代圖籍, 後改爲中書令, 掌機要之職, 最後演變成現代的秘書。西方的秘書, 始於羅馬帝國的速記, 負責整理文書。後由於打字機、速記及電腦的發明, 秘書漸漸增加知識與技能, 而成現代的專業秘書。

秘書的定義爲「機密的文書」, 即處理機密文件之人員。其意義是雙重的: 一是輔佐: 協助主管處理每天例行的事務, 如打字回信、存檔、接聽電話等, 需具基本能力外, 要擅長公關、協調及專業等能力。二是管理: 襄助主管處理與主管相關的業務, 需學習如何去指導、督

導、規劃及管理等。秘書的意義即在輔佐主管，協助主管執行管理等業務。最後，秘書本身也歷練成一管理、經營及主管人才。

秘書的類型可由五點來分類：組織、功能、性質、等級及性別。

一、由組織來分有：政府機關、財團法人、企業公司、秘書服務公司。

二、由功能來分有：參謀型、主管型、副官型、管家型。三、由性質來分有：私人專業秘書及公司組織秘書。四、由等級來分有：B級秘書、A級秘書、及執行秘書／行政秘書。五、由性別來分類有：女秘書及男秘書等。

習　題　一

一、是非題：

（　　）1.秘書的典故，自古以來，都是掌秘密之人。

（　　）2.英文的秘書 secretary，也有寫字的書桌之意。

（　　）3.東漢桓帝時，設有秘書監，掌機要之職。

（　　）4.秘書的定義爲「謂機密之文書」。

（　　）5.秘書所掌的職務，在每家機關或公司，皆大同小異，無非打字，接聽電話等。

（　　）6.現代的工商秘書，已演變成名符其實的業務秘書。

（　　）7.秘書工作的意義即在造就優秀的機密人才。

（　　）8.一般公司的秘書是屬於參謀型秘書。

（　　）9.一般基金會的秘書長是屬於主管型秘書。

（　　）10.私人專業秘書所重視的是一般的秘書基本功能。

二、選擇題

（　　）1.男秘書受到歡迎因爲①能跑外勤②時代趨勢③升遷較快。

（　　）2.第一架實用的英文打字機的發明人爲①英國人②美國人③羅馬人。

（　　）3.魏文帝時將秘書令改爲①秘書省②秘書郎③中書省。

（　　）4.秘書的狹義觀點是①處理公關業務②處理機密文書③處理打字及文字
處理。

（　　）5.秘書是個重要的職務因為①職務與能力特殊。②聘用與升遷特殊③關
係與儀態特殊。

（　　）6.秘書工作的主要意義是①輔佐與管理②公關與協調③生產與行銷。

（　　）7.美國的國務卿是屬於①參謀型秘書②主管型秘書③副官型秘書。

（　　）8.電話秘書是屬於①主管型秘書②副官型秘書③管家型秘書。

（　　）9.公司組織的秘書所重視的是①專業能力②組織能力③一般秘書能力

（　　）10.為高層次的行政主管人員執行全盤性的秘書工作為① B 級秘書② A
級秘書③執行秘書／行政助理的業務。

三、填充：

1.美國行政管理協會把秘書分為三級：＿＿＿＿＿、＿＿＿＿＿、＿＿＿＿。

2.由性質來看，秘書可分為二種：＿＿＿＿＿及＿＿＿＿＿。

3.由功能來看，秘書可分為＿＿＿＿＿、＿＿＿＿＿、＿＿＿＿＿，及＿＿
＿＿＿等四類。

4.秘書工作的主要意義為＿＿＿＿＿＿＿＿＿＿＿。

四、解釋名詞：

1.速記

2.執行秘書

3. ABC 電腦

4.傳譯

5.口授

五、問答題：

1.試述現代秘書的角色？

2.秘書工作性質今昔有何不同？

3.試比較男女秘書之優缺點？

4.舉出秘書的定義二種。

第二章 秘書的功能與業務

第一節 秘書的功能

一、秘書的功能是以秘書工作之意義爲基礎

秘書的功能與秘書工作之意義密切相關。在第一章提到秘書工作的意義主要可分爲二：(1)輔佐，(2)管理。其關係可由下圖看出：

圖 2-1

在管理階層方面，由於高級管理人員較少，基層管理人員較多，故可畫成下列金字塔型管理階層圖❶：

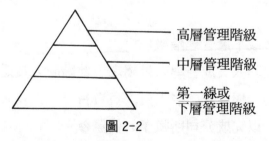

圖 2-2

由以上圖 2-1 及圖 2-2，秘書的工作與管理階層之關係，相配合後

可得下圖，更能顯出秘書工作的意義及其重要性：

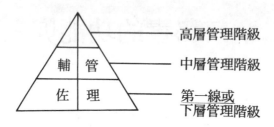

圖 2-3　秘書工作的意義

茲就各管理階層之功能與任務分別說明如下：

㈠高層管理階級：

在大公司中，高層管理階級由董事長，或高級行政主管(CEO, Chief Executive Officer)及副董事長所組成。有時，董事會也被認爲是屬於此層次。其任務爲全面總管理，並訂定公司組織的方針、任務及策略。

㈡中層管理階級：

由公司中，職位低於副董事長，但高於第一綫或督導階層之經理所構成。在不同公司裏，中階層管理人員，其職稱互異。例如，有些稱之爲區域經理(regional　manager)；有些則稱地方經理(district manager)。不管任何頭銜，中層經理人員必須督導其他經理人員，負責把高層管理階級所指示的全面性管理政策，轉變成作業程序與實施辦法。

㈢第一綫或下層管理階級：

第一綫經理人員或督導人員屬之。此階層人員是其他管理階層人員與工人間的橋樑。此階層人員，負責督導工人及其他業務相關人員去執行工作，以完成公司所賦予的任務❷。

由以上得知各管理階層的類別。圖2—3顯示出秘書工作的意義爲

輔佐與管理。在管理階層中，秘書以輔佐行政主管或經理人員爲主，並隨時歷練公司裏裏外外各種業務，以造就成優秀的經營主管或經理人才。

　　秘書能造就成優秀的經營管理人才，是因其具有特殊的功能爲其基礎。而秘書的功能，則是以秘書工作之意義爲基礎。秘書的功能有下列四項：⑴執行任務的功能；⑵處理例行事務的功能；⑶創意的功能；⑷協調的功能❸。此四項可畫成圖 2-4 如下：

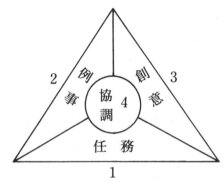

1.執行任務的功能

2.處理例行事務的功能

3.創意的功能

4.協調的功能

圖 2-4　秘書的功能

　　將圖 2-3 與 2-4 對照比較，可看出二圖關係密切。從以下三方面來說明：

　　㈠管理階層中，秘書的角色，由於輔佐及管理之意義，導致需要秘書的四功能來完成其任務。

　　㈡協調放於中心，表示輔佐與管理的角色，尤重協調、溝通與聯絡。

　　㈢比較上，管理角色尤重創意、協調與任務；在輔佐角色上，則重例行事務、協調與任務。圖 2—3 與 2—4，可謂相得益彰。

　　所以，秘書的功能是源自秘書工作之意義，其關係如下：

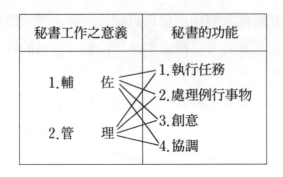

二、秘書的功能

秘書的功能，已如前述，茲將各項功能分述如下：

㈠執行任務的功能：

主管經理人員要求秘書處理的特別任務，都歸類在此項目內。對於某些秘書，他會詳細指示；有些，他則依賴她（他）們的經驗與判斷。他要求執行的任務有傳譯、擬稿、發電報、存款、安排機票、安排看牙醫、到圖書館蒐集資料等等。主管隨時會有指示。因此，秘書必須經常調整工作計劃，以應付不時之需。

㈡處理例行事務的功能：

秘書在不必別人提示、指引或監督下，自行去處理例行的事務，包括辦公室的事務與生產業務。這些例行事務，使得主管人員與秘書人員的業務，川流不息，合作無間。在本範圍內，相關業務項目有拆信件、檔案管理、更新辦公室用品、準備定期報告、提供資料等。這些是秘書的責任，需在時限內，處理完畢。所以，自動自發的精神是很重要的。

秘書需要瞭解主管人員與秘書人員間的工作搭配是需默契而且持續不斷的。如果主管人員要查閱檔案裏的信，而秘書要翻箱倒櫃，才找得到，主管將感到困擾與不便。如果秘書能把主管常打的電話號碼，

按字母列個表，減少查閱時間，以增加效率，主管將認爲秘書稱職能幹。

㈢創意的功能：

秘書主動運用創意的方法，來協助主管人員。秘書預期主管會想要做某事，而在他要求之前，即予做好。秘書知道必須隨時備妥重要資料，以利查詢，以節省時間及增加工作效率。

秘書把主管常會用到的數據，整理出來。在報章雜誌看到重要的文章，把它剪下來，標示重點，加注眉批，以供主管參閱。這些都是有創意的工作，需有「先見」；在主管未想到之前，已把事情辦妥了。創意的工作基礎在於有豐富的前二項功能——執行任務的功能及處理例行事物的功能。能有此二功能的經驗作爲判斷之依據，必能有準確的先見，不致有任何差錯，以發揮最高的創意效率。

創意的功能是沒有極限的，可因各人的能力及主管的需要而定。具有卓越創意功能的秘書最能使主管感激及滿意。

㈣協調的功能：

協調的功能在秘書功能圖 2—4 中，是位於中央，可見其重要性。它負責調和前面三功能，使秘書業務得以順利進行。一位勝任愉快的秘書，與人和諧相處，設法得到主管及同仁的賞識，而避免被厭惡。秘書要仔細研究與人維持快樂關係的技巧，並瞭解到，在公司裏裏外外，在溝通協調上她（他）代表主管；所以，在與人相處時，要用最佳的公關態度去協調一切事務。秘書知道如何獲得同仁的合作，及主管的信賴。

一般而言，秘書的每日工作伙伴可分爲三等級：(1)上司級，(2)同等級，(3)屬下級。對於每一等級，秘書都必須用最好的人際關係原則來對待。在研究過辦公室人際事務後，得知秘書要維持和諧與效率，

同等級間的關係是最難處理的。這就最需要秘書去發揮其協調功能了。

第二節 秘書的業務

一、秘書業務的分類

秘書的業務包含甚廣，可因人、因事、因地（公司機關）而異。人因其能力而業務有所不同；事情因其多寡緩急而使業務有所增減；公司機關因其對業務的要求程度、性質、範圍不同，秘書的業務也跟著有所調整。

在一項研究中，美國著名學者卡斯比爾博士(Virginia E. Casebier)發現秘書在一天的工作時間中，有三分之二是做下列業務❹：

・打字	・與主管商談
・接受口授*	・檔案管理
・傳譯*	・準備當天的業務及下班前
・接聽電話	的業務整理
・處理信件	・擬稿及製作信件

秘書的業務，由上表看來，大略可分為文書、事務與公共關係三方面。茲歸納如下：

1.文書：打字、接受口授、傳譯擬稿與製作信件。

2.事務：接聽電話、處理信件、檔案管理、準備當天的業務及下班前

＊・口授(dictation)：主管要秘書把所指示的話用速記、口授機，或其他方式記下，以便於寫信或其他用途。

＊・傳譯(transcription)：速記符號的翻譯。

的業務整理。

3.公共關係: 與主管商談。

由於科技的發達與進步, 使得現代化的設備不斷除舊佈新。現代秘書業務, 居於時代的需要, 上述所列的項目需作適當的調整。文書方面, 由於電腦的普遍採用及情報的廣泛重視, 將文書業務歸類為資訊管理業務, 較富時代的意義。另外, 由於秘書的協調功能, 業務項目中, 也應加上綜合性業務, 較為周全。因此, 秘書業務可分為四類: 1.資訊管理業務; 2.事務業務; 3.公關業務; 4.綜合業務等。

茲就秘書的功能與業務分述如下:

功能	業務
1.執行任務	2.資訊管理業務
2.處理例行事務	3.事務業務
3.創意	3.公關業務
4.協調	4.綜合業務

依功能與業務配合成圖形如下:

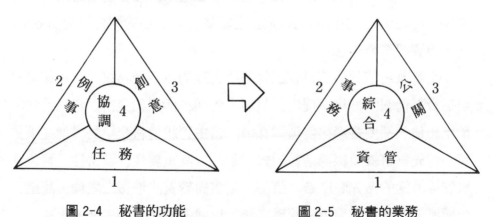

圖 2-4　秘書的功能　　　　　圖 2-5　秘書的業務

二、秘書的業務

秘書業務由前述可知分為四類：1.資訊管理業務；2.事務業務；3.公關業務；4.綜合業務等。茲分別說明如下：

㈠資訊管理業務

資訊管理業務，即是利用電腦來處理及管理一般業務。秘書的資訊管理業務是由其執行任務的功能引伸而來。前節提到秘書執行的任務有傳譯、擬稿、發電報、存款、安排機票、安排看牙醫等，這些業務都需要資訊管理來處理。這是在微觀方面，資訊管理所處理之業務。

在鉅觀方面，資訊管理可處理之業務有文書及情報方面：

⑴文書：包括文件及書信之製作等。以往皆用打字機或手寫，但由於資訊業務之發達，各種文書之製作皆已電腦化，以增加功能與效率。在文書方面，資訊管理所能處理之業務有整理書信、寫信、中英文打字、速記、檔案管理、報告之彙編及製作、文件及表格之製作、行程表之安排、會議的安排、約會安排等。尤其在書信寫作方面，由於有電腦軟體 Wordstar 及文字處理等之運用，可節省構思之時間及文件製作的精力。現代的文書業務尤需要資訊管理的配合以提高效率。文書與資訊業務是息息相關了。

⑵情報：情報業務是資訊管理所處理的主要業務之一。情報業務包括資料情報的搜集、提供、整理、管理、活用與交換。資料情報的輸出和輸入都要經過秘書這個孔道，當主管將情報交給秘書傳達下去時，首先秘書就要根據情報的質和量，按其重要性、機密性、緊急性來安排傳送的優先順序❺。這時，秘書對於資訊情報之處理、篩選、分類與傳遞就可利用資訊管理業務，以增進處理情報業務的效率。

㈡事務業務

　　秘書的事務業務，源自其處理例行事務和功能。秘書的事務業務，為秘書在辦公室所處理的例行業務，包括接聽電話、拆寄信函、拍發電報、檔案管理、更新辦公室用具、收集資料、準備定期報告、安排主管之行程、約會及會議等。雖然有些項目是多種業務的綜合，但在此則偏重事物性的。

　　以上的業務可歸類如下：

⑴通訊方面：	接聽電話、拆寄信函、拍發電報等。
⑵辦公室方面：	檔案管理、更換用具等。
⑶會議方面：	收集資料、準備定期報告等。
⑷安排方面：	安排行程、約會、會議等。

㈢公關業務

　　秘書的公共關係業務是需要創意的功能來作其基礎的。創意的工作，即要有「先見」。公關業務尤其要有「先見」。在處理人與人間的關係時，要能有洞察的能力，要能見微知著，要能以對方的立場來看，必能廣獲人緣，使業務暢通。

　　秘書的職務，接觸面很廣，為了要使業務能順利進行，以須扮演著潤滑劑的功能。在公司機構的裏裏外外，必須兼顧到各個層面的人物，能考慮到各種狀況，能預見各類該辦之事，妥善處理人際關係，圓滿達成任務。

　　一般而言，公共關係的業務包括接待，與相關業務人員的溝通聯絡，消息的發佈，宣傳品的出版，雜誌、年報的出刊，攝影、幻燈片、影片的製作、展覽，市場情報的蒐集，貿易商展等等❻。

　　一般業務的推動，皆以人為主。人由於人際關係而形成自己的團

體，團體與團體間的互動關係，就形成了公共關係。秘書的業務需要顧及公司機構的上上下下、裏裏外外的業務，所以必須有良好的公共關係，才能使全盤業務進行順利。

　㈣綜合業務

　　綜合業務來自協調的功能。協調即是要與各單位溝通以達圓滿處理業務。由於時代的進步與科技的發達，業務牽涉範圍愈來愈廣，並非單項業務所能包含。這時，就要靠秘書來作綜合業務協調。可見秘書的綜合業務尤其重要，因它含括資訊管理業務、事務業務與公關業務等。尤其，秘書要辦妥任何單項業務，必須綜合協調其他相關業務。這樣，才能融會貫通，發揮最大的秘書業務功能。

　　例如以接待業務來看，必須配合資訊管理以獲得情報，得知何人、何時，由何地來訪，來賓的背景明細，來訪的目的，並做出行程表；必須配合事務業務，以安排接待人員、車輛，及安排飯店住宿等；必須配合公共關係業務，以發佈消息，並安排參觀與商談等。所以，接待業務，是個整體性的工作。

　　由以上例子可看出，秘書的業務中，最重要的是要使各項業務綜合協調，才能使任務完滿成功。

附　　註

❶ Emmett N. McFarland, *Secretarial Procedures*, Reston: Prentice-Hall Int. Ed. 1985, p. 6.

❷ 同❶。pp.6—7

❸ Beamer, Hanna, Popham, *Effective Secretarial Practices*, Cincinnati: South-Western Publishing Company, 1962, pp.3—5.

❹ 同❸，pp.5-6

❺ 徐筑琴，《秘書理論與實務》，臺北：文笙，民七十八年，p.17

❻ 同❺，p.132.

本章摘要

秘書工作的意義有二：一、輔佐，二、管理。此意義推演出秘書的功能。秘書的功能有四：一、執行任務的功能；二、處理例行事務的功能；三、創意的功能；四、協調的功能。即是，此四功能根基於秘書工作的二重要意義。秘書的功能可由三角圖形畫出，居中的爲協調的功能；因秘書在溝通上，代表主管，在與人相處或處理業務時，必須面面顧慮到，用最佳的公共關係態度去協調一切事務，圓滿達成任務。

秘書的業務源自秘書的功能。秘書的業務有四：一、資訊管理業務；二、事務業務；三、公共關係業務；四、綜合業務。此四業務亦可畫成如秘書功能的三角圖形；各業務分別與功能互相呼應與對照，成一體系。其中，尤以綜合業務最爲重要，秘書需要綜合業務的能力，才能使各項業務綜合協調，靈活運用，創造佳績。

習 題 二

一、是非題：

（　　）1.管理階層的架構可畫成倒金字塔型管理階層圖。

（　　）2.秘書工作的意義爲一、輔佐，二、控制。

（　　）3.CEO 代表初級的行政主管。

（　　）4.秘書的最主要功能是執行任務的功能。

（　　）5.秘書的處理例行事務的功能包括檔案管理。

( ) 6.創意的功能，必須要有準確的先見，才能有效率。

( ) 7.秘書要維持和諧與效率，與上司級間的關係是最難處理。

( ) 8.卡斯比爾博士認爲秘書在一天的工作時間中，有三分之二是用來做打字工作。

( ) 9.秘書的業務中，以事務業務最爲重要。

( )10.接待工作是單獨的業務，只要有公共關係的知識即可做得很好。

二、選擇題：

( ) 1.在不同公司裏，中階層管理人員，其職稱①相同②互異③不一定。

( ) 2.第一綫管理階級是屬於①上層②中層③下層經理人員。

( ) 3.秘書的功能放於三角形中心的是①協調②創意③任務。

( ) 4.秘書的業務於三角形中心的是①公關②資管③綜合。

( ) 5.情報業務是屬於①綜合②資管③事務。

( ) 6.事務業務包括①接聽電話②文字處理③接待外賓。

( ) 7.下列何者爲公關爲主的業務：①拆寄信函②消息的發佈③安排行程。

( ) 8.綜合業務來自何功能？①協調②創意③任務。

( ) 9.資訊管理業務的微觀方面業務是：①情報②文書③傳譯。

( )10.更新辦公室用具是屬於①綜合②事務③公關業務

三、塡充：

1.管理階層可分爲三級爲：＿＿＿＿＿＿，＿＿＿＿＿＿，＿＿＿＿＿＿。

2.秘書的功能有四爲：＿＿＿＿＿＿，＿＿＿＿＿＿，＿＿＿＿＿，＿＿＿＿＿＿。

3.秘書每日的工作伙伴可分爲三等級：＿＿＿＿＿，＿＿＿＿＿＿，＿＿＿＿＿。其中與＿＿＿＿＿＿間的關係是最難處理的。

4.秘書的業務有四爲：＿＿＿＿＿，＿＿＿＿＿＿，＿＿＿＿＿，＿＿＿＿＿＿。

四、解釋名詞：

1.金字塔型管理階層

2. CEO

3.區域經理

4.事務業務

5.公共關係

五、問答題：

1.試述秘書工作意義與秘書功能的關係？

2.試述秘書的功能與秘書業務的關係？

3.秘書的資訊管理業務包括那些？

4.試述秘書協調功能的重要性？

5.試述秘書綜合業務的重要性？

第三章 秘書的條件

　　各行各業，因個別特殊業務的需要，而有其不同的條件。例如醫生，除了需要精通醫術並領有執照外，尚需要有愛心、耐心與熱心來照顧病患。作爲一個秘書，也是需要具備秘書的條件，才能工作勝任愉快。在美國，優秀的秘書都會想通過 CPS（Certified Professional Secretary）的考試，以取得合格專業秘書的資格，以利就業及升遷。秘書的條件，因各類秘書的業務性質不同，而有所差異。一般而言，秘書的條件可歸納爲下列五項：

一、專門的知識與技能

二、經驗

三、人際關係的技巧

四、資質

五、健康

以上五項依其相互作用的密切關係可畫圖如下：

第一節　專門的知識與技能

關於秘書專門的知識與技能，可分三項目來討論：㈠秘書專業知識；㈡實務方面的技能；㈢專門行業業務知識。分述如下：

㈠秘書的專業知識：

一般機構或公司在雇用秘書時，大都希望秘書能受過秘書專業訓練。這種訓練可來自機構公司自己辦理，以及學校或民間秘書專業訓練中心提供等。訓練課程包括企業管理、會計學、心理學、國際貿易實務、國際滙兌、人事管理、禮儀、公共關係、秘書實務、電腦、打字、英語會話及商用英文等。這些專業知識的訓練很重要，因爲現在有許多機構的秘書，並未受過專業的訓練，因此擔任秘書工作，往往不瞭解自己該做些什麼工作，如果主管亦不能發揮指導的責任，則往往要花費許多的時間和精力，自工作中去摸索這方面的知識❶。可見，如果秘書人員，在就職前，先接受秘書專業知識課程的訓練，必能對其擔任的工作有所助益。

㈡實務方面的技能：

實務方面的技能爲處理秘書業務所需要的技術與能力。一般而言，實務方面的技能包括速記、電腦操作、打字技術、傳譯、檔案管理、電話禮節、應對能力、語言能力，及其他事務機器的操作等。早期的秘書實務中，打字技術佔相當重要的角色。近年來，由於科技的發展與運用，電腦技術廣被需求，所以打字技術與電腦技術同爲不可或缺的實務技能。目前各機構已推行行政電腦化、組織電腦化、人事電腦化、會計預算電腦化、生產管理電腦化等等。尤其是企業界，要求秘書必須接受電腦訓練，以便能應付電腦化的一切秘書業務。

㈢專門行業業務知識：

　　各行各業的秘書，都應通曉其專門業務的知識。國貿秘書必須能熟悉國際貿易實務與流程。法律秘書必須擅長法律知識。財務秘書必須精通會計、稅務、財政及商事法等。由此可知，在每一行業中，都有其專門的業務知識。秘書在決定從事那一行業前，可先修習相關的課程，或閱讀相關的書籍以增加專門業務知識，才能符合實際業務的需要。

第二節　　經驗

　　專門知識與技能，雖然非常重要，但理論需要配合實務。實務上的經驗尤其珍貴。對於秘書業務，是否能順利進行，尤其需依賴經驗。例如，文書之處理，光憑理論尚嫌不夠，因必須考慮到各種文件之性質，文件之內容，及文件之時效性，然後訂處理之優先順序。這些判斷需要以經驗作爲依據。有經驗的秘書，不必主管交待，就能以其經驗，正確的判斷力，冷靜而審愼的處理事務，以其積極、主動、隨機應變的能力，圓滑的推動其工作，若加上其純熟的技能，就是一位非常優秀而受歡迎的秘書了❷。

第三節　　人際關係的技巧

　　人際關係的技巧，即是公共關係的能力。秘書的人際關係可分爲對內與對外。對內的人際關係對象爲上司、同事及屬下等。對外則需面對顧客及業務相關的單位。秘書必須能運用靈巧的人際關係技巧，才能替上司主管建立起良好的人際關係網路，使其具有良好的形象。

對於同事，秘書要建立融洽相處的人際關係，業務才能順利推展；對於屬下者，也需要好的人際關係，才能使上下人脈和諧，產生最高的工作效率，創造最佳的業績。同理，具有良好人際關係技巧的秘書，必能在對外處理業務時，和氣待人，考慮周到，圓滿達成任務。

秘書的人際關係技巧，在運用上有二個重要的原則，即是：

㈠認明秘書並非具「特別身分」：

秘書比其他部門的同事，更容易接受情報或聽到機密事項，這也是造成秘書微妙立場的主因。有時，在會議室裡倒茶時，就會得知人事調動的消息；或聽到董事長的出差是爲了洽談與對方業務合作的話題等，諸如此類的情報，所以，常給其他部門的人，有種特殊身分的印象。假使，秘書也以『特殊』爲榮，就很難在公司裡博得人緣❸。

㈡博得人們的信任：

秘書對於傳遞上司的訊息、指示、或普通職員的心聲，都應明確傳達，以完成疏通管道的任務。這些表現，久而久之就能取得公司機構裏裏外外、上上下下所有人員的信任。

另外，關於秘書人際關係的技巧，可分對內與對外兩方面，現分別列舉如下：

1.對內：

⑴與上司的人際關係：

▲熟悉上司的個性及家庭。

▲熟悉上司的交際圈。

▲勿拘泥於前任上司的處事習慣。

⑵對秘書同事間的人際關係：

▲不該有優越感。

▲互相保持和諧的關係。

▲在業務上互相襄助。

▲多注意上司的業務內容與人際關係，以便增進溝通。

(3)對屬下的人際關係：

▲多照顧屬下。

▲多伸出援助之手。

▲傳達屬下的心聲。

2.對外：

對待客戶及業務相關的單位：

▲誠實無欺。

▲努力維持長久的人際關係。

▲秘書受客戶私人邀請時，不論是否接受邀約，都應事前向上司報告，以尊重上司。

第四節　資質

秘書的資質，可決定秘書工作的品質。一位主管，當然需要一位開朗、負責、可靠的秘書。雖然資質意為「天生之才能」；但秘書的資質則要求對天生之才能再加以訓練與磨練。換句話說，秘書的資質，並非可速成造就或者完全靠天生的，而是需要長時期的訓練與培養的。秘書需要不斷地反省自己，找出缺點，並予以更正，以臻完美。

秘書的資質可分下列十項，由 T 形圖來表示，分成左右兩邊各五項，左邊代表對事，右邊代表對人。此 T 形圖可列表如下❹：

秘書十大資質

A 對事	B 對人
1.準確性	6.考慮周到
2.好判斷力	7.圓滑性
3.工作效率	8.謹慎性
4.機智性	9.責任感
5.主動性	10.客觀性

現依對事與對人兩方面，分別說明如下：

一、對事方面

在研究這些資質特點之前，應知這些資質特點皆需費時，非一蹴可幾。新進秘書往往渴望表現自己的能力強、速度快，因而未花時間去注意準確性、認知事務的輕重性、內涵性及變通性。秘書對時間及速度的重視是可理解的，但如果不具備 1 到 5 資質，經常工作會終歸於無效率或產生尷尬的局面，增加主管之困擾。

對事方面的資質有五項：㈠準確性；㈡好判斷力；㈢工作效率；㈣機智性；㈤主動性。現分別說明如下：

㈠準確性

準確性在此五項中，排行最前，可見其重要性。秘書每天的工作，都可能會有錯。每打一字，每寫一字，都有可能錯。然而，有效率的秘書每天都做準確性的工作。沒有準確性，秘書的工作毫無意義。事實上，不準確的工作比不做還糟，因它所帶來的麻煩，可能要花更多的時間去清理。

但要如何才算是準確性呢？即是每件細節都很精確。這是需要時

間、耐心與專心的。如果遵循下列四步驟，就能做出準確的工作：

1.小心完成每件工作。

2.小心核對每個細節。

3.小心改正所有錯誤。

4.小心檢查修正過的細節。

在製作文件，如果需要列出價格時，秘書要小心地打字，小心地檢查價格是否正確，小心修正任何錯誤，然後再小心地核對修正過的價格。你會懷疑，如果沒發現任何錯誤，而一再檢查，是否很費時。不，絕不。如果檢查十次，而未發現任何錯誤，但在第十一次才發現錯誤，所花的時間還是值得的。準確性，即是小心地檢查過，小心地改正過，小心地再檢查過的小心的工作。

㈡好判斷力：

每位主管都要求秘書有好的判斷力。如果秘書總是道歉說：「對不起，這件事我未想到！」那麼，就必須培養此特質。幸運地，這是可以培養訓練的。為了要有好的判斷力，可遵循下列四個步驟：

第一步驟：想想看妳（你）正在做什麼。

現在妳（你）已能不必想而能夠記事、打字、讀、說、及聽。思考就是控制心思；即是，集中精神。所以，思考是訓練好判斷力的絕對的要素。

第二步驟：看看是否該採取行動。

如果能集中思考，便知是否該採取行動。例如，是否有錯要改、有問題要問、有業務待改進、或程序要變動等。如果自己能力辦不到，找主管去。不錯過任何採取行動的機會。

第三步驟：研析各種因素。

當你需要採取行動時，研析一切情況——調查、綜合、分析——以

判斷是否有未考慮到的因素，值得再斟酌。

第四步驟：當機採取行動。

依各種因素，衡量該採取的行動。然後，在適當的時機，採取必要的行動。

以下舉兩個好判斷力的實例：

〔情況一〕：

主管交待秘書去寫一封信。當秘書在寫信時對於時間問題沒有十分肯定。經過判斷後，再去請示主管，原來主管弄錯了。秘書的正確判斷，省下很多麻煩，也獲得主管的讚許。

〔情況二〕：

主管感冒在家。有位很重要的客戶打電話來，急著要與主管談一筆生意。秘書判斷分析，覺得良機不可失，況且主管只是感冒而已。所以，秘書決定去電告知主管，但首先準備客戶的齊全資料，以備主管詢問。最後，主管稱讚秘書有好的判斷力。

㈢工作效率：

工作效率即是在最短的時間內，有條理、有系統地完成最大的任務。一般辦公時間同樣為八小時，有些秘書能處理好很多件任務；有些秘書則處理不了一件相同的任務。如果能力都相同的話，那差別就在於做事有無工作效率。

有效率的秘書在蒐集資料做報告時，會向各可靠的來源獲得資訊並採取下列的步驟：

1.把整個資料分成許多單元。

2.把每單元資料分別寫在紙條上。

3.把每單元依其來源來分類。

4.把紙條依系統排列。

5.把相關的單元歸類成檔。

用此方法可以有系統地完成任務。有系統、有條理即是工作效率的先決條件。在辦公室裏的業務程序也是需要有條理、有系統。例如，主管出差，他希望秘書作電話記錄。秘書則必須能篩選電話，並把每通電話的重點記在便條紙上，以便主管回來，即可一目了然，這就是工作效率。

㈣機智性：

機智性來自「再升」(rise again)之意。對於一個秘書，機智意即：在傳統因襲的方式行不通時，轉向其他的資源或方法，以求解決。主管有時會指派難以完成的任務。秘書，甚至在心裏頹喪時，必須保持樂觀的態度。在遇困難時，不放棄，而試著找其他可行之道，再嘗試，直到成功。

有位主管想找一份資料，但在檔案裏，遍找不著。秘書由檔案裏得知資料來自當地的專業協會會長，就決定去找這位會長，但卻發現電話簿沒登記。所以秘書打電話到他家，間接得知他辦公室的電話號碼，再打給他的秘書，而獲得那份資料。其實秘書早就可以放棄了，但沒有。機智是設法找出不同的解法辦法，直到成功爲止。

㈤主動性：

主動性即是能預見該做的事。沒人指使，便主動地去做。所有秘書工作皆需要主動性去完成：指定的工作、例行工作、流程業務，及創意的工作。

主動性可分爲二種方式：

1.爲主管的方便。（服務性）

2.爲主管分憂解勞。（業務性）

1.第一方式：有位秘書在把客戶來信給主管看時，通常把先前相

關的通信資料附上，以利主管參考。主管可能沒時間看它，但他喜歡這樣，以利得知來龍去脈，並做出最佳之決定與指示。

2.第二方式：秘書由報上得知主管之朋友被任命為某公司之董事長。秘書把報導剪下並附上自己先擬的祝賀函，一起呈給主管。不管主管喜不喜歡這封祝賀函，他一定會感激秘書的主動性的。

二、對人方面：

㈥考慮周到：

秘書要能體諒、幫助、同情別人。考慮周到即是在為自己著想前，先考慮別人。如果一個人不能考慮別人，便僅僅只會依本性來做，因為人總是先考慮到自己。所以，考慮周到的資質是需要訓練與培養的。努力、紀律與訓練將有助於修正思想模式。當秘書能自然表達出先考慮別人時，必能獲得真正的滿足。

以下的例子，顯示出如何恰當地表現考慮周到：

1.如果認為主管可能會急需要妳（你）的襄助時，就留在自己的位置上。（考慮周到）

2.在主管處於山窮水盡時，提供他有效的策略；當他感頭疼時，幫他倒一杯涼水。（同情心）

3.主管不在辦公室時，才打私人電話。（以主管方便為主）

總而言之，一位考慮周到的人，先考慮別人。

㈦圓滑性：

圓滑性使秘書建立並維持和諧的工作關係。使用考慮周到的詞句及體貼的舉止，秘書可使人不感窘困與難過。相同地，其他人也會喜歡她（他），因為她（他）的圓滑性。

由下列的原則，可以練習圓滑性的技巧：

1.小心選用字:

　　⑴（不妥）你什麼時候可完成那工作?（語氣強）

　　　　（佳）你想在中午前可完成那工作嗎?（委婉）

　　⑵（不妥）現在幫我打字。（命令式）

　　　　（佳）你介意現在幫我打字嗎?（客氣）

　　⑶（不妥）你明天要來上班。（命令式）

　　　　（佳）你明天打算來上班嗎?（尊重對方）

2.圓滑性就是承擔責罵:

　　秘書在打好信後，發現有個錯誤，是主管的疏忽所致。秘書馬上承擔是自己的錯，並立即修正。很微妙地，秘書的承擔錯誤及承受責罵，使得此錯誤的情況，很完滿地解決了。

3.圓滑性就是避免批評:

　　少說「我早就告訴你!」也不要說「我知道我是對的!」就是你很肯定，也不要說這些話，以免傷了對方的自尊心。當主管有錯時，避免批評，才能維持良好的人際關係。

4.圓滑性就是裝聾作啞:

　　聽到有人批評，或聽到主管與他太太談到私人的事情時，一位圓滑的秘書就必須裝聾作啞，才能保持鎮定，不受干擾，正常處理業務。

㈧謹慎性:

　　對於有經驗的秘書，謹慎性意味著把公司裏所有的業務保密。對於初任的秘書，謹慎性則意味著只把機密性的業務保密。一般秘書都通曉公司業務，但有經驗的秘書，知道這一切都是公司的機密。公司主管也是希望秘書能謹慎地保密，不希望秘書談論他的工作或他的私生活。謹慎性即是謹守業務機密，少談論他人之私務。

㈨責任感:

主管通常把責任感列為秘書條件之首。有責任感的秘書是非常敬業的。忠於職守，做事有條有理，有始有終。把主管所賦予的任務，當作一種挑戰，全力以赴，以求完滿達成。責任感亦是一種使命感，一種使命去承擔完滿達成主管所託付的任務。

由秘書的業務來探討，秘書的責任感可歸納為四方面：

1.努力達成主管上司所交待的任務。

2.盡力去執行秘書的例行業務。

3.努力去完成主管上司未交待但必須做的任務。

4.發揮協調的功能並以本身工作態度作為其他職員之表率——不遲到，不早退，坦誠待人，盡忠職守。

㈩客觀性：

客觀性是以超然的、無私的態度，來看整體性的情況後，才做出反應。亦即，置身事外，以理智而不帶感情、不帶私心的態度來分析一件事。

秘書是需要有客觀性的。有時候，工作受到批評，文件要重打；或建議被拒絕了。秘書可能會顯出沮喪、失望與洩氣。然而，主管卻希望秘書能退一步，以全盤、客觀的方式來看此事。想一想，主管是為了避免再度犯錯，才做批評。這是個良性的建議。文件必須重打，則是因主管做了很多變更，已改得面目全非了。另外，秘書的建議雖然有很多優點，但因牽涉高成本，所以暫時被拒絕了。爾後，秘書對於提出計畫或建議，反而更有成本概念了。

客觀性可使秘書在採取任何反應前，心平氣和地研析情境。

第五節　健康

　　秘書的業務包羅萬象。公司機構的裏外上下業務，都需要照顧。可見其責任之重大，任務之深遠。因此，秘書人才必須要有健康的身體。有健康的身體，才能有健全的身心，開朗的心胸，樂觀活潑的個性，以面對任何困難，化解任何困局，創造嶄新的情勢，以利公司機構業務之騰達發展。

　　健康是事業之基本，沒有健康的身體，萬念俱灰。秘書的工作性質是機敏的、勞心又勞力的工作，除了技能的工作需要勞心勞力外，還經常要有良好的體力應付一切日常活動性的工作，因此若是沒有良好的健康作基礎，一切工作便無法積極而主動的展開，更不要談到秘書的責任感和工作意識了❺。由此，可見健康對於秘書工作的重要了。

附　　註

❶ 徐筑琴，《秘書理論與實務》，臺北，文笙，民國七十八年，P.20.

❷ 同❶，P.21.

❸ 夏目通利編，陳宜譯，《企業秘書》，臺北：臺北國際商學，民國 77 年 11 月 20 日，二版 pp.49-56

❹ Beamer, Hanna, Popham, *Effective Secretarial Practices,* Cincinnati: South-Western Publishing Company, 1962,pp.16-25.

❺ 同❶，P.21。

本章摘要

各行各業，皆有其要求的條件。秘書的條件有五：㈠專門的知識與技能；㈡經驗；㈢人際關係的技巧；㈣資質；㈤健康。五條件皆均衡重要，要做好秘書的工作，缺一不可。五條件且息息相關，互相影響，可畫成三角形中圓關係圖。中圓代表資質與健康，此二項為秘書的本錢，即天生及自我鍛鍊的基礎。以此基礎為起點，往外獲取㈠專門的知識與技能；㈡經驗及㈢人際關係的技巧，而完成俱備五條件。專門的知識與技能分三項：1.秘書專業知識；2.實務方面的技能；3.專門行業業務知識。經驗能產生正確的判斷力，是秘書工作不可或缺的。人際關係可使秘書與人相處和諧。資質可分十項為：1.準確性；2.好判斷力；3.工作效率；4.機智性；5.主動性；6.考慮周到；7.圓滑性；8.謹慎性；9.責任感；10.客觀性。另外，健康也很重要，有健康的身體，才能有健全的身心，開朗的心胸，樂觀的個性，以面對任何困難，突破困境，創造佳績。以上五條件，為秘書業務成功的必要條件。

習 題 三

一、是非題

（　　）1. CPS 代表合格的專業秘書。

（　　）2.秘書的專業技能包括打字、速記及電腦。

（　　）3.秘書的專門行業業務知識包括禮儀及速記。

（　　）4.有經驗的秘書，可以不必聽主管的指示，自行處事，自行負責。

（　　）5.要堅守前任上司的處事習慣與作風是秘書必須遵守的原則。

（　　）6.秘書受客戶私人邀請時，因不接受邀約，不必向上司報告，以省麻煩。

（　　）7.資質意為「天生之才能」。

（　　）8.秘書的資質完全是靠天生的，不必加以訓練與培養。

（　　）9.工作效率是對人方面的資質。

（　　）10.機智性來自「再升」（rise again）之意。即在山窮水盡時，另尋出解決之道。

二、選擇題：

（　　）1.屬於秘書專業知識的是①秘書實務②新聞實務③法律實務。

（　　）2.秘書專門行業的業務知識是①秘書實務②打字實務③會計實務。

（　　）3.人際關係的重要原則是①熟悉上司②獲人信任③誠實無欺。

（　　）4.準確性即代表做事要①主動②積極③小心。

（　　）5.好判斷力是可以培養的，其步驟可分為①三個②四個③五個。

（　　）6.工作效率即是在最短的時間內，有效地完成①最有利的事②最多的任務③最長的競爭。

（　　）7.考慮周到即是①先考慮別人②先考慮自己③只考慮主管。

（　　）8.圓滑性就是①承擔責罵②大事化小事③謹慎行事。

（　　）9.謹慎性在要求秘書能①少談論業務機密及主管私事②客觀處事③認眞負責。

（　　）10.被認為是事業之基本的是①能力②責任心③健康。

三、填充：

1.秘書的條件第五，依序為＿＿＿＿＿＿，＿＿＿＿＿＿，＿＿＿＿＿＿，＿＿＿＿＿＿，＿＿＿＿＿＿。

2.秘書的專門知識與技能可分為三項目：＿＿＿＿＿＿，＿＿＿＿＿＿，和＿＿＿＿＿＿。

3.秘書的人際關係的技巧，有二重要原則為：＿＿＿＿＿＿及＿＿＿＿＿＿。

4.秘書的十大資質為：1.＿＿＿＿＿，2.＿＿＿＿＿，3.＿＿＿＿＿，4.＿＿＿＿＿，5.＿＿＿＿＿，6.＿＿＿＿＿，7.＿＿＿＿＿，8.＿＿＿＿＿，

9._____, 10._____。

    5.培養好判斷力的步驟有四：

        1._____

        2._____

        3._____

        4._____

四、解釋名詞

    1. CPS

    2.特別身分

    3.資質

    4.機智性

    5.主動性

五、問答題：

    1.秘書的條件有那幾個？其相互間的關係如何？

    2.秘書的專門知識與技能與經驗有何關係？

    3.秘書的條件與其他行業之條件有何不同？試舉例說明之。

    4.秘書的十大資質為何？與健康間有何關係？

    5.你對於秘書的條件，有沒有其他項目要補充的？請詳述。

第四章　秘書工作的內容與特性

第一節　秘書工作的內容

秘書工作的內容涵蓋甚廣，每每因公司機構不同，而工作內容有所變動。一般而言，秘書工作的內容仍由秘書的業務項目發展出來。秘書的業務項目源自秘書的功能，秘書的功能又是由秘書工作的意義引伸而出。由此可見，其間關係密切，現由流程圖表示之：

另外，由原來的代表圖形可畫成流程圖如下：

1.秘書工作的意義

2.秘書的功能

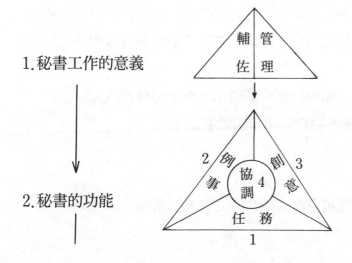

3.秘書的業務

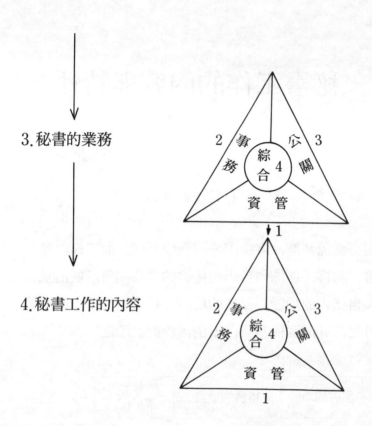

4.秘書工作的內容

　　由上圖可看出秘書工作的內容之來龍去脈。其實，秘書工作的內容就是秘書的業務延伸出來的。亦即，將秘書的業務加以明細化即是秘書工作的內容。

　　秘書工作的內容，如同秘書的業務，大略上可分為四大項目：1.資管 2.事務 3.公關 4.綜合。現分別說明如下：

一、資管

　　資訊管理業務工作可分為二類：㈠文書及㈡情報。

　　㈠文書工作：

在文書業務方面包括下列五項：

1.信件處理：一般公司機構每日的信件一定很多，有報紙、雜誌、廣告宣傳品、私人信件、公司機構本身函件等。上司主管本身業務繁重，不可能一封封親自拆閱，甚為耗時。況且，主管另有其他更重要的事情要規劃，要研判與分析。信件處理的工作當然就由秘書來做。首先，秘書要做分類的工作，看看那些信應送主管親閱，那些僅呈重點即可，那些需要回信，那些有保留價值，那些要丟棄，那些要轉送其他單位參考，等等。其處理方式，每個公司機構都訂有辦法，或者可以從主管的指示及其個性，加以判斷，斟酌處理。

2.中英文打字，文字處理，及書信寫作：中英文打字及文字處理歸為一類，因這些都必須用到電腦，可見電腦在現代文書業務中的重要。中英文書信之撰寫與打字，是秘書的重要工作。由信件的外表與內容，可以看出公司機構的組織與管理。即是，寄出一封信，就如派出一位公司機構的代表。所以，書信的撰寫與製作尤其要慎重小心，講求端莊、美觀、大方。而在時效上，必須把握重點，如期發信，以收最大的效果。這些專業知識與技能，除了在學校修習外，尚須要由實務中吸取經驗，得以精益求精。

3.速記，抄錄指示，文稿整理：速記即是用符號把對方講的話迅速地記下。另外，把速記符號翻譯成一般文字叫傳譯。主管平常有所指示，或是演講時，需要秘書以速記方式記下，然後傳譯整理打字發出或存檔。在處理速記，抄錄指示，或文稿整理業務時，有一重要原則，即是在整理完畢後應請主管過目批示，再行發出或存檔，以免發生差錯，造成困擾。

4.公文處理：秘書在信件處理之後，把該處理的信件，依緊急性，訂出處理之先後次序，依序辦理。秘書對於主管的公文要做初步的處

理，或是附註意見，或是直接呈核，並提醒主管公文的時限，以免主管因業務繁忙，而耽誤公事❶。在處理公文時，必須考慮到的因素有：

(1)公文的發文者。

(2)公文的內容。

(3)公文的內容所牽涉的單位。

(4)公文的時效性。

(5)公文由何單位負責回覆。

(6)公文的撰稿，打字，及發文。

5.報告，講稿書寫：公司機構，一般在固定的時間，會要求各部門單位提出業務報告或工作報告，以作為業務拓展之依據。製作報告或草擬講稿之責任，便落在秘書身上。秘書必須參考相關資料，諮詢相關的人員，綜合整理，才能寫好報告及講稿。報告、講稿寫好之後，秘書要將之整理成册，經主管過目認可後，再打字、印刷，裝訂成册，以備會議及演講所需。

(二)情報工作：

由於電腦的發展與應用，情報業務已成為資訊管理所處理的主要業務之一。秘書必須擔負的任務就是，在情報的大海中，主動收集有助於上司的精要部份，並加以整理、分析，最後再妥為收藏❷。

在情報業務方面包括下列四點：

1.收集情報：收集情報的方法與情報的來源有下列幾種：

▲新聞雜誌等印刷品情報：此可由大眾傳播媒體獲得。

▲演講會與公司內部發表會：在這些會中，如能帶錄音機進會場，必有助於收集情報。

▲建立隨時請教的人際關係：情報的收集，不外多看多聽，隨時請教別人。因此，只需撥個電話或親自拜訪，就能得到所需的情報。

2.分類與取捨：將所收集的情報，用電腦加以分類。可按其內容大致分為：市場、定價、財務、信用、法律等單元。再視其重要性，轉呈相關部門，或呈請上司批閱。這些資料，應事先判斷出上司主管的需求，再加以審慎取捨。

3.整理與保管情報：在收集或報告上司的情報中，倘日後仍有利用價值，一定要輸入電腦，妥為保管。並需每天確實整理，如此，可使存檔保管的情報，發揮其最大的功能。

4.主管所要的情報：了解主管的心思和他最關注的事，並掌握事實，才最重要。因主管最想知道的，是事實的真相，所以秘書在報告時，要避免濃縮或整理得過度，如此才能使主管認清情報的真相。

二、事務

秘書的事務工作，源自秘書的事務業務，可列表如下：

1.通訊方面	接聽電話，拆寄信函，拍發電報等
2.辦公室方面	檔案管理，更換用具（辦公室管理）等
3.會議方面	收集資料，準備定期報告，會議安排等
4.安排方面	安排行程，約會，會議等

㈠通訊方面：

▲接聽電話：電話的使用，在每天秘書的工作中，佔很重要的分量。如何接聽外來電話及如何打出電話，雖是很平常的工作，但都代表公司的形象，所以，尤其要注重禮貌、誠懇與效率。

▲拆寄信函：拆寄信函，即是拆開信件，分類，然後在寫好回信時，順便貼好郵票，寄出。如果是掛號信件，或寄樣品的包裹及小包

等，就要到郵局去辦理。一般的大公司機構，則另有專人負責。

▲拍發電報：現代科技的發達，電報的使用尤其頻繁。電報一般包括國際電報(Cable)、電報交換(Telex)，及電報傳眞(Fax)。現最普遍採用的是電報傳眞，偶爾也用電報交換(Telex)。秘書的工作即是整理電報並拍發電報。

㈡辦公室方面：

▲檔案管理：檔案管理是一項秘書的專業知識。秘書要利用檔案管理將公司機構有保存價值的資料加以整理、分類、保存，以便以後隨時可查閱。所以，秘書一定要瞭解檔案管理的基本方法，以便於資料儲存及查閱參考，發揮檔案管理之效用。

▲辦公室管理：主管辦公室的清理，環境的佈置，秘書個人辦公室的整理，辦公用具的訂購、請領、換新都是秘書隨時要注意的。一個整潔、美觀大方的辦公環境，必能提高工作效率。

㈢會議方面：

▲收集資料，準備定期報告：主管在參加會議或作定期報告之前，都希望秘書把所有相關的資料收集齊全，並整理妥善。如此，主管在參加會議前，已能大略了解會議的內容及在會議中應提出的問題。而在作定期報告時，如果有秘書提供的詳細資料，主管必能做個充分而且成功的報告。

▲會議安排：一般主管參加會議的機會很多，因此安排會議便成了秘書的主要工作之一。秘書必須考慮到的項目有：會議的地點、時間、人物、通知的發放、會場的佈置、會議資料、會議的接待事宜、會議的記錄整理等。這些都要考慮周到，才能使會議圓滿成功。

㈣安排方面：

▲安排行程：由於主管的業務頻繁，公務旅行是常有之事。當主

管出差時，秘書需負責安排行程，預定旅館，預定交通工具，並準備所需的資料，編排行程表。另外，主管出差期間之聯絡電話，地點，都要確實掌握，以便有急事可聯絡。至於出國前的簽證辦理，尤須把握時間，以免延誤。回國後，所應處理之事，也應一併安排妥當。

　　▲安排約會：主管每天都要見不同的人員，有些是固定的，有些則需臨時安排。愈是規模大的公司機構，由於涉及範圍愈廣，愈是位高的主管，其賓客愈多。所以，秘書對主管每日的日程表，不論接見訪客，宴請來賓，參加宴會、會議或主持會議，或接見臨時安排之客人等，都應當將時間妥為分配，使主管的工作時間獲得最高效率的運用。

三、公關

　　秘書的公共關係工作包括如下：

　　㈠接待來賓。

　　㈡業務溝通。

　　㈢文宣、展覽等。

　　㈠接待來賓：

　　一般來賓在見主管之前，一定先由主管的秘書接待。如果是第一次來訪的賓客，秘書還需要在主管和賓客之間，作介紹人的地位。秘書對待來賓的態度，說話的語調，都會使來賓留下深刻的印象，從而影響其對公司機構之觀感。所以，秘書在接待來賓時，應表現出最佳的風度，以作為成功的接待者。

　　㈡業務溝通：

　　秘書是主管身邊最接近的人，也最了解主管的個性及做事原則。由於這種身份，秘書常在整個公司機構中，造成特殊的地位。秘書常

扮演溝通的橋樑，疏通上下的意見，使公司機構同事與主管和睦相處，也使公司機構業務暢通，創造最佳的業績。

㈢文宣，展覽等：

對於公司機構業務的拓展與形象的建立，文宣及展覽尤其重要。文宣即是宣傳資料的設計、規劃、印製及發送。每件文宣品都是代表公司機構的形象，所以每個階段，都必須精心的計劃，才能做出最好的文宣品。另外，參加展覽，也是拓展業務的主要方法。展覽可分定期或不定期，及國內或國外等等。在參加展覽前，一樣需要詳細的規劃，並做好市場調查、產品評估等，然後才能決定參展的時間與地點，及其他相關細節。

四、綜合

綜合業務工作來自秘書協調的功能。因為秘書的協調功能，各單位才能圓滿處理事物。秘書的工作，已不如以前那樣單純。現代的秘書工作，由於業務複雜性的增加，往往牽涉到很多層面，需要各種業務的綜合處理與配合，才能充分發揮其功能。因此，秘書的綜合業務工作，即包括資訊管理業務工作、事務工作、公共關係工作，及其他相關業務工作等。

第二節　秘書工作的特性

秘書工作的特性，仍源於秘書工作的內容。由於秘書的工作範圍很廣，項目也很瑣碎，舉凡主管四周的一切事務，幾乎都是秘書的工作。現依秘書的工作內容與秘書工作的特性列表如下：

秘書工作的內容	秘書工作的特性
1.資訊管理業務工作	1.走在時代的前端 2.工作機會多
2.事務工作	3.學習特殊技能
3.公共關係工作	4.禮儀 5.應對能力
4.綜合業務工作	6.忠誠可靠的品格 7.機智及判斷力 8.冷靜處事 9.記憶力 10.閱讀能力 11.談話技巧

1.走在時代的前端：

　　資訊管理業務是前端的知識。秘書又每天離不開資訊管理業務，隨著資訊管理業務的發展，秘書的知識領域不斷地擴大。此外，秘書每日面對的事務變化多端，意想不到的事情，或新的知識，不斷會接觸到。本國的或外國的各式各樣的人物及知識，使得生活充滿著新鮮和好奇，使得眼界開擴，增進最新的知識，促使自己走在時代的前端。

　　2.工作機會多：

　　由於秘書的工作是多方面的，能力也是多方面的，無形中，工作謀生能力比一般人員強。一位能幹的秘書在此工商業的社會中，是很受歡迎的；因此，其工作機會比一般具單項能力專長者為多。

　　3.學習特殊技能：

　　秘書的事務工作，即是在運用、訓練秘書的特殊技能，如電腦、發電報、檔案管理、速記、打字等。由於工商業越發達，知識的範圍越遼濶。一般公司機構對於秘書的工作能力，也要求得愈來愈嚴格。

所以，上進的秘書，必定會利用空餘的時間去進修相關的技能，如電腦、公共關係、語言能力等，以增加自己的技能。另外，由於秘書對經濟動態及政治情況都需有瞭解，以便報告主管，所以對於報紙、雜誌、電視等所報導之新聞與新知亦應隨時吸收，以增廣見聞。

4. 禮儀：

禮儀是秘書公共關係工作的重要一環。它是秘書待人處事的重要依據。秘書工作由於接觸廣泛，禮儀便是處事的潤滑劑。禮節為治事之本，即是此道理。由於秘書的注重禮貌、日常應對，及服裝儀容等，秘書必能有優良的禮儀，而表現出優秀的氣質與風度。

5. 應對能力：

應對能力也是秘書的公共關係工作所應具備的主要能力之一。應對能力，包括如何待人與處事。待人方面，一般是關於接待、介紹、交談、送行等。處事方面，則是關於處理各種事情、各種狀況，及各種業務等。應對能力，也是離不開禮儀。秘書在秘書實務中，歷練過公共關係的工作後，必能溫文有禮，並具有卓越的應對能力。

6. 忠誠可靠的品格：

優良的秘書，必定忠於其職務。作為主管的秘書，最重要的品行就是忠實。忠實的品格可以從多方面看出來，例如按時上班，認真執行職務，公文之保密，辦公室之清理與維護，對主管之忠實、負責，對同事的誠懇態度等。所以說，要有忠誠的品格，再加上好的專業能力、才幹及技能，才能成為一位合格的秘書。

7. 機智及判斷力：

秘書的業務涵蓋很廣，工作千變萬化，事情的取捨，往往只在一瞬之間。秘書需要有銳利的機智及精明的判斷力，才能應付自如。因此，有潛力的秘書，在經長期的訓練後，必能具備應有的機智與判斷

力。機智及判斷力已成爲秘書工作的特性。

8.冷靜處事：

冷靜處事，即臨危不亂。秘書在處理業務工作中，常會遇到緊急的事情，這時就不能急，必須以冷靜的頭腦，控制情緒，小心行事，才能度過難關。

9.記憶力：

秘書每天必須面對著許多不同的人、不同的事，如果沒有好的記憶力，則容易造成人名、面孔、事物的混淆，而造成各種尷尬的場面與麻煩。所以，盡責的秘書必定會訓練成有好記憶力的秘書。訓練的方法有多種，最簡單的方法，就是利用筆記的方式記載重要的事情，隨時翻閱，久而久之，便可培養出好的記憶力了。

10.閱讀能力：

秘書每天要閱讀的書信、文件、公文、報紙、報告，範圍甚廣。大部份要在有限的時間內看完，並馬上要擬出回覆的稿子，有時甚至要做出摘要給主管過目，時間眞是不夠用。有效率的秘書必能培養快速的閱讀能力。如此，才能減少閱讀的時間，增加工作的速度。

11.談話技巧：

良好的談話技巧，可以化敵爲友，建立親切的人際關係。由於秘書工作每天必須面對各色各樣的人；有些好應付，有些則很難應付。所以，秘書必須臨機應變，依各種狀況，採取各樣的說話技巧。一般而言，說話要眞誠，態度要適中，不可高傲或過份的謙卑，談話的內容應該合適，打斷他人間之談話，亦應選擇時機，插話要有技巧，不應使人產生不愉快的感覺。總之，說話要適時、適地、適人，才能成爲一個高明的談話者❸。

以上共十一點，爲秘書工作的特性。

附　註

❶ 徐筑琴，《秘書理論與實務》，臺北：文笙，民國七十八年，p.4
❷ 夏目通利編，陳宜譯，《企業秘書》，臺北：臺北國際商學，民國七十七年，p.
122
❸ 同❶，p.11

本章摘要

　　秘書工作的內容，源自秘書的業務。秘書的業務，源自秘書的功能。秘書的功能又由秘書工作的意義引伸而來。秘書工作的內容包括四項：一、資訊管理業務工作；二、事務工作；三、公共關係工作；四、綜合業務工作。資訊管理業務工作分二項目：㈠文書，㈡情報。事務工作分四項目：㈠通訊方面，㈡辦公室方面，㈢會議方面，㈣安排方面。公共關係工作方面可分為三項：㈠接待來賓，㈡業務溝通，㈢文宣、展覽等。至於綜合業務工作，即綜合前面的三種秘書工作，合而為一三角形，圖如秘書的業務。因秘書的業務與秘書工作的內容息息相關之故也。至於秘書工作的特性，共有十一點。這些也都與秘書工作的內容關係密切。秘書工作的特性為：一、走在時代的前端，二、工作機會多，三、學習特殊技能，四、禮儀，五、應對能力，六、忠誠可靠的品格，七、機智及判斷力，八、冷靜處事，九、記憶力，十、閱讀能力，十一、談話技巧。

習　題　四

一、是非題：

（　　）1.秘書的功能是源自秘書的業務。

（　　）2.秘書的工作內容與秘書工作的特性關係不大。

（　　）3.秘書的工作內容來自秘書的業務。

（　　）4.信件處理工作，首先是先呈給主管過目。

（　　）5.報告及講稿的書寫，在一般企業公司，是由經理負責。

（　　）6.檔案管理是屬於秘書的事務工作。

（　　）7.現代科技發達，拍發電報都由電信局來做。

（　　）8.文宣的製作及展覽事宜，純粹是秘書資訊管理業務的工作。

（　　）9.秘書能走在時代的前端，因秘書負責資訊管理業務，接觸面廣，能獲得最新的知識。

（　　）10.秘書事務工作有助秘書獲得學習特殊技能。

二、選擇題：

（　　）1.秘書工作內容源自秘書的①業務②地位③特性。

（　　）2.秘書的工作特性是與秘書工作的①時間②內容③地點息息相關。

（　　）3.資訊管理業務工作包括文書及①軟體②綜合③情報。

（　　）4.主管所要求的情報是①不濃縮②要濃縮③綱要即可。

（　　）5.接聽電話是秘書的①綜合業務工作②事務工作③資訊管理業務工作。

（　　）6.安排會議是秘書的①事務工作②資訊管理業務工作③通訊工作。

（　　）7.現在一般公司機構最常用的電報是① Cable ② Telex ③ Fax。

（　　）8.秘書的公共關係工作是①檔案管理②接待來賓③安排行程。

（　　）9.秘書的好禮儀主要由於①事務工作②公共關係工作③資訊管理業務工作。

（　　）10.秘書的工作機會多，因①記憶力好②可以常換工作③多方面的專業能力。

三、填充題：

1.秘書的工作內容有四項為：＿＿＿＿＿＿、＿＿＿＿＿＿、＿＿＿＿＿＿、＿＿＿＿＿＿。

2.秘書的資訊管理業務分二項目爲：_____、_____。

3.秘書的事務工作可分四方面爲：_____、_____、_____、
_____。

4.秘書的公共關係工作包括三項爲：_____、_____、_____。

5.秘書的工作特性，主要由資訊管理業務工作引伸出來的是_____和
_____。

四、解釋名詞：

　1.信件處理

　2.收集情報

　3.會議安排

　4.辦公室管理

　5.應對能力

五、問答題：

　1.試述秘書工作的意義、秘書的功能、秘書的業務，及秘書工作的內容之間
　　的關係。

　2.試述秘書的工作內容與秘書的工作特性間的關係。

　3.秘書的文書工作包括那幾項？試說明之。

　4.秘書的事務工作包括那幾項？試說明之。

　5.秘書工作有那些特性呢？你認爲那幾項最具代表性？又爲什麼呢？

第五章　秘書的文書工作

第一節　信件處理

在目前工商社會中，一般企業機構的通訊，除了電話、電報以外，皆以信件爲主。有時爲了愼重起見，在打完電報、電話後，仍需再以信件確認，以避免有所差錯。由此可見，信件處理在通信業務中，佔有重要的角色。

信件處理是秘書的責任。秘書的工作量往往與該處理的來信成正比。一般而言，主管都希望早些看到來信，以便可立即指示秘書回信或採取行動。信件處理的要項如下❶：

A、來信：

在來信方面分四部份：㈠分類，㈡拆信，㈢登記，㈣分信。

㈠分類：

信件到達時，首先依其重要性，分別歸類。

一般採用下列的次序：

1.電報類。

2.限時信件，或其他附上支票等重要文件之信。

3.公司機構的其他部門來函，文件等。

4.親啓函。

5.報紙及雜誌。

6.目錄及其他文宣資料。

7.包裹。

對於5.6.項，除非與主管有直接關係，否則因數量大，主管無暇一一過目，秘書可做重點報告。或者，可以用紅筆將有關事項勾出，以便主管參考。

▲親啓函：除非主管要秘書拆所有的信，否則秘書不該拆有註明「親啓」的信。如因疏忽誤拆，應立即封妥，並簽名註明「誤拆」字樣。

㈡拆信：

拆信封，要在信封的固定位置上。要拆前，先將信在桌子輕敲，使信內之物落在底部，以免拆時受損。

可用拆信刀，或如果件數多，可用電動拆信機，以加速作業。

用電動拆信機時，要將有地址那面朝上，才知會不會截到地址。

拆信後，必須注意下列事項：

1.信紙上的地址是否與信封上相同？如果不同時，以信封為準，所以信封必須保留。

2.信上是否有寫信人的簽名或簽名是否可辨識？否則由信封上可找到寄信人的名字。

3.信是否有耽誤？由郵戳及信上的日期可看出端倪。耽誤的原因可能是寫信人在信寫好時未立即寄出，或由於郵局耽誤所致。這些可作為主管回信時之參考。

4.信上所提到的附件是否有附上？如果未附上，在信上註明〝缺附件〞，並保留信封。如果，附有支票或滙票時，核對金額是否符合，並在信上註明〝核對無誤〞；如果有差錯，則要註明差異之處。

5.信封如何保存？信封上的郵戳有時可作證明用，需妥善保存。

可在信封上，蓋個收信日期章，依收信日期排列，直到一定日期或確信已無用了，再一起銷毀。

▲包裹

拆包裹，可用刀子或其他工具。在拆時，需注意裏面是否附有信件，或其他文件。如果是訂購東西，可取出訂單以爲核對，看看寄來物品是否正確無誤。寫張核對單給會計部門，通知物品已收到，並經核對過。

▲刊物

先請示主管，看看對於刊物如何處理。有些主管希望秘書能先看一遍，然後附上便條指出主管會想看的文章，並標明頁數。

在經驗增加後，秘書可在閱讀文章時，標出重點，準備綱要，以利主管查閱。

▲誤投之郵件

如有誤投之郵件，必須退回郵局。如果是已搬走的公司機構之郵件，知其新地址，可幫忙轉過去。

㈢登記：

建立收發登記簿，每日重要郵件，包括來信及去信，都需登記在收發登記簿中，尤其是掛號信，包裹等。登記簿裏通常記載郵件簡要及去、來信的日期，以備查詢。

㈣分信：

來信如以單位爲收件人，拆開後，應按信件之類別，由各單位收文。如是個人函件，可直接交由收件人。分信時需注意以下原則：

1.用紅筆勾出信件要點，節省閱讀時間。

2.加註建議事項：對於需要回覆或需主管指示的信件，可加註邊上，供主管裁決。

3.對於可立即採取行動者，應註明，以利主管作決策。

4.檢附信件所相關資料一併呈閱，以節省時間。

5.需傳閱之函件，可附傳閱便條，以增加效率。

B.去信

在去信方面，分二部份：一、回信，二、寫信。

一、回信：

在回信，必須考慮信件的重要性與時效性。有些信件只是簡單的詢問或例行通函，因此處理比較簡單，可直接由秘書回覆。有些信件，則需請示主管之意見後，才能回覆。有些，甚至必須收集資料，並經主管核示後，才能回覆。要注意的是，不論簡單或繁複的信件，在回信時，應仔細閱讀，找出該回覆事項，及該準備的資料或東西，這樣才不會有所遺漏❷。

回信時，需注意的其他細節如下：

㈠信封：

1.中式

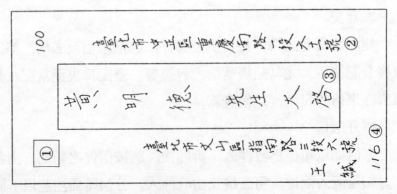

圖 5-1

①貼郵票處

②收信人地址，郵遞區號

③收信人的姓名、稱呼和啓封詞

④寄信人的地址、郵遞區號和緘封詞

▲常用的啓封詞有:

福啓: 對血統、親戚的祖父輩用。

安啓: 對血統、親戚的祖父輩用。

道啓: 對有道德學問的師長輩用。

鈞啓: 對直接、有地位的長官用。

賜啓: 對普通的長輩用。

勛啓: 對有功勛的平輩用。

文啓: 對執文敎業的平輩用。

台啓: 對普通的平輩用。

大啓: 對任何平輩都可用。

禮啓: 對居喪的人用。

素啓: 對居喪的人用。

親啓: 不管長、平、晚輩, 要受信人親自拆閱用。

收啓: 對晚輩用。

▲收信人的姓名、稱呼和啓封詞的寫法:

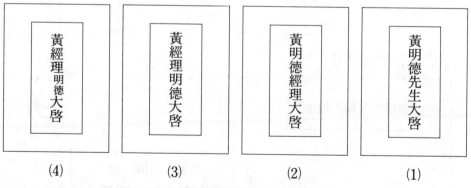

| (4) | (3) | (2) | (1) |

以上四項寫法都是正確, 而禮貌意味依次加濃❸。

2.西式：

(1)橫封橫寫：

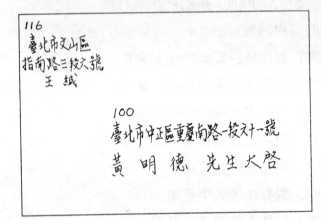

(2)橫封直寫：

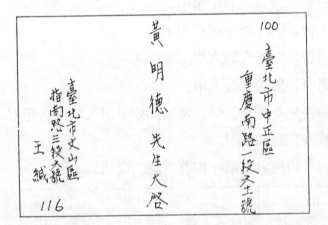

(3)英文信封寫法❹：

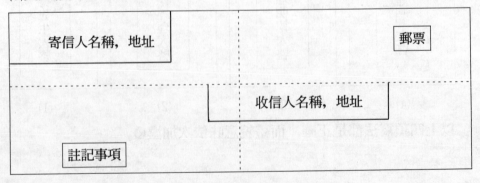

圖 5-3

◎範例

*寄信人名稱，地址： TAIWAN TRADING CO., LTD.

2 F, 25 Alley 92, Lane 42,

CHUNG SHAN N. RD., SEC. 1

TAIPEI, TAIWAN 10050

R.O.C.

(臺灣貿易公司，中華民國臺灣省臺北市，郵遞區號 10050，中山北路一段 42 巷 92 弄 25 號 2 F)

*收信人名稱，地址： DIAMOND IMPORTS, INC.

720 Broadway

New York, N.Y. 10003

U.S.A

(鑽石進口公司，美國紐約州，紐約市，郵遞區號 10003，百老滙街 720 號)

*註記事項❺：

・Attention of Mr. William Taylor　　　專陳威廉泰樂先生

・Confidential　　　機密

・Introducing Mr. Charles Chang　　　介紹張先生

・Kindness (or By courtesy) of Mr. A　　煩 A 先生轉交

・Photo Inside　　　內有照片(請勿折疊)

・Printed Matter　　　印刷品

・Private　　　私函(限由收信人親拆

・Personal　　　親啓

· Registered Mail(or Registered) 　　　掛號郵件

· Sample of No Commercial Value 　　無商業價值樣品

· Sample of No Value 　　　　　　　　貨樣贈品

· Second Class Airmail 　　　　　　　第二類航空郵件

· With Compliments of……(人名) 　　……敬贈

· Strictly Confidential 　　　　　　　極機密

· Urgent 　　　　　　　　　　　　　　急件

(二)信紙摺法:

1.中式:

　　信紙摺疊方式,可先直立對摺,使箋文在外,而後從下方向後上摺一小方。裝入信封時,使受信人的稱謂緊貼信封正面。如下例❻:

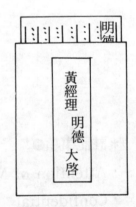

2.西式:

▲大型信封

　　使用大型信封時,信紙的摺疊法為先由下端向上折⅓,然後再向上折與上端平齊,成三等分,然後裝入信封。(信文向內)

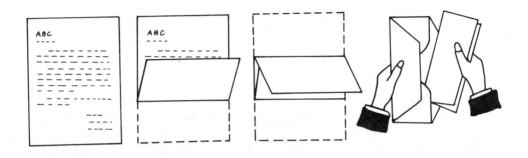

▲小型信封

　　使用小信封時，信紙的摺疊法爲先由下端向上對折，再從右向左折⅓，然後再由左向右折⅓，再將六折的信紙裝入信封中。(信文向內)

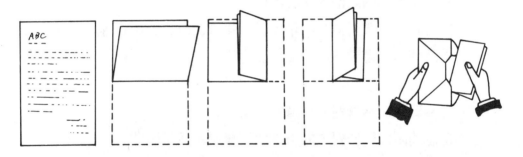

▲開窗信封(Window Envelope)

　　開窗信封即在信封的中央留一個窗口覆以透明紙。使用這種信封時，折疊信紙必須將收信人姓名、地址折於外面，使其裝入信封後，收信人姓名及地址可在窗口露出(信文向外)。使用開窗信封可免在信封上重打收信人姓名、地址，增加效率。

　　㈢回信的程序❼：

二、寫信：

寫信與回信不同，在於寫信是強調主動發出信件。寫信時應把握主管的要求，交待事項不可遺漏，草稿間隔可較寬些，以利主管加入意見或修改。若已獲主管信任，則可直接書寫或打好，讓主管過目即可簽字或蓋章，然後發文。

㈠信函種類：通常，一般常用之信函種類有：

1.公司機構內之備忘箋、便條。

2.各式的商業書信，如銷售函、報價、訂貨、出貨等。

3.邀請函：邀請參加開會、宴會等。

4.通告函：通知開業、地址或電話變更等。

5.恭賀函：恭喜對方陞遷、開業等。

6.慰問函：對於對方的不幸感到難過，並予慰問。

7.感謝函：對他人之贈送或服務表示感謝。

8.介紹及推薦函：介紹某人到對方公司機構參觀，或拜訪某一人員等，請求對方予以便利或協助之信為介紹函。推薦函則為推薦某人至對方公司機構任職、求學，或受訓等。

9.拒絕函：拒絕對方的請求，必須注意禮貌。

10.申請函：申請工作或加入某團體，資料必須齊全。

11.回覆來信：對於來信，須斟酌情況，妥善回覆。

㈡、寫信及回信須注意事項：

1.注意禮貌。

2.口氣要親切。

3.簡單明瞭，避免用艱難少用之字。

4.口語化，不要流於古板形式的陳腔濫調。

5.心平氣和寫信：在生氣時，避免寫信，以免傷感情。

6.回信要迅速、仔細、講求效率。應答覆之事，不可忽略或遺漏。

7.寄信前,再檢查看看信文是否完美？簽名了沒？附件有無附上？信上及信封地址是否正確一致？

㈢撰寫英文信的七要素

一封完善的英文信應具備 Seven C′s 的要件，所謂 Seven C′s 指：Completeness, Clearness, Correctness, Concreteness, Conciseness, Courtesy 及 Consideration 而言。茲分別說明於下：

1.完備（Completeness）

所有的信都是爲某種目的而寫，那麼爲達成此目的，就應將其文意加以完備（Complete）的敍述，不可有所遺漏。假如一封信寫得不完備（Incomplete），不但不能達成目的，反而可能引起反效果。例如 Dispute（糾紛）、Complaint（訴怨）或 Claim（索賠）等等即往往因爲不完備的通信而引起。

【例1】

a.（不完備）

Dear Sirs,

We are returning the goods you shipped, as they arrived too late.

　　　　　　　　　　　　　　　　Yours truly,

這種惜字如金的信，除非賣方標榜"Return Goods Welcome"（歡迎退貨）另當別論外，就 Completeness 而言，可謂一文不值。

謹愼的商人（careful merchant）起碼將改寫如下：

b.（完備）

Gentlemen:

We are returning the cotton goods, your invoice No. 105, by s.s. "President" today.

This was received May 2, too late for our Spring Sale, You will find on reference to our order of January 3, that this was to be shipped to reach us not later than March 15.

Yours faithfully,

【例2】

a.（不完備）Shipment will be made in due course.

b.（完備）Your order for 500 doz. umbrellas will be shipped at the end of this month. You should receive them early next month.

2.清楚（Clearness）

寫信時應推開窗子說亮話，措詞明白清楚，使閱讀的人能立卽明瞭內容，不致引起誤會。商用英文最忌含糊（obscurity）、模稜兩可（ambiguity）、不明確（vagueness）。例如：

（含糊）*Fluctuations in the freight* after the date of sale shall be for the buyer's account.

"Fluctuations in the freight"一詞含有運費上漲或下跌之意，因此欠明晰，容易引起爭執。如改寫成如下，就清楚明白了：

（清楚）*Any increase* in the freight after the date of sale shall be for the buyer's account.

（出售日以後運費如有上漲，歸買方負擔）

（清楚）Any change up or down（or Any increase or decrease）in the freight after the date of sale shall be for the buyer's account.

（出售日以後運費如有上漲或下跌，均歸買方負擔）

3. 具體（Concreteness）

所謂"Concreteness"就是要言之有物，措詞、文意切中要領，據實直陳，切忌空泛、抽象。

譬如說貨色好，不要單說 best, fine, highest grade, supreme（高級）等抽象的形容詞。一定要將它的優點一一具體的臚列出來。抽象的字眼非但人家不會相信，而且意義上也不正確。例如：

（不具體）Our apples are excellent.

（具體）Our apples are juicy, crispy and tender.

4. 簡潔（Conciseness）

寫商用書信應力求簡潔，切忌冗長。須知商場中人，業務倥傯，最重視時間，無功夫閱讀連篇累牘的信。因此，商用書信，應在辭能達意的原則下，使用簡單淺明的辭句。例如：

長而艱深	簡單淺明
apparent	clear
approximately	about
ascertain	find out
commence	begin
compensation	pay
conclusion	end

contribute	give
demonstrate	show
endeavour	try
equivalent	equal
expedite	hasten
facilitate	made easy
initiate	begin
modification	change
participate	take part
perform	do
procure	get
reimburse	pay
render	give
transmit	send
at an early date	early, soon
at all times	always
at the present time	now
at this writing	now
be in a position to	can
by means of	by, with
by virtue of	by, with
costs the sum of	costs
due to the fact	as, because
for the reason that	as, because
in view of the fact that	since
during the course of	during
final completion	completion

for the purpose of	for
in accordance with	by, with
in spite of the fact that	although
in the amount of	for
in the case of	if
in the event that	if
in the meantime	meanwhile
in the near future	soon
in the neighborhood of	nearly, about, around
in this place	here
in view of	since, because
look forward to	await
on a few occasions	occasionally
on the part of	for, among
owing to the fact that	because
we would ask that	please
previous to	before
there can be no doubt that	doubtless
under separate cover	separately
with reference to	about

5. 正確(Correctness)

　　書信寫作，正確乃爲不可或缺的要素。尤其在商業上如內容不正確，則易引起糾紛。要避免 Overstatement（誇張）或 Understatement（抑制），因爲商業最重信用，騙人只能騙一遭，與其過甚其詞，將來損失信用，倒不如老老實實，既不過份誇張，也不過份含蓄或抑制。例如：

（誇張）This stove is *absolutely the best* on the market.

這是老王賣瓜，自說自誇的措詞，既抽象又武斷，不如將其性能、優點具體地向客戶介紹。

（正確）Our model TR 123 stove is designed on modern lives and gives, without any increase in fuel consumption, 25% more heat than the older models.　Soy you will agree that it is the outstanding stove for economy.

6.謙恭（Courtesy）

謙恭有禮是商場上的重要法則。接待顧客固然要有禮貌，寫信時也不能缺少禮貌。有禮貌的信很可博得收信人的好感。所以書信中如能適當地應用"Kindly"，"Please"，"Thank you"，"We have pleasure"，"We regret that"等用語，必能引起閱信人的好感。但亂用恭敬的詞句，也是不對的。例如在"please find enclosed cheque"（敬請查收附上的支票）中，用"please"就不對。如沒有請求收信人賜惠，或沒有過份麻煩收信人時，在商用英文信中，"please"一詞大可不必濫用。「敬請」一詞，不能像在中文信中那樣隨便加上。

要如何寫出有禮貌的信呢？

①善用被動式（passive）語氣

同樣一件事的敘述，用主動式表達則常有譴責對方的感覺，如改用被動式，則語氣就緩和的多。

（無禮）1. You made a very careless mistake.

2. You did not enclose the cheque with your order.

這些主動式的句子頗有嚴厲譴責對方之感，顯得欠缺禮貌。如將"you"省略，並改以被動式，則語氣委婉，不切刺激收信人。

（有禮）1. A very careless mistake was made.

2. The cheque was not encolosed your order.

②善用含有客氣語意的詞句

（無禮）1. We demand immediate payment from you.

2. We must refuse your order.

“demand”一詞有不客氣地要求之意，語氣太重，如改用 “request”則顯得客氣，使人看起來較舒服。“We must ……”頗有威脅之感，“refuse”也語氣太強。

（有禮）1. We request your immediate payment.

2. We regret that we are not in a position to accepy your order.

③以肯定（positive）詞句代替否定（negative）詞句

否定詞句常會引起對方不快，如改以肯定語氣，則可博得對方好感：

【例1】

（否定）We do not believe you will have cause for dissatifaction.

（肯定）We feel sure that you will be entirely satisfied.

【例2】

（否定）It is against our policy to sell leftover goods below cost.

（肯定）It is our policy always to have full stocks of goods at fair prices.

④善用婉轉句法（mitigation）

使用婉轉語法以免刺激對方，此類常用詞句有：

We are afraid   It seems(would seem) to us

We would say   We(would) suggest

We may say   As you are (may be) aware （如你所知）

We might say   As we need hardly point out （不用指出）

【例1】

（無禮）It was unwise of you to have done that.

（婉轉）*We would say that* it was unwise of you to have done
     that.

【例2】

（無禮）You ought to have done that.

（婉轉）*It seems to us that* you ought to have done that.

【例3】

（無禮）We cannot comply with your request.

（婉轉）*We are afraid* we cannot comply with your request.

    使用婉轉句法，應注意不可違反 Concreteness.

⑤使用 Subjunctive mood

表達希望或意見時，可用含蓄語法，以示有禮貌。例如：

1. *Would* you compare our sample with the goods of
other firms?

2. We *should* be grateful if you *would* help us with your
suggestions.

7.體諒(Consideration)

    寫信人在寫信時，不能一味地只顧從自己的立場著想，而應設身
處地，為對方著想，這就是"You Attitude"或"You View-point"或
"The reader's point"。具體地說，提起任何事物，應在可能範圍內

少用第一人稱的"I"，"We"，"My"，"Our"如何如何，而應多說些
"You"，"Your business"，"Your profit"，"Your needs"如何如
何，要把對方的利益放在讀者眼前。以「收信人的利害關係」爲前提，
是撰寫商用書信的重要原則。因此，書信中的每一段(paragraph)的
開頭宜多用"You"而少用"We"。

"WE" expression	"YOU" expression
1. *We* are pleased to announce that……	1. *You* will be pleased to know that……
2. *We* follow the policy because……	2. *You* will benefit from this policy because……
3. As to *our* standing, *We* refer you to Bank of America……	3. As to *our* standing, *you* may address any inquiry to Bank of America……

然而少用"We"起頭並不是說要勉強地以"You"起頭，而故意不
用"We"。假如譴責、責問、訴怨的信也滿篇"You"，"You"，不但
不禮貌，反而易招致惡感。例如下面的句子是以"You"起頭，句子中
也一再提起"You"，然而却是很拙劣的句子。

You attribute your negligence to the fact that *you* are
very busy, but it cannot be believed that *you* must take
so long in reply.

由上面的例句可知，Consideration 與 Courtesy 是不可分的。

㈣依照前述一般常用之信函十一類，分別舉例如下：

1.公司機構內之備忘箋、便條：

UNIFORM ENTERPRISES, INC.
Interoffice Memorandum

To: Peggy Moffat   From: Gordon Hammer

Subject: Toy Sales Report   Date: August 3, 19.

    The Toy Sales Report that you asked to see is attached.

    I would appreciate your returning it to me within ten days. Mr. Dalton, the manager, has requested that the report not be circulated outside the company.

    If you have any questions about the report, please let me know.

中譯:

    你所要看的玩具銷售報告已附上。

    請在十天內歸還。經理達頓先生要求此報告勿對外流通。

    對於報告如有問題,請示知。

2.各式的商業書信: 銷售函

SENDING PRIVILEGE COUPONS

Dear Madam:

    In commemoration of our formal opening which took place last week, we have much pleasure to forward you herewith our special price coupon, which will be serviceable for a whole fortnight ending the 30th inst., in

order to secure our special reduction of 10% on all pur-
chases plus a 5% for cash payments.

We trust that you will either use the coupon yourself
or let some of your friends take full advantage of our
liberal offer. We mark our prices as low as possible, and
so with us the matter of special reduced price sales will
occur but at rare intervals.

Thanking you for your valued patronage in the past
and assuring you of our best services at all times, we
remain.

Yours very faithfully,
THE CHUNG HWA STORE
L. O. MIN.
Secretary.

中譯: 送優待券

親愛的夫人:

　　本號爲紀念上星期正式開幕, 特寄上優待券一張, 其有效時間爲
兩星期, 至本月卅日止, 持券購買各種貨物可得百分之十的特別折扣,
如是現款再加百分之五的優待。

　　我們相信夫人必將用這優待券或交給朋友來利用購買貨物。敝號
所訂的價目均盡可能的低, 故減價一舉, 是不常有的。

　　往日蒙你惠顧, 深爲感謝, 今後如有惠顧, 當隨時謹慎辦理。

3.邀請函:

AN INVITATION TO DINNER

My dear Mrs. Tseng:

It would afford us great pleasure to have you and Mr. Tseng dine with us on Wednesday evening, the twenty eighth, at half past seven.

We trust that nothing will prevent our enjoyment of your company.

Cordially yours,
L. M. YANG.

中譯: 邀友晚宴

曾太太:

本月二十八日星期三晚上七點半, 邀請你和你先生和我們一起吃飯, 這將使我們感到非常快樂。

希望你們, 一定來同樂。

4.通告函:

NOTICE OF REMOVAL

Taiwan Trading Co., Ltd. would like to announce that as from July 1 this year its office will be moved to the following address:

33 Hung Yang Road, Taipei, Taiwan

Telephone: 321-1234(10 Lines)

Cable Address "TAITRA, TAIPEI", TELEX "TP

3214″　remain unchanged.

中譯：　　　　　　　　遷移啓事

　　本公司將從本年七月一日起遷移至下列地址：

台北市衡陽路33號

電話：321-1234（10線）

電報掛號〝TAITRA, TAIPEI″及電報交換〝TP 3214″仍照舊。

臺貿有限公司敬啓

5.恭賀函：

PROMOTION

My dear Mr. Sun:

　　It was only ten days ago that a letter came to me from my brother who told me that you had been promoted to the head of your department.　I am sure that the honour has been won on the sole ground of personal merits.　You did particularly well during the first three years which were marked out for you as a probational period, and now in the sixth year of your connection with the firm, you are reaping your reward.

　　Excuse me for my delay in writing to you to express my sincere congratulations.　The elevation of position brings with it greater responsibilities, and I feel sure you will on no account slacken your efforts in order to give full satisfaction to your employers who, I am told, have great hopes in your future.

Yours devotedly,

T. M. TONG.

中譯:　　　　　　　　　賀友晉升

孫先生:

　　十天前接家弟來信，說你已升爲貴部主管。我確信，你這次獲得榮升，乃是你個人的努力所致。在試用期的三年中，你在這個期間的工作成績是可觀的。你在該行任職，已經六年了，因而如今能獲得這個獎賞。

　　未能及時寫信爲你祝賀，請原諒。職位的陞擢，而責任也因此加重了，我深信，你一定能努力盡職，博得貴行主的滿意。聽說貴行主對你的前途抱著很大的希望。

6.慰問函:

INQUIRING AFTER THE HEALTH OF A FRIEND'S WIFE

Dear Mr. Lang:

I sent over this afternoon to inquire after Mrs. Lang, and was very sorry indeed to hear she is not better, and that you are very anxious about her; but I trust there may be shortly some improvement in her condition. Pray do not think of answering this note; I merely write to assure you of my sympathy, and if anything I can do for you, of course call at once, I do delight in standing by.

With kindest regards, and very best wishes for your good wife's quick recovery.

> Believe me,
> Very sincerely yours.
> AN SON PI.

中譯：　　　　　　　　　　詢友妻病狀

凌先生：

下午派人到府上探知尊夫人的病仍舊未恢復健康。而你也十分焦慮，聽了之後，掛念得很，相信她的病不久將有轉機。這封信可不必回，寫這信的目的，僅是來表示我的關心。如有需要幫忙的地方，只要卽時通知，我是樂意協助的。

祝尊夫人早日恢復健康。

7.感謝函：

TO A FRIEND AFTER A VISIT

My dear Mrs. Wei:

The journey back to town would have been long and lonely had it not been for that nice basket of luncheon and the refreshing recollections of last week. I am sending you by this post a piece of embroidery which I hope will be to your taste.

Pray remmember me most kindly to Mr. Wei. and to little Master Tom, with whom I aspire to claim a very hearty friendship, and believe me,

> Sincerely yours,
> YU PIN-TSEN.

中譯：　　　　　　　　客歸後謝主人函

衛夫人：

　　在歸途中，有你贈送的食籃作陪，加以上星期的歡樂歷歷浮現在眼前，回味無窮，因此就不致有長途寂寞之感。今由郵寄上刺繡一件，請你收下作為紀念，並望它能合你的心意。

　　代向衛先生及小湯姆致意，小湯姆很可愛，極願與他交爲好朋友。

8.推薦函：

A GENERAL LETTER OF RECOMMENDATION

To Whom It May Concern:

　　This is to certify that Mr. Wong Ming Kong was in our employ as an assistant accountant from May 20, 1990, to June 26, 1991, during which period he has rendered satisfactory services. On account of his efficiency his salary was raised, in January 1991, to \$350,00 per month. He left our service at his own request.

　　He is a painstaking and conscientious worker. His character and habits are entirely appreciable.

> ………Co., Ltd.

中譯：　　　　　　　　給退職職員服務證明書

敬啓者：

　　茲證明王鳴岡君，自一九九〇年五月二十日起，至一九九一年六月二十六日止，在敝處任賬務助理，服務成績極爲敝處滿意。後因他辦事得力，自一九九一年正月份起，每月薪金增至三百五十元。這次離職是他自己的請求。

　　他辦事勤勞誠實，品性與習慣完全可嘉。

9.拒絕函：

REFUSING TO DO A FAVOUR

Dear Mr. Shen:

　　I regret to say that I am not in a position to comply with your request. It is, of course, my strong wish to be "a friend in need";but when some day you hear from my own lips that I am in a really awkward situation —which it is impossible to explain in a few hasty lines —you would forgive me.

Yours truly,

H.P. King

　　中譯：　　　　　　　　　　婉却請求

申先生：

　　我不能順從你的要求，很抱歉。當然我的強大願望是爲"一濟急者"；但當有一天你在我口中得知我的困境時,這不是匆匆幾行字所能表達的，你一定會原諒我的。

10.申請函或應徵函：

LETTER OF APPLICATION

Gentlemen:

In answer to your advertisement in to-day's "Daily news" for a linguist I beg to offer myself as a candidate for the post.

My qualifications are as follows:

Age: Twenty-one.

Native Place: Soochow, Kiangsu.

Education: Commercial college graduate.

Experience: Two years private secretary to Mr. Lee, manager of RICOH Co., LTD.

Salary wanted: $350 a month.

If these meet your requirements, please grant me an interview.

Yours respectfully,

....

中譯:　　　　　　　　　應徵函

諸位先生:

頃閱 "每日新聞" 見貴處徵求譯員廣告，茲冒昧自薦。某之資格如下:

年齡: 廿一歲。

籍貫: 江蘇, 蘇州。

教育: 商業專門學校畢業。

經驗: 曾任理光公司經理李先生的秘書二年。

需薪金：每月三百五十元。

以上情形，如合尊處需要，請賜見。

11.回覆來信：

ACCEPTANCE OF INVITATION

Dear Mr. Sung:

With reference to your kind note of even date, I wish to say that I much appreciate the thoughtful spirit in which your invitation to tea has been extended to me. I have much pleasure to accept the invitation.

I understand that you will not mind my limiting our conversation to one hour only as I am tied to other appointments made for Saturday afternoon. If agreeable to you, we could spend half an hour in the garden and then proceed to the cafe immediately thereafter.

With sincere thanks, I remain.

Yours sincerely,

MARY WEI.

中譯：

接受邀請

宋先生：

接閱今天的來信，蒙你看得起，邀我茶會，盛意難却，遵命赴約，榮幸得很。

星期六下午，因我有了其他的約會，所以我們只能有一小時的談

話，想你會原諒的吧。如果得到你同意，我們可在公園裏散步半小時，然後上咖啡館。

隨信表示謝意。

㈤　書信的用語

1.稱謂

⑴家族

稱　　　　人	自　　　　稱	對　他　人　稱	對他人自稱
祖父 祖母	孫 孫女	令祖父 令祖母	家祖父母(或家大父母)
伯(叔)祖父 伯(叔)祖母	姪孫 姪孫女	令伯(叔)祖父 令伯(叔)祖母	家伯(叔)祖父 家伯(叔)祖母
父親 母親	男(或兒) 女	令尊(或尊公或尊翁) 令堂(或尊萱)	家父(或君或尊或大人或嚴) 家母(或慈)
君舅 君姑(或父親/母親)	媳(或兒)	令舅 令姑	家舅 家姑
伯(叔)翁 伯(叔)姑(或伯(叔)父/母)	姪媳	令伯(叔)翁 令伯(叔)姑	家伯(叔)翁 家伯(叔)姑
兄 嫂(或某哥/某姊)	弟 妹	令兄 令嫂	家兄 家嫂
弟 弟婦(或某弟/某妹)	兄 姊	令弟 令弟婦	舍弟 舍弟婦
姊 妹	弟(妹) 兄(姊)	令姊 令妹	家姊 舍妹
吾夫(或某哥) 某某(單稱名或字)	妻(或妹) 某某	尊夫 某先生 令夫君	外子(或某某)

吾妻(或某妹) 某某(單稱名或字)	夫(或某某)	尊嫂 夫人(或尊閫)	內　　　　子 人
吾兒 女(或幾兒 女或某兒 女)	父 母	令郎(或公子) 媛	小　　　　兒 女
賢媳(或某某或某兒 女)	父 母	令　　　　媳	小　　　　媳
幾姪(或賢姪 姪女) 姪女(或姪 姪女)	伯　　(叔) 伯母(叔母)	令　　　　姪 姪女	舍　　姪 姪女　　女
幾孫 孫女(或某孫 孫女)	祖 祖母	令　　　孫 孫女　　女	小　　　　孫 孫女　　女
姪　　孫 孫　　女	伯(叔)祖 祖　　母	令姪孫 孫女　　女	舍姪孫 孫女　　女

【說　明】

一、凡尊輩已歿，「家」字應改為「先」字。自稱已歿之祖父母，為「先祖父母」或「先祖考」、「先祖妣」。稱已歿父母，父為「先父」、「先君」、「先嚴」、「先考」；母為「先母」、「先慈」、「先妣」。

二、稱人父子為「賢喬梓」，對人自稱為「愚父子」。稱人兄弟為「賢昆仲」、「賢昆玉」，對人自稱為「愚兄弟」。稱人夫婦為「賢伉儷」，對人自稱為「愚夫婦」。

三、對家族幼輩稱呼，「賢」字大可不用，即媳婦亦可不用。

四、舅姑對媳婦，本多自稱愚舅、愚姑，因與舅父或姑母之稱有時相混，故用一「愚」字；其實可自稱父母，或逕寫字號為宜。

　　(2)親戚

稱　　　　　　人	自　　　　　稱	對　他　人　稱	對他人自稱

稱人	自稱	對他人稱人之親	對他人稱己之親
外祖父母	孫、孫女	令外祖父母	家外祖父母
姑丈母	姪、姪女	令姑丈母	家姑丈母
舅父母	甥、甥女	令母舅母	家母舅母
姨丈母	姨甥、姨甥女	令姨丈母	家姨丈母
表伯(叔)父母	表姪、姪女	令表伯(叔)伯(叔)母	家表伯(叔)伯(叔)母
表舅父母	表甥、甥女	令表母舅母	家表母舅母
岳父母	子、壻	令岳岳母	家岳岳母
伯(叔)岳父母	姪壻	令伯(叔)岳岳母	家伯(叔)岳岳母
姻伯(或叔)父母	姻姪、姻姪女	令親	舍親
姊丈(或姊倩)	內弟、姨妹(或弟、妹)	令姊丈	家姊丈
妹丈(或妹倩)	內兄、姨姊(或兄、姊)	令妹丈	舍妹丈
表兄嫂	表弟、姊	令表兄嫂	家表兄嫂
內兄(或兄)弟	妹姊壻	令內兄弟	敝內兄弟

稱人	自稱	對他人稱	對他人自稱
襟兄弟	襟兄弟	令襟兄弟	敝襟兄弟
姻兄嫂	姻弟侍生（或姻愚妹）	令親	舍親
賢內姪、姪女	姑丈母	令內姪、姪女	舍內姪、姪女
賢壻	愚岳、岳母	令壻（或令坦倩）	小壻
賢表姪、姪女	愚表伯（叔）伯（叔）母	令表姪、姪女	舍表姪、姪女
賢姻姪、姪女	愚	令親	舍親
賢甥、甥女	愚舅、舅女	令甥、甥女	舍甥、甥女
賢外孫、孫女	外祖、祖母	令外孫、孫女	舍外孫、孫女

【說明】

一、兄姊長輩，對人自稱時上加「家」字，弟妹晚輩，則用「舍」字。

二、親戚中「姻伯、叔、丈」，乃指姻長中無一定稱呼者。如姊妹之舅及其兄弟，兄弟之岳父及其兄弟，用此稱謂最具彈性。

三、平輩者皆依表列定稱。

四、幼輩稱呼「賢姻姪」三字，只能用於極親近者；普通親戚雖屬晚輩，亦以「姻兄」相稱，而自稱「姻弟」或「姻末」。

(3)世交

稱人	自稱	對他人稱	對他人自稱

稱人	自稱	稱人之關係者	自稱之關係者
太夫子(老師)／師母	門下晚生		
夫子(或老師或吾師)／師母／師丈	生(或受業 或學生)	令業師／令師丈	敝業師／敝師丈
大世伯(叔)父母	世再姪／姪女		
世伯(叔)父母	世姪／姪女		
仁(或世)丈	晚		
世兄／學長(或兄、姊)	世弟／學妹(或弟妹)	貴同學、令友	敝同學、敝友
仁兄／姊(或兄、姊)	弟／妹	貴同事	敝同事
同學(或學弟妹)	小兄／愚姊(或友生某)	令高足	敝門人、學生
世講(或世臺／世兄)	愚		

【說明】

一、「夫子」二字，常為妻對夫之稱；女學生以稱「老師」、「吾師」或「業師」為宜。對老師之妻稱「師母」，女老師之夫稱「師丈」。

二、世交中伯叔字樣，視對方與自己父親年齡而定。較長者稱「伯」，較幼者稱「叔」。

三、世交而兼有戚誼者，按尊長年齡比較，稱「太姻世伯(叔)」、「姻世伯(叔)」。

四、確有世誼關係，年長於己，而行輩不易確定者，稱為「仁丈」或「世丈」亦可。

五、世交平輩中，如係交誼深厚者，可稱「吾兄」、「我兄」。

六、對世交晚輩稱「世兄」。

　　除上列三表外，尚有其他關係之稱謂，如部屬對長官，通常稱「鈞長」，或稱
　　職銜如「某公部長」；自稱「職」。如對舊時長官，則自稱「舊屬」。稱他人長
　　官，則在職銜上加「貴」字，如貴部長。

　　2.提稱語

對　　　象	語　　　　　　　　　　　　　　　　　　　　　　　　　　彙
祖父母及父母	膝下、膝前
長　　　　輩	尊前、尊鑒、賜鑒、鈞鑒、崇鑒、尊右、侍右。
師　　　　長	函丈、壇席、講座、尊前、尊鑒。
平　　　　輩	台鑒、大鑒、惠鑒、左右、足下。
同　　　　學	硯右、硯席、文几、文席（上欄台鑒等語亦可通用）。
晚　　　　輩	青鑒、青覽、如晤、如握、如面、收覽、知悉、知之。
政　　　　界	勛鑒、鈞鑒、鈞座、台座、台鑒。
軍　　　　界	麾下、鈞鑒、鈞座。
教　育　界	講座、座右、有道、著席、撰席。
婦　　　　女	妝次、繡次、芳鑒、淑鑒、懿鑒（高年者用）。
弔　　　　唁	苫次、禮席、禮鑒。
哀　　　　啓	衿鑒。

【說明】

一、對直屬長官，可參酌尊長及軍政等欄，通常用「鈞鑒」、「賜鑒」。

二、對晚輩欄，凡用「鑒」均客氣成分較多，「覽」次之。「如晤」至「如面」，用於晚輩較親近者，「收覽」以下，大都用於自己的卑親屬。

三、喜慶無一定提稱語，可按關係依表列酌用。結婚可用「喜席」、「燕鑒」。

四、對平輩數人，用「均鑒」，對晚輩數人，用「共閱」、「共覽」，對長輩數人，用「賜鑒」。對夫妻兩人，用「儷鑒」。對宗教界用「道鑒」。對文化事業或傳播界用「撰席」、「文席」、「著席」。

3.開頭應酬語

種類	對　　象	語　　　　　　　　　　　　　　　　　　　　　　　　　彙
問	祖父母及父母	▲仰望○慈暉，孺慕彌切。　　▲翹首○慈顏，倍切依依。 ▲叩別○慈顏，倏經半月，敬維○福躬康泰，德履綏和，為頌為祝。
	尊　長	▲山川遙阻，裛候多疏，恭維○福躬安吉，德履綏和，定符下頌。 ▲拜別○尊顏，轉瞬二月，敬維○福與日增，精神矍鑠，為祝為頌。
	師　長	▲遙望○門牆，時深馳慕。　　▲路隔山川，神馳○絳帳。 ▲不坐○春風，倏已數月，敬維○道履綏和，講壇隆盛，為無量頌。
	平　輩	▲每念○故人，輒深神往。　　▲相思之切，與日俱增。 ▲自違○雅教，於茲數月，比維○起居佳勝，諸事順遂，為幸為祝。
候	軍政界	▲久疏箋候，時切馳思，敬維○政躬清健，勛猷卓越，定符所頌。
	學　界	▲久違○雅範，思念為勞，比維○動定綏和，著述豐宏，以欣以慰。
	商　界	▲久疏音問，企念良殷，辰維○鴻圖大展，駿業日隆，至以為頌。
未晤思慕	尊　長	▲久仰○斗山，時深景慕。　　▲夙仰○德範，輒深神往。
	平　輩	▲景仰已久，趨謁無從。　　　▲久慕○高風，未親○雅範。

復信	尊 長	▲方殷思慕，忽奉○頒函。	▲仰企正切，忽蒙○賜函。
思慕	平 輩	▲馳念正殷，忽奉○大札。	▲正欲修函致候，○華翰忽至。
寄	尊 長	▲前上蕪緘，諒蒙○垂察。	▲前覆寸箋，計呈○鈞鑒。
信	平 輩	▲昨上一箋，諒邀○惠察。	▲日前郵寄蕪函，諒已早邀○惠察。
語	晚 輩	▲昨寄一函，諒已收覽。	▲前覆手函，想早收閱。
接	尊 長	▲頃奉○手諭，敬悉種切。	▲頃承○鈞誨，拜悉一切。
信	平 輩	▲辱承○惠示，敬悉一切。	▲昨展○華函，就誦一一。
語	晚 輩	▲昨接來函，已悉一切。	▲昨接來信，足慰懸念。

【說明】

一、凡有○號的，表示要擡頭。

二、表中所列，僅供參考而已，因爲此類詞句，沿用甚久，已成習套，上乘的書信，自當別鑄新詞，不宜襲用。

4.啓事敬詞

用　　　　　途	語　　　　　　　　　　　　　　　　　　彙
用於祖父母及父母	敬稟者・謹稟者・叩稟者
用於長輩及長官	茲肅者・敬肅者・謹肅者・敬啓者・謹啓者（覆信：謹覆者・敬覆者・肅覆者）
用 於 通 常 之 信	敬啓者・謹啓者・啓者・茲啓者・逕啓者（覆信：茲覆者・敬覆者・逕覆者）
用 於 請 求 之 信	茲懇者・敬懇者・茲託者・敬託者・茲有懇者・茲有託者
用 於 祝 賀	敬肅者・謹肅者・茲肅者
用 於 訃 信	哀啓者・泣啓者
用 於 補 述	又・再・再啓者・再陳者・又啓者・又陳者

5.結尾應酬語

種　類	對　象	語　　　　　　　　　　　　　　　　　　　　　　　　　　　　　　彙	
臨書語	長　輩	▲謹肅寸稟，不勝依依。	▲肅此奉稟，不盡縷縷。
	平　輩	▲臨穎神馳，不盡欲言。	▲紙短情長，不盡所懷。
請教語	長　輩	▲如蒙○鴻訓，幸何如之。	▲敬祈○指示，俾有遵循。
	平　輩	▲祈賜○教言，以匡不逮。	▲幸賜○南針，俾覺迷路。
請託語	推　薦	▲倘蒙○玉成，永鐫不忘。	▲如承○噓植，無任銘感。
	關　照	▲倘荷○照拂，永感○厚誼。	▲如蒙○關垂，感同身受。
	借　貸	▲如蒙○俯諾，實濟燃眉。	▲倘承○通融，永銘肺腑。
求恕語	通　用	▲不情之請，幸祈○見諒。	▲區區下情，統祈○垂察。
歉遜語	通　用	▲省度五中，倍增歉仄。	▲每一念及，倍覺汗顏。
恃愛語	通　用	▲辱在夙好，用敢直陳。	▲恃愛妄瀆，尙乞○曲諒。
餽贈語	贈　物	▲謹具薄儀，聊申微意。	▲土產數包，聊申敬意。
	祝　壽	▲謹具微儀，略表祝悃。	▲敬具菲儀，用祝○鶴齡。
	賀　婚	▲附上微儀，用佐卺筵。	▲薄具菲儀，用申賀悃。
	送　嫁	▲謹具薄儀，用申匳敬。	▲附上微儀，藉申匳敬。
	喪　禮	▲敬具奠儀，藉申哀悃。	▲謹具奠儀，藉作楮敬。
請收語	通　用	▲伏祈○笑納。▲乞賜○檢收。	▲至祈○台收。▲敬請○哂納。

盼禱語	通 用	▲至爲盼禱。 　　▲無任禱盼。 　　▲不勝企禱。 　　▲是所企幸。		
求允語	通 用	▲乞賜○金諾。▲倘荷○兪允。▲至祈○慨諾。▲務祈○慨允。		
感謝語	通 用	▲寸衷感激，沒齒不忘。 　　▲銘感肺腑，永矢不忘。 ▲感荷○隆情，非言可喩。 　　▲腑篆心銘，感荷無已。		
保重語	長 輩	▲寒暖不一，至祈○珍重。 　　▲乍暖猶寒，尚乞○珍攝。 ▲秋風多厲，幸祈○保重。 　　▲寒風凜冽，伏祈○珍衛。		
	平 輩	▲春寒料峭，尚乞○珍重。 　　▲暑氣逼人，諸祈○珍攝。 ▲秋風多厲，○珍重爲佳。 　　▲寒氣襲人，諸希○珍衛。		
	居喪者	▲伏祈○節哀順變。 　　　　▲至祈○勉節哀思。		
干聽話	通 用	▲冒瀆○清聽，不勝惶恐。 　　▲冒昧上陳，實非得已。		
候覆語	長 輩	▲如遇鴻便，乞賜○鈞覆。 　　▲乞賜○覆示，不勝感禱。		
	平 輩	▲佇盼○好音，幸卽○裁答。 　　▲幸賜○佳音，不勝感禱。 ▲雁魚多便，幸賜○覆音。 　　▲敬請○撥冗賜覆，不勝企盼。		

6. 結尾敬語

(1)敬語

種　類	對　象	語		彙
申	尊 長	▲肅此敬達 　▲敬此 　　　▲謹此		
	平 輩	▲耑此奉達 　▲匆此布臆 　▲耑此		
慰	申賀用	▲肅表賀忱 　▲用申賀慰 　▲藉申賀意		

語	弔唁用	▲肅此上慰　　▲藉申哀悃　　▲藉表哀忱
	申謝用	▲肅誌謝忱　　▲肅此鳴謝　　▲用展謝忱
	申覆用	▲耑肅敬覆　　▲耑此奉覆　　▲匆此布覆
請鑒語	尊　長	▲伏乞○鑒察　　▲乞賜○垂察　　▲伏祈○垂鑒
	平　輩	▲諸維○惠察　　▲敬祈○亮察　　▲並祈○垂照

(2)問候語

對　　　象	語　　　　　　　　　　　　　　　　　　　　　彙
祖父母及父母	敬請○福安　　敬請○金安
親　友　長　輩	恭請○崇安　　敬頌○福祉
師　　　　長	敬請○道安　　恭請○誨安
親　友　平　輩	卽請○大安　　敬請○台安　　順頌○台祺　　並頌○時綏
親　友　晚　輩	順問○近祺　　卽頌○近佳
政　　　　界	恭請○鈞安　　敬請○勛安
軍　　　　界	恭請○麾安　　敬請○戎安
學　　　　界	卽頌○文祺　　順請○撰安
商　　　　界	敬請○籌安　　順候○財安
旅　　　　客	敬請○旅安　　順請○客安
家　居　者	敬請○潭安　　卽頌○潭祉

婦　　　　　女	敬請○妝安　卽請○壺安
夫 婦 同 居 者	敬請○儷安　順請○雙安
賀　　結　　婚	恭賀○燕喜　恭賀○大喜
賀　　新　　年	敬頌○新禧　敬頌○年釐
弔　　　　　唁	敬請○禮安　並頌○素履
問　　　　　病	恭請○痊安　順祝○早痊
按　　時　　令	敬請○春安　此頌○暑綏　卽請○秋安　敬頌○冬綏

7.末啓詞

對　　　　　象	語　　　　　　　　　　　　　　　　　　　　彙
祖父母、父母	敬稟・叩稟・叩上
尊　　　　　長	謹上・敬上・拜上・謹肅
平　　　　　輩	敬啓・謹啓・拜啓・頓首
晚　　　　　輩	手書・手示・手諭・字

8.並候語

問 候 長 輩	▲令尊(或堂)大人前，乞代叱名請安。▲某伯前祈代請安，不另。 ▲某伯處煩叱名道候。　　▲某姻伯前乞代叩安，恕不另箋。
問 候 平 輩	▲某兄處代致候。　　▲令兄處乞代候。　　▲某兄處煩代道候。 ▲某姊前乞代道念。▲某弟處希爲道念。▲某弟處煩爲致候，不另。 ▲嫂夫人均此。

問候晚輩	▲順問○令郎佳吉。　▲並候○令媛等近好。　▲順問○令姪等均佳。

9.附候語

代長輩附問	▲家嚴囑筆問候。　▲某某姻伯囑筆問候。　▲家母囑筆致候。
代平輩附問	▲某兄囑筆問好。　▲某妹附筆致候。　▲家姊囑筆請安。
代晚輩附問	▲小兒侍叩。　▲兒輩侍叩。　▲小孫隨叩。　▲小女侍叩。

㈥中文書信範例

1.家書類：子稟父（報告學校生活）

父親大人膝下：離家返校，轉眼閱三月，昨接　手諭，得知家中近況，稍解孺慕之渴。弟妹課業進步，尤令人喜。男在學校，起居作息，均有定時，尊敬師長，友愛同學，專心課業，一遵

大人平日之教誨，不敢稍有怠忽，逾越，就就自勉，以期學有所成，庶不負

大人之殷望，又可為將來立足社會奠下基礎。上次月考成績已經公布，男各科均有進步，然絕不敢自滿，深盼以更努力之勤讀，可在期末考試得到更好之成績，作為寒假返鄉時呈奉大人之獻禮。肅此，敬請

金安

男大辰叩上　○月○日

2.問候類：問候同學

文信學兄台鑒：久違　雅教，至為想念。弟因　家慈年邁，不敢再事遠遊，現已轉學本地某校，俾可晨昏定省。惟與　兄兩載同學，一朝分手，未免悵然；且吾

兄品學兼優，時蒙指導，獲益良多。今後仍祈

賜予教言，俾有遵循，是所至幸。專此奉候，敬請

台安

　　　　　　　　　　　　　　　　弟○○謹啟　○月○日

3.請託類：請求世交長輩安排工讀

明德世伯尊鑒：

　　很久沒有聆聽您的教誨，非常想念。想必福體安泰，事業興隆，這是小姪衷心的祝禱。

　　寒假即將到來，小姪迫切想在假期中找到一分臨時工作，一方面印證書本理論，一方面也可以賺取部分學費，減輕家父的負擔。記得世伯所經營的商號，往年寒暑假都提供若干工讀名額，給予清寒學生，不知今年是否援例辦理？小姪懇切希望您的栽培，給予機會，到時一定努力工作，以為報答。肅此，敬請

崇安

　　　　　　　　　　　　　　　　世姪王大展敬上　○月○日

4.邀約類：邀友人登山

大文：

　　畢業以後，各奔前程，一直沒機會再聚，想起來可真叫人難過。雖然書信來往，可互通消息，但總不如當面暢談來得痛快，你說是嗎？

　　本校第二次月考在下星期舉行，想必貴校也是。正好前天收到阿勇從士校來的信，說他下星期有榮譽假。我想這大好機會絕不可以輕易放過，所以計畫去爬一次仙公廟，沿著石階走，既可敘舊，又可欣賞沿途風光，不知意下如何？

　　如果同意，請於上星期日上午九時，到政治大學正門口會齊。最好相機一起帶來。祝

快

案

弟 大 辰　○月○日

第二節　公文處理

A.公文處理程序

　　一般行政機關的公文處理程序，可分為收文處理、文書核擬及發文處理三大部分。茲分別加以說明如下：

| 收文處理 | → | 文書核擬 | → | 發文處理 |

　　一、收文處理：依照先後順序，可分成以下六個步驟：

　　㈠簽收：機關中的外收發人員，收到公文時，應該加以查對點收，註明收到時間，填給送件回單，或在送文簿、單上蓋收件章，然後依照規定彙送總收文人員。

　　㈡拆驗：總收文人員收到文件後，如果是機密文件，應送由機關首長指定的密件處理人員收拆。書明「親收」或「親啓」的文件，應送由收件人或收件單位自行拆閱。「限時」文件應立刻處理，普通文件也要及時拆閱。公文附件如果是屬於現金、有價證券、貴重或大宗物品，應先送出納單位或承辦單位點收保管，並且在文內附件欄簽章證明。

　　㈢分文：總收文人員收到來文經拆驗後，應彙送分文人員辦理分文。分文人員根據來文的時間性、重要性，依本機關的組織系統與事務職掌，認定承辦單位，並分別在右上角加蓋單位戳後，依照順序，

迅速確實分辦。對來文未區分等級而認定內容確係急要的，應加蓋戳記，以提高承辦人員的注意。

㈣編號、登記：來文完成分文手續後，就在來文正面適當位置加蓋收文日期編號戳，依照順序編號，一文一號，任何公文進入該機關後，就以這個總編號為準。此外，並將來文機關、文號、附件及案由摘要登記在總收文登記簿上，然後分送承辦單位。急要的公文應提前編號登記分送。

㈤傳遞：文件的傳遞，急要的文件，隨到隨送；一般案件，以每日上下午分批遞送為原則。

㈥單位收發：規模較大，公文收發數額較繁多的機關，內部各單位，通常會指定專人擔任單位收發工作，單位收發人員收到文書主管單位送來的文件，經點收並編單位收文號登記後，立即送請主管（或副主管）批示，或者依照主管的授權，分送承辦人。

二、文書核擬：這是實際處理公文部分，步驟如下：

㈠擬辦：承辦人員依照主管批交的來文、手令、口頭指示，或者是因本身職責而主動擬辦的事項，擬具處理的辦法，提供上級主管的核決。在擬具處理意見時，應注意各種法令規章，文字也要力求簡明具體，不可模稜兩可，或含糊不清，尤其應避免未擬意見，而僅用「陳核」或「請示」等字樣，以圖規避責任。

㈡會商：凡是案件的性質或內容,與其他單位或機關的業務有關,應注意協調聯繫，溝通意見，避免矛盾差異。

㈢陳核：文件經承辦人擬辦後，應該分別按照它的性質，用公文夾遞送主管人員核決。承辦人擬有兩種以上意見備供採擇時，主管或首長應明確擇定一種，或另行批示處理方式，不可作模稜兩可的批示。

如果與其他單位有關的，並應先行送會。

㈣擬稿：擬辦文書或簽具意見，經主管人員核定後，就依此撰擬文稿。擬稿必須條理分明，措詞以切實誠懇、簡明扼要爲準，所有模稜空泛的詞句、陳腐套語、地方俗語，以及跟公務無關的話，都應該避免。直接對民衆的，要用語體。引敍來文或法令條文，以扼要摘敍，足供參證爲度。擬稿時，應以一文一事爲原則，來文如果是一文數事的，可以分爲數文答覆。文稿內，遇有重要性的數字，要用大寫。擬辦覆文或轉行的稿件，要把來文機關的發文日期及字號，以國字敍入，俾便查考。

㈤核稿：文稿擬定妥後，按核稿系統送由承辦人的直接主管逐級呈核。核稿時，如有修改，不可將原來的字句塗抹掉，只要加以勾勒，在旁邊添註；必要時，在修改的地方，加蓋印章。核稿人員對於案情不甚明瞭時，可以隨時洽詢承辦人員，或者以電話詢問，避免用簽條往返，以節省時間及手續。

㈥會稿：會稿單位對於文稿如有意見，應卽提出，一經會簽，就表示是同意，應共同負責。但已經在擬辦時會核的案件，如果稿內所敍述的，跟會核時並無出入，那就不再送會，以節省手續。

㈦閱稿：爲減少錯誤起見，文書主管單位應對擬就的文稿，詳加審閱，力求完備正確。如有不同意見，應洽商主管單位或承辦人員改定，或者加簽陳請長官核示，不可逕行批改。

㈧判行：文稿應依分層負責、逐級授權的原則，由主管長官或機關首長判行。判行的時候，應注意文稿內容是否妥當，以及有沒有矛盾、重複、不符等情事。如果認爲沒有繕發的必要，或者還需要考慮的，應作「不發」或「緩發」的批示。

㈨回稿、清稿：稿件在送會或陳判過程中，如果改動較多或較爲重大，會核或核決人員應退回原承辦人閱後，再行送繕。如果文稿增刪修改過多，應送還原承辦人清稿，然後將原稿附於清稿之後，再陳核判。

三、發文處理：這一部分包括以下幾項工作：

㈠繕（打）印：各單位承辦人所承辦的文稿，經判行後，就轉送文書主管部門簽收，分別繕寫、打字或油印。繕印份數較多的文件，應由分繕人員先向總發文人員提取發文字號打入蠟紙。

㈡校對：文稿在繕寫或打字完畢後，必須由校對員或原來的文稿承辦人校對，然後在文稿末端加蓋校對章。

㈢蓋印：文書繕印完畢後，由文書主管部門送給監印人員蓋用印信。文件經蓋印後，監印人員在原稿正面加蓋「已用印信」章戳，並在公文送印送發登記表上簽章註明時間。

㈣編號、登記：總發文人員對待發的公文，應詳加檢查核對，並按照性質，依序在文稿發文欄內，編列發文字號，而且蓋上發文日期戳。如果是密件，或有時間性的文件，應分別加蓋戳記標明，以引起受文機關注意。公文經編號發文後，應依序登記在總發文登記表。

㈤封發：發文人員接到待發文件，應複檢附件是否齊全，內文與封套是否相符，然後再封固，並標明速別，登記後送外收發人員遞送。機密性文件應加蓋戳記，另加外封套，由指定人員或文稿承辦人封發。

㈥送達或付郵：文件的送達或付郵，由外收發人員統一辦理。傳送公文及附件，通常應塡具送文簿或公文傳遞清單，寫明送出時間，派專差直接送達受文機關。郵遞公文應依照性質，分別塡送郵遞清單付郵。人事命令、證件、有價證件、訴願文件及機密件，都要以掛號

郵件寄發。

　㈦歸檔：文件一經發出，由文書主管部門將原稿及附件送交檔案
管理單位簽收歸檔❽。

＊以上公文處理可畫成流程圖如下：

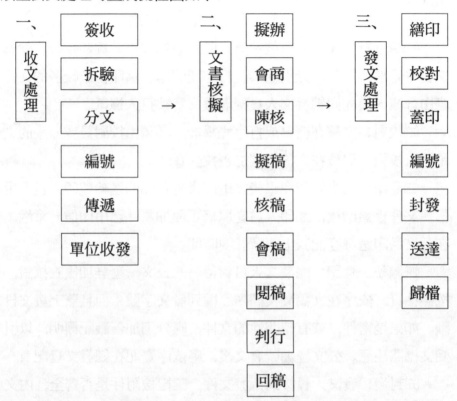

一、收文處理　簽收　拆驗　分文　編號　傳遞　單位收發

→

二、文書核擬　擬辦　會商　陳核　擬稿　核稿　會稿　閱稿　判行　回稿

→

三、發文處理　繕印　校對　蓋印　編號　封發　送達　歸檔

B.公文紙格式

一、公文稿紙格式

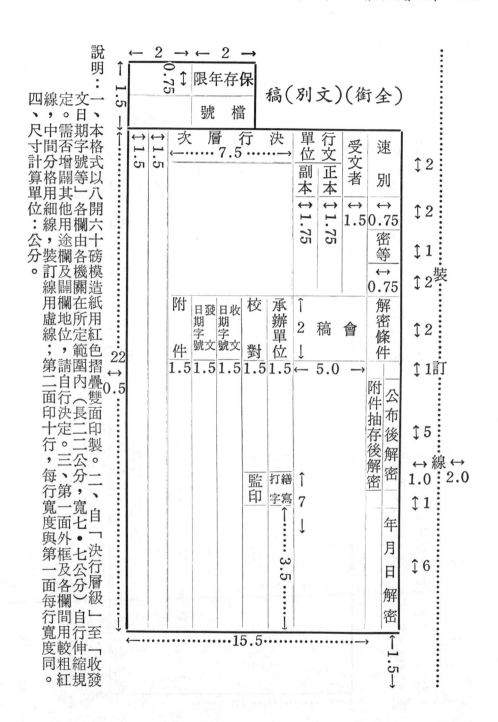

說明：

一、本格式以八開六十磅模造紙用紅色摺疊雙面印製。二、自「決行層級」至「收發」自行伸縮規定「文日期字號等」各欄由各機關在所定範圍內（長二二公分，寬七‧七公分）自行決定。三、第一面外框及各欄間用較粗紅線定文，需否增關其他用途各欄及關地位，請自行決定。四、尺寸計算單位：公分。中間分格用細線，裝訂線用虛線；第二面印十行，每行寬度與第一面每欄行寬度同。

二、公文紙格式

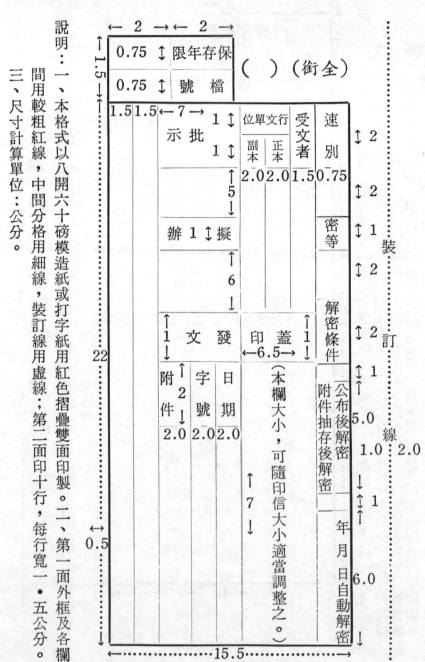

說明：一、本格式以八開六十磅模造紙或打字紙用紅色摺疊雙面印製。二、第一面外框及各欄間用較粗紅線，中間分格用細線，裝訂線用虛線；第二面印十行，每行寬一‧五公分。

三、尺寸計算單位：公分。

C、現行公文用語與標點符號

一、公文用語

公文用語，有其獨特的規格及含義，寫作時，必須慎加使用。茲將現行公文用語表列於後，並附以立法院第五十一會期第五次會議認可的「法律統一用字表」、「法律統一用語表」。

1.公文用語

語　別	用　　　　　　語	用　　　　　　法	備　　　註
起首語	謹查	對上級機關用。	儘量少用。
	查‧關於	通用。	
稱謂語	鈞	有隸屬關係的下級機關對上級機關用，如「鈞部」、「鈞府」。	㈠直接稱謂時用。㈡書寫「鈞」、「大」、「鈞長」時，均應空一格示敬。
	大	無隸屬關係的較低級機關對較高級機關用，如「大院」、「大部」。	
	貴	對平行機關、或上級機關對下級機關（或首長）、或機關與人民團體間用，如「貴府」、「貴部」、「貴科長」、「貴會」。	㈢書寫「貴」時，遇平行機關，可空一格示敬。㈣書寫「職」或自稱名字時，應側書。
	鈞長	屬員對長官、或有隸屬關係的下級機關首長對上級機關首長用。	

台端	機關（或首長）對屬員、或機關對人民用。	
先生・女士・君	機關對人民用。	
本	機關（或首長）自稱，如「本縣」、「本校」、「本廳長」。	
職	屬員對長官、或有隸屬關係的下級機關首長對上級機關首長自稱時用。	
本人・名字	人民對機關自稱時用。	
全銜（簡銜）・該・職稱	機關全銜如一再提及可稱「該」，對職員稱「職稱」。	間接稱謂時用。

語　別	用　　　　　語	用　　　　　法	備　　　　註
引敍語	奉	開始引敍上級機關或首長公文時用。	㈠儘量少用。
	准	開始引敍平行機關或首長公文時用。	㈡「准」、「據」亦可改用「接」。
	據	開始引敍下級機關或首長或屬員或人民公文時用。	
	復……（來文機關發文年月日字號及文別）……函	復文時用。	

	依（依據、根據）……（來文機關發文年月日字號及文別或有關法令）……辦理	告知辦理的依據時用。	
	……（發文年月日字號及文別）……諒蒙　鈞察	對上級機關去文後續函時用。	
	……（發文年月日字號及文別）……諒達（計達）	對平行或下級機關去文後續函時用。	
經辦語	遵經・遵卽	對上級機關或首長用。	
	茲經・嗣經・業經・經已・復經・並經・均經・迭經・前經	通用。	

准駁語	應予照准・准予照辦・准予備案・准予備查・如擬・可・照准・准如所請・如擬辦理・准如所擬・符合規定	上級機關對下級機關（或首長）、或機關首長對屬員用。	
	未便照准・礙難照准・應毋庸議・應從緩議・應予不准・所請不准・不合規定・與規定不合，不予照准・某項不合規定，其餘均合規定。		
	敬表同意・同意照辦		
	不能同意辦理・歉難同意・無法照辦・礙難同意	對平行機關用。	

請示語	是否可行‧是否有當‧可否之處‧如何之處	通用	
期望或目的語	請　鑒核‧請　核示‧請　釋示‧請　鑒察‧請　核轉‧請　核備‧請　核准施行‧請核准辦理‧復請　鑒核	對上級機關或首長用。	
	請　查照‧請　察照‧請　查照辦理‧請　查核辦理‧請查照見復‧請　同意見復‧請　惠允見復‧請　查照轉告‧請　查照備案‧請　查明見復‧復請　查照	對平行機關用。	
	希查照‧希照辦‧希辦理見復‧希轉行照辦‧希切實辦理‧希查照轉告‧希查照轉行照辦‧希照辦並轉行所屬照辦‧希依規定辦理‧希轉告所屬切實照辦	對下級機關用。	
抄送語	抄陳	對上級機關或首長用。	有副本或抄件時用。
	抄送	對平行機關、單位或人員用。	
	抄發	對下級機關或人員用。	

附送語	附陳‧檢陳	對上級機關或首長用。	有附件時用。
	附‧附送‧檢附‧檢送	對平行下級機關或人員用。	
結束語	謹陳‧敬陳	對上級機關或首長用。	本表參考袁金書《新編應用文》編製。
	右陳‧此上	對上級或平行機關、單位或人員用。	
	此致	對平行或下級機關、單位或人員用。	

2.法律統一用字表

用　字　舉　例	統一用字	曾見用字	說　　　　　　明
公布、分布、頒布。	布	佈	
徵兵、徵稅、稽徵。	徵	征	
部分、身分	分	份	
帳、帳目、帳戶。	帳	賬	
韭菜。	韭	韮	
礦、礦物、礦藏。	礦	鑛	
釐訂、釐定。	釐	厘	

使館、領館、圖書館。	館	舘	
穀、穀物。	穀	谷	
行蹤、失蹤。	蹤	踪	
妨礙、障礙、阻礙。	礙	碍	
賸餘	賸	剩	
占、占有、獨占。	占	佔	
牴觸。	牴	抵	
雇員、雇主、雇工。	雇	僱	名詞用「雇」。
僱、僱用、聘僱。	僱	雇	動詞用「僱」。
贓物。	贓	臟	
黏貼。	黏	粘	
計畫。	畫	劃	名詞用「畫」。
策劃、規劃、擘劃。	劃	畫	動詞用「劃」。
並。	並	幷	連接詞。
聲請。	聲	申	對法院用「聲請」。
申請。	申	聲	對行政機關用「申請」。
關於、對於。	於	于	
給與。	與	予	給予實物

給予、授予。	予	與	給予名位、榮譽等抽象事物。
紀錄。	紀	記	名詞用「紀錄」。
記錄。	記	紀	動詞用「記錄」。
事蹟、史蹟、遺蹟。	蹟	跡	
蹤跡。	跡	蹟	
糧食。	糧	粮	
蒐集。	蒐	搜	
菸葉、菸酒。	菸	煙	
儘先、儘量。	儘	盡	
麻類、亞麻。	麻	蔴	
電表、水表。	表	錶	
擦刮。	刮	括	
拆除。	拆	撤	
磷、硫化磷。	磷	燐	
貫徹。	徹	澈	
澈底。	澈	徹	
祇。	祇	只	副詞

3.法律統一用語表

統　一　用　語	說　　　　　　　　　　　　　明
「設」機關	如：「教育部組織法」第四條：「教育設左列各司、處、室……」。
「置」人員	如：「司法院組織法」第九條：「司法院置秘書長一人，特任，……」。
「第九十八條」	不寫爲：「第九八條」。
「第一百條」	不寫爲：「第一〇〇條」。
「第一百十八條」	不寫爲：「第一百『一』十八條」。
「自公布日施行」	不寫爲：「自公『佈』『之』日施行」。
「處」五年以下有期徒刑	自由刑之處分，用「處」，不用「科」。
「科」五千元以下罰金（罰鍰）	罰金、罰鍰之處分，用「科」，不用「處」。且不寫爲：「科五千元以下『之』罰金（罰鍰）」。
準用「第〇條」之規定。	法律條文中，引用本法其他條文時，不寫「『本法』第〇條」，而逕書「第〇條」。又如：「違反第二十條規定者，科五千元以下罰金」。
「第二項」之未遂犯罰之。	法律條文中，引用本條其他各項規定時，不寫「『本條』第〇項」，而逕書「第〇項」。如刑法第三十七條第四項「依第一項宣告褫奪公權者，自裁判確定時發生效力」。
「制定」與「訂定」	法律之創制，用「制定」；行政命令之制作，用「訂定」。

「製定」、「製作」	書、表、證照、冊、據等，公文書之製成用「製定」或「製作」，即用「製」不用「制」。
「一、二、三、四、五、六、七、八、九、十、百、千」	法律條文中之序數不用大寫，即不寫為：「壹、貳、叁、肆、伍、陸、柒、捌、玖、拾、佰、仟」。
「零、萬」	法律條文中之數字「零、萬」不寫為：「○、万」。

　二、標點符號

　　〈公文程式條件〉第八條規定，公文應加具標點符號，以免受文者曲解文義，貽誤公務。茲將行政院訂頒的《事務管理手册》中的〈文書處理〉所附「標點符號用法表」列於後：

符號	名　稱	用　　　　　法	舉　　　　　例
。	句號	用在一個意義完整文句的後面。	公告○○商店負責人張三營業地址變更。
，	點號	用在文句中要讀斷的地方。	本工程起點為仁愛路，終點為……
、	頓號	用在連用的單字、詞語、短句的中間。	1.建、什、田、旱等地目…… 2.河川地、耕地、特種林地等…… 3.不求報償、沒有保留、不計任何代價……
；	分號	用在下列文句的中間： 一、並列的短句。 二、聯立的復句。	1.知照改為查照；遵辦改為照辦；遵照具報改為辦理見復。 2.出國人員於返國後一個月內撰寫報告，向○○部報備；否則限制申請出國。

:	冒號	用在有下列情形的文句後面： 一、下文有列舉的人、事、物時。 二、下文是引語時。 三、標題。 四、稱呼。	1. 使用電話範圍如次：(1)……(2)…… 2. 接行政院函： 3. 主旨： 4. ○○部長：
?	問號	用在發問或懷疑文句的後面。	1. 本要點何時開始正式實施為宜？ 2. 此項計畫的可行性如何？
!	驚歎號	用在表示感歎、命令、請求、勸勉等文句的後面。	1. ……又怎能達成這一為民造福的要求！ 2. 希照辦！ 3. 請鑒核！ 4. 來努力創造我們共同的事業、共同的榮譽！
「」 『』	引號	用在下列文句的後面（先用單引，後用雙引）： 一、引用他人的詞句。 二、特別著重的詞句。	1. 總統說：「天下只有能負責的人，才能有擔當」。 2. 所謂「效率觀念」已經為我們所接納。 3. 總統說：「立志有恆，就是『天行健，君子以自強不息』的意思」。
—	破折號	表示下文語意有轉折或下文對上文的詮釋。	1. 各級人員一律停止休假——即使已奉准有案的，也一律撤銷。 2. 政府就好比是一部機器——一部為民服務的機器。

……	刪節號	用在文句有省略或表示文意未完的地方。	憲法第五十八條規定,應將提出立法院的法律案、預算案……提出於行政院會議。
( )	夾註號	在文句內要補充意思或註釋時用的。	1.公文結構,採用「主旨」「說明」「辦法」(簽呈為「擬辦」)三段式。 2.臺灣光復節(十月廿五日)應舉行慶祝儀式。

D、公文範例

一、令

(一)公布令

總統令　中華民國○○年○○月○○日

茲制定公務人員考試法,公布之。

總　　統　○○○

行政院院長　○○○

行政院令

年　　月　　日

字第　　號

訂定「票據法施行細則」。

附「票據法施行細則」一份

院長　○○○

(二)人事命令

總　統　令　　中華民國○○年○○月○○日

特任○○○為總統府秘書長。

總　　　統　○　○　○

行政院院長　○　○　○

二、呈

行政院呈　　　　　　　　　　年　月　日

　　　　　　　　　　　　　字第　　　號

受文者‥總統

主　旨‥擬請任命○○○為臺北市市長。

說　明‥○○年○月○日本院第○○○○次會議決議‥原任臺北市市長○○○
　　　　已另有任用，並請免職。

行政院院長　○　○　○　□

三、咨

咨請公布法令

　　　　　　　　　　　　　　　年　月　日

立法院咨　　　　字第　　　號

　　　　　　　　附件‥見說明第三項

受文者‥總統

主　旨‥修正○○法，咨請公布。

說　明‥

　一、行政院○○年○○月○日字第○○號函請審議。

　二、本院第○○會期第○○次會議修正通過。

　三、附○○法一份。

立法院院長　○　○　○

四、函

(一)一段式、下行函、通函、創稿

臺灣省政府　函　　　　　　　　　　　　　年　　月　　日

字第　　　　號

受文者：省屬各級機關

主旨：訂頒「臺灣省各級實施職位分類機關六十二年度職位普查計畫」一種如附件，請依規定辦理，並轉行所屬照辦。

主席　○　○　○

(二)一段式、平行函、創稿

經濟部　函　　　　　　　　　　　　　　年　　月　　日

字第　　　　號

受文者：財政部

主旨：本部因業務需要，擬商調貴部秘書○○○來部服務，請查照惠允見復。

部長　○　○　○

(三)一段式、上行函、創稿、請核

原子能委員會　函　　　　　　　　　年　　月　　日

字第　　　　號

附件：見主旨

受文者：行政院

主旨：謹依據原子能法第○○條之規定，擬具原子能法施行細則一種（如附件），請鑒核。

主任委員　○○○

（四）二段式、下行函、創稿、有副本收受者：

臺北市政府函
年　月　日
字第　號

受文者：本府交通局

副本收受者：本府秘書處、研考會

主旨：貴局行文未按「行政機關公文製作改革要點」辦理，仍用「令」、「呈」，與規定不符，請注意改進。

說明：

一、○年○月○日以○字第○號「呈」報告貴局六十一年十二月份逾期公文調整分析情形。

二、○年○月○日以○字第○號「令」發臺北市建築物附設停車場聯合清查管理規定事項。

三、上列兩文，與「行政機關公文製作改革要點」第四項第（四）款：「除公布法規、人事任免仍用「令」，對國家元首仍用「呈」……外，一律用『函』或『書函』行文」的規定不符。

市長　○○○

（五）二段式、下行函、核復、對副本收受者有所要求

行政院函
年　月　日
字第　號

受文者：經濟部

主旨：所請派○○局組長○○○前任○○○及○○○洽商設立○○中心業務，准予照辦，並由外交部發給○○護照，所需經費依規定標準在推廣○○○基金項下核實列支，並由財政部核結外匯。

說　明：

　　一、復〇年〇月〇日〇字第〇號函。

　　二、副本抄送外交部(附原出國人員事項表及日程表)、財政部(附原預算表)、本院主計處(附原日程表及預算表)、內政部入出境管理局、經濟部〇〇局。

院長　〇　〇　〇

(六)二段式、下行函、核復

臺灣省政府函　　　　　　　　　　　　　　　年　　月　　日
　　　　　　　　　　　　　　　　　　　　　字第　　　　號

受文者：臺北縣政府

主　旨：貴府配合推行社區發展及整理環境衛生，增建房屋所應增之空地以及土地使用權之審核查驗，應依照本府〇年〇月〇日〇字第〇號函辦理(見違章建築手冊補充本)。

說　明：復〇年〇月〇日〇字第〇號函。

主席　〇　〇　〇

(七)三段式、下行函、核復、有副本收受者

行政院函　　　　　　　　　　　　　　　　　年　　月　　日
　　　　　　　　　　　　　　　　　　　　　字第　　　　號

受文者：內政部

副本收受者：本院主計處、本院國際經濟合作發展委員會

主　旨：核復關於中華民國社區發展研究訓練中心今後工作計畫重點及六十三年度預算一案，希照辦。

說　明：本案係根據貴部〇年〇月〇日〇字〇字第〇號函，並採納本院主計處及

國際經濟合作發展委員會議復意見。

辦法：

一、所擬社區發展研究訓練中心今後工作計畫重點五項，原則照准，惟應加列「評估現行社區發展方案得失，以謀改進」一項。

二、應由部衡酌財力，就上列重點研擬詳細計畫報院，並就所需經費核實編列分配預算，其可節減部分應不予分配。

院長　○　○　○

(二)三段式、下行函、通函、有副本收受者

臺灣省政府函　　　　　　　　　年　　月　　日
　　　　　　　　　　　　　　　字第　　　號

受文者：省屬各級機關

收副本受者：銓敘部、銓審會

主旨：分類職位公務人員經六十一年度年終考績依法取得升等任用資格，銓敘部未及在其考績清冊說明欄內予以註明者，統限於○年○月○日以前按考績程序列冊送府。

說明：依銓敘部○年○月○日○字第○號函辦理。

辦法：

一、取得升等任用資格名冊，依銓敘部規定格式(附)以八開白報紙造報。六職等以上人員各職等應分頁繕寫，合訂一冊，其餘三職等升四職等、五職等升六職等人員名冊，應分別裝訂。以上名冊均應一式五份。

二、本府各廳處局各職等人員升等名冊，一律送府核轉省級各機關、各縣市政府及其所屬機構，除六職等以上人員之升等名冊應送府核轉外，三職等升四職等、五職等升六職等人員名冊，一律經送本省銓審會核辦。

三、省屬各三級機關辦理此案時，應將本機關及其所屬機關各職等人員之名冊彙齊後，一次送本府或本省銓審會。

主席　○　○　○

㈢三段式、平行函、創稿

行政院衛生署函

年　月　日
字第　　號
附件：見說明第二項

受文者：臺灣省政府、臺北市政府、高雄市政府
副本收受者：內政部警政署、經濟部商品檢驗局
主旨：請加強食品衛生檢驗，以維護國民健康，避免發生中毒事件。
說明：
一、據報若干食品製造及餐飲業者，但圖私利，罔顧道德，任意添加人工甘味、色素、硼砂及其他有害人體的化學物品，以致食用者屢有中毒情事，影響國民健康甚鉅。
二、檢附「食品衛生管理處罰要點」○份。
辦法：
一、請轉知各地衛生機構，會同當地警察人員，隨時抽查，如有不合衛生之食品製造場所、販賣場所及食品，應從嚴取締，責令改善。
二、如發生食品中毒情事，應徹查原因，嚴究責任，並立即採取有效措施，遏止事態擴大。
署長　○　○　○

第三節　報告、公告、通知、通報等之製作

A.報告

報告的定義爲「有條理而客觀的信息，從一機構送到另一機構或從一單位送另一單位，用以傳達資訊，以協助決策或解決問題。」❾由此可知，報告所採取的方式是有條理而客觀的。傳遞的對象是由一機構到另一機構，由一單位到另一單位，但一般是由下而上。而報告的功用在傳達資訊，以協助決策或解決問題。

在公司機構中，固定有各種業務報告及工作報告。準備及製作報告的責任自然就落在秘書身上。所以，秘書經常需要收集有關資料，以便作爲書寫報告之依據。書寫報告應有報告名稱、報告單位或報告人、報告日期等。報告書寫應層次分明，資料齊全，並儘量採用表格式，以收一目了然之功效。❿以下列舉表格式報告書及一般報告書各一，以茲參考。

1.表格式報告書⓫：

UNIFORM ENTERPRISES, INC.

1112 LIN SHEN N. RD.

TAIPEI, TAIWAN, R.O.C.

聯一企業有限公司

台北市林森北路 1112 號

| 月份＿＿＿ | Sales Report 業務報告 | 編號：
日期：＿＿ |

Subject ＿＿＿＿＿＿＿＿＿＿＿＿＿＿＿＿＿＿＿＿＿

主題

TO ＿＿＿＿＿＿＿＿＿＿＿＿＿＿＿＿＿＿＿＿＿＿

受報告單位／人員

From ＿＿＿＿＿＿＿＿＿＿＿＿＿＿＿＿＿＿＿＿＿

報告單位／人員

產品名/編號	銷售量	銷售額	上月銷售額	成長/降低比率	下月預定銷售額	備註

2.文章式報告書⓬：

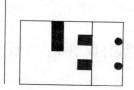

編號　3/COP/4215

> 聯一檔案組合五月份業務報告
>
> 五月份第一星期業績稍跌，但現已復甦。在丹麥，檔案組合售達 327 組。這表示在上個月增加了 41 組，顯示這項產品銷售直綫上升，令人滿意。
>
> 我們的主要銷售市場爲：
>
> | 哥本哈根 | 130 組 |
> |---|---|
> | 奧廸斯 | 85 組 |
> | 阿哈斯 | 80 組 |
> | 阿柏 | 17 組 |
>
> 另外 15 組，賣給直接向我們外銷部門詢購者。

以下分㈠報告的特性，㈡報告的種類，分別說明：

㈠報告的特性：

1.報告一般由上級所要求。

2.在公司機構的組織架構上，報告的運行方式是由下往上。這是因爲上級要求所致。

3.報告要有條理，即組織要合乎邏輯。

4.報告強調客觀性。由於報告有助於決策制定及問題解決，所以必須儘可能要有客觀性。

5.報告一般只準備給有限的聽衆，所以範圍較狹小。可針對著聽衆的需求來準備所需的報告。

㈡報告的種類：

1.由文體來分：正式與非正式

●正式的報告小心設計，結構嚴謹，強調客觀性與組織。含較多細節。

●非正式報告是用較口語，簡單的語言所寫的便箋。公司機構裡的備忘錄就屬於此類。

2.由長短來分：長報告與短報告

長與短一般很難分。但如以一頁的備忘錄報告來看，當然是短的。二十頁的期末報告，當然是長的。長報告，一般都會以正式的文體來寫；短報告，則用非正式的文體。

3.由性質來分：資訊性與分析性報告

資訊性的報告，報導某一機構的客觀性資料及訊息。分析性報告則針對解決問題而做的。

●資訊性的報告：公司年鑑、每月財務報表，業務報告等。

●分析性的報告：不動產評估報告、土地資源開發報告、河川污染報告等。

4.由組織結構來分：垂直與平行報告

垂直報告為上下直屬關係間的報告。一般為下對上的報告。偶爾也有上對下的報告，如演講等。平行報告為公司機構本身或公司機構對外的報告。垂直報告重控制，即增加上對下的控制；平行報告則重協調，即各單位間之協調。

●垂直報告：向上級或董事會報告，對主管機關之視察報告，向經理作業務報告等。

●平行報告：機構內部報告，生產部門與財務部門間的報告，機構對外的文宣報告等。

5.由機構來分：對內與對外報告

對內報告只限於公司機構內部。一般而言，比較機密性。對外報告，如公司的年鑑，是準備發給機構外的大眾參考。這是較具有公開性的。

6.由時間來分：定期與不定期報告

定期報告，一般皆爲垂直報告，即下對上的報告，具有管理控制的目的。可分每天，每星期，每月，每季，半年，一年等報告，這類報告，一般用電腦來做，規格一致，報告內容也較雷同。不定期報告，則爲臨時決定，一般爲時間緊迫，只能用手寫或打字，規格不一，內容也因時而異。

7.由功能來分：功能性報告與一般性報告

功能性報告爲具有特殊功能用途的，例如會計報告、行銷報告、財務報告、人事報告等。一般性報告提供一般性的資料，例如公司機構簡介、公司機構的展望報告等❸。

B.公告、通知，通報之製作

一、公告

㈠公告一律使用通俗、簡淺易懂之語體文製作，避免使用艱深之詞句。

㈡公告文字必須加註標點符號。

㈢公告內容應簡明扼要，非必要，各機關來文日期、文號及會商研議過程等，不必在公告內層層套用敍述。

㈣公告之結構分爲「主旨」、「依據」、「公告事項」（或說明）三段，段名之上不冠數字，分段數應加以活用，可用「主旨」一段完成者，不必勉強湊成兩段、三段。其「主旨」字數太多，或難以包括「依據」、「公告事項」者，亦不可勉強併成一段，如可用表格處理者儘量利用表格。

㈤公告分段要領：

1.「主旨」應扼要敍述，公告之目的和要求，緊接段名冒號之

下書寫。

　　2.「依據」應將公告事件之原由敍明，引據有關法規及條文名稱或機關來函，非必要時不敍來文日期、字號。有兩項以上「依據」者，每項應冠數字，並分項條列，另行低格書寫。

　　3.「公告事項」（或說明）應將公告內容，分項條列，冠以數字，另行低格書寫。使層次分明，清晰醒目。公告內容僅就「主旨」補充說明事實經過或理由者，改用「說明」為段名。公告如另有附件、附表、簡章、簡則等文件時，僅註明參閱「某某文件」，公告事項內不必重複敍述。

　　㈥公告登報時，得用較大字體簡明標示公告之目的，不署機關首長職稱、姓名。

　　㈦一般工程招標或標購物品等公告，儘量用表格處理，免用三段式（條例式）。

　　㈧公告張貼於機關布告欄時，必須蓋用機關印信，於公告兩字下關出空白位置蓋印，以免字跡模糊不清⓮。

▲公告範例一⓯：登報用公告㈠條例式

內政部公告　　　　　　　　　　　　　　年　　月　　日
　　　　　　　　　　　　　　　　　　　字第　　　號
主　旨：公告民國○○年出生的役男應辦理身家調查。
依　據：徵兵規則。
公告事項：
　　一、民國○○年出生的男子，本年已屆徵兵及齡，依法應接受徵兵處理。
　　二、請該徵兵及齡男子及戶長依照戶籍所在地(鄉)(鎮)(區)(市)公所公告的時間、地點及手續，前往辦理申報登記。
本例說明：

　　一、主旨文字用大字標題並套紅。

　　二、免署機關首長職銜、姓名。

▲公告範例二⓰：登報用公告(B)表格式

（機關全銜）臺北紙廠給水工程招標公告　　　　　年　月　日
字第　　號

工程名稱	廠商資格	圖說工本費	押標金	開標日期	登記日期及地點
本廠給水工程大安圳第六支線管渠延長管(長)	乙級以上營造廠或甲級給水工程裝管承裝商對給水工程設備及製作有經驗，富有能力，對給水工程曾一次承包總價在三十萬元以上實績完工證明在二十萬元以上者。	新臺幣百元	新臺幣萬元	年月日	年月日起至日止在市路段號本廠總務組

▲公告範例三⓱：登公報用公告(A)條例式

臺灣省政府農林廳公告　　　　　年　月　日
字第　　號

主旨：核准崎漏區漁會設定專用漁業權，如有異議，請在公告之日起三十天內，將異議理由送本廳核辦。

依據：漁業法施行規則第二十條。

公告事項：

　　一、申請設定者地址：崎漏區漁會，高雄縣茄萣鄉崎漏村一一二號。

　　二、設定漁場位置：高雄縣茄萣鄉崎漏村行政區域沿海由滿潮線向外延長五

○公尺以內海面。

三、漁業種類‥採捕魚苗漁業。

四、漁業時期和漁獲物名稱‥週年虱目魚苗、鰻苗、烏魚苗。

五、核准經營時間‥三年。

廳　長○　○　○

▲公告範例四⓲：登公報用公告(B)表格式

臺灣省政府建設廳公告　　　　　　年　月　日
字第　　號

主　旨‥公告補發○○○君自來水管技工考驗合格證明書。

依　據‥○○○君○年○月○日申請書附○年○月○日青年戰士報遺失啟事。

公告事項‥

技工姓名	原領證書字號	補發證書字號	附　　註
○○○	建水證字第○號	補建水證字第○號	原發自來水管承裝技工考驗合格證明書遺失，應予作廢。

廳　長○　○　○

二、通知、通告、及通報：

通知、通告及通報之異同以表格說明如下：

名　稱	範　圍	對　象
通知	機關內部及對外	個人
通告、通報	機關內部	各單位，各同仁

通知是機關內部各單位對於個人，有訊息傳達時所用，對外行文

如內容簡單，亦可用通知方式行之。

　　通告及通報是屬機構內部公告的一種，將發佈事項通傳各單位傳閱。

▲通知範例⑲：

通知　　　　　　　　　　年　月　日
　　　　　　　　　　　　字第　　號
受文者：○○○先生
主旨：台端應七十○年專職技術人員普通考試，業經榜示錄取，請即將證書費○○元整及最近半身正面二吋照片二張，逕寄本部出納科，以便轉請核頒及格證書。

考選部第一司（戳）啓

▲通告範例⑳：

通告：　　　　　　　　　　　　　年　月　日
主旨：本校○○年元旦團拜，訂於元月一日八時三十分在大禮堂舉行，敬希各同仁屆時蒞臨參加。

人事室（簽章）

▲通報範例㉑：

通報　　　　　　　　　　　　　　年　月　日
　一、○○大學教授○○○先生於○月○日○時蒞臨本校大禮堂講演，講題為「我國當前工業問題之剖析」。
　二、敬希本校同仁屆時踴躍出席聽講。

秘書室（戳）

第四節　中英文打字及文字處理工作

一、中文打字

㈠中文打字機種類：

中文打字機，大都爲辦公室中使用，常用的有二種：

1.管理式中文打字機：構造與英文打字機相仿，縱打、橫打都可以，字盤能前後左右移動，機身固定不動，上另配裝打表格的應用配件。使用雙手握打字鍵，在玻璃板正形字表下查字及打字，速度甚快，熟練者每分鐘可打 50 字以上。

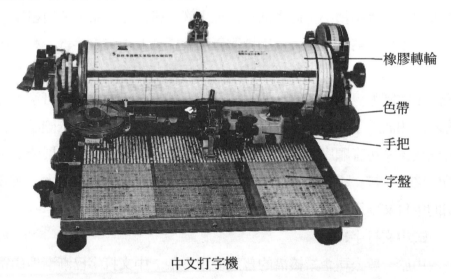

　　　　　　　　　　　　　　　　　　　　橡膠轉輪

　　　　　　　　　　　　　　　　　　　　色帶

　　　　　　　　　　　　　　　　　　　　手把

　　　　　　　　　　　　　　　　　　　　字盤

中文打字機

2.中日文萬能式打字機：縱打向下向上，橫打向左向右都可以，左手專管將字盤推向左右移動，右手握打字鍵及拉動滾筒在字盤上右左前後移動，以便查字檢字，但字盤上的字都是反形字面。

使用中文打字機時，左右手交互拉動，以便在字盤上檢字。找到

合適的合金字後，將吸字孔對準此一合金字，按下打字鍵，使字盤下的頂針將此一合金字頂入吸字孔，同時嵌字棒嵌住字頸。右手用適當輕微力量，將打字鍵上下壓一、二次，使墨球能均勻塗墨在合金字上，當墨球移向身體一側時，再用力擊打合金字，使之印在原先放入滾筒上的打字紙上。如此反覆動作，卽可打出所需的資料㉒。

現在一般辦公室所使用的是屬於第二種──中日文萬能式打字機。

㈡新式中文打字機：

我國和日本人，利用英文打字機的設計，發明了日文及中文打字機。前有「舒氏中文打字機」及「兪氏中文打字機」。民國 67 年 10 月 26 日，旅美學人郭毅之所研究成功的新式中文打字機在國立臺灣科學館展出，該機體積小、造價低，大量生產之後，每一架大約新臺幣 1 萬元。這種命名爲「現代基字轉盤正字手提式」中文打字機，利用中文整體字及半體字，以單打及雙拼法，可以拼出中文適用字 8,400 多個。字盤圓型，操作靈便。使用特殊雙面鉛字，正面鉛字供打字人員查看，側面鉛字則爲打字之用。而且音序、字盤各字，均依國語注音符號或英文拼音順序，分區排列，找字迅速，並可進一步發展成爲電動中文打字機。不過今日通用的中文打字機爲日人「杉本京太」所發明的中日文兩用萬能式打字機。

㈢中文打字：

由於一般公司企業機構的普遍使用電腦，中文打字已漸漸地由電腦中文輸入取代。然而，在企業界及一般公司機構，中文打字仍有其輝煌的歷史及不可抹滅的貢獻。

二、中文輸入法：

中文輸入法即是電腦的中文打字。中文字在電腦裡，是分配在內碼的中文區，且每一個中文字都只有一個位置，絕對不能有重覆。如果使用內碼打出中文字，當然可以。如此，就要背熟每一個中文字的內碼位置，如 A441 是「乙」、A44B 是「八」。這種方法，不切實際。所以，必須藉助外來的方法，以便於中文輸入。這些方法，總稱爲「中文輸入法」或「外碼輸入法」。

▲一般常用的中文輸入法種類㉓：

1.倉頡輸入法

2.注音輸入法

3.簡易輸入法

4.三角輸入法

5.電信碼輸入法

6.大易輸入法

7.大字盤輸入法

8.其他輸入法如行列、金蟬……

三、英文打字

㈠英文打字與商業及從事資訊工作的關係：

國際間爲促進文化交流與傳播訊息，各種主要語言均各自設計了專門打字機，而以英文打字機最爲普及，用途也最廣，因世界各國都通用英文，所以亦使用英文打字。

近年來我國經濟發展迅速，國際文化的交流，特別在促進國際貿易發展上，幾乎不能沒有英文打字：諸如工廠或進出口商向國外報價

或詢價；填發信用狀；或向本國銀行申請外滙；或向海關報值填表，以及一切信函的往返；商品的介紹；包裝、廣告、商標等之各種文件，無一不與英文打字有密切關係。蓋因手稿文件，由於各人筆跡的不同，難免有潦草或欠清晰之處，在貿易上往往會因一字之差影響整個作業。故目前一般進、出口貿易公司或外銷廠商，多備有英文打字機以代替書寫工作，而收事半功倍之效。

在資訊科技一日千里，文明的脚步邁向高度科技的資訊時代中，由於到目前爲止，還沒有開發出比鍵盤輸入資料更普遍、更便捷的電腦輸入法。因此，類似英文打字機鍵盤的電腦輸入系統所需之大量資料處理工作，及以打字機系統來做的文書處理工作，亟需熟練鍵盤操作的技術人員。

㈡打字機主要部分構造名稱說明㉔：

❶	換行桿	⓮	滾筒旋鈕
❷	字行間隔調整鈕	⓯	後退鍵
❸	左邊限定位	⓰	色帶選擇鈕
❹	壓紙桿	⓱	大寫鍵（右）
❺	尺度表	⓲	空間棒
❻	托紙板	⓳	大寫鍵（左）
❼	紙背靠桿	⓴	大寫鍵鎖
❽	字位校正尺	㉑	輕重控制鈕
❾	右邊限定位	㉒	夾字釋放鍵
❿	夾紙鈕（鬆紙桿）	㉓	44個字鍵盤之鍵盤
⓫	輸送架	㉔	打字機蓋
⓬	輸送架鎖	㉕	紙背靠桿鈕
⓭	滾筒		

㈢打字前應注意事項：

1.確定打字所需設備完備，不必要的東西不要放在桌上。

2.準備打字時所需的份數，看是否需用複寫紙，或打好後再影印。

3.查明應遵行之格式。

4.保持良好而正確的打字姿勢。

5.看稿務必要明白、仔細。

6.校對要正確。

7.注意函件之處理：郵寄方式，副本處理，存根存檔等。

㈣打字機應注意事項：

1.信件格式：英文的信件格式有下列四種❷：

(1)斜形　　　　　　　　　　　(2)全齊形

(3)半齊形　　　　　　　　　　(4)改良式齊形

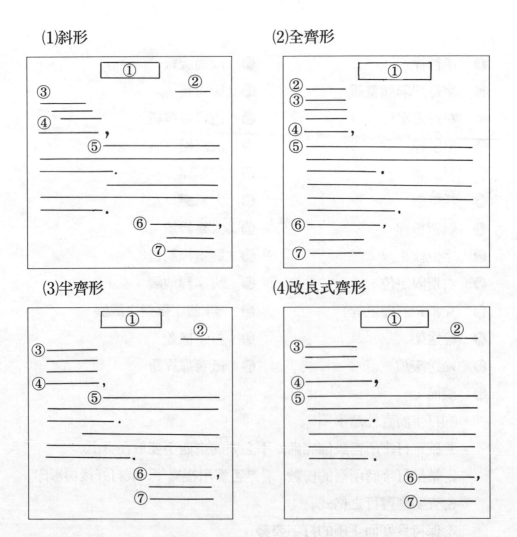

① Letterhead（信頭）　② Date（日期）

③ Inside Name and Address（收信人及地址）

④ Salutation（稱謂）　⑤ Body（信本文）

⑥ Complimentary Close（書信結尾語）

⑦ Signature and Official Position（簽名及職稱）

▲半齊形信件打字範例：（見下頁）

　　2.信函包括項目：

　　　①信頭(Letterhead)：公司機構名稱，地址，電話，電報等，都會印在信紙的頂端。

　　　②日期(Date)：英式為日、月、年，如3rd July,19…；美式為月、日、年，如July 4,19….

　　　③收信人及地址(Inside Name and Address)：收信人或公司排最上面，然後下一行打地址。地址依小而大排列，如，樓，號碼，弄，巷，路（街），段，市，省，國名。

　　　④稱謂(Salutation)：一般用 Dear Sir(個人)，Dear Sirs(公司)，女士用 Dear Madam，男士亦可用 Gentlemen；如果知道名字或姓，男士用 Dear 名，Dear Mr. 姓，女士用 Dear 名，Dear Ms. 姓（已未婚皆可），夫婦用 Dear Mr.and Mrs. 姓。

　　　⑤信文(Body)：信文即信的內容，一般分三部份：介紹(Introduction)，說明(Information)，未來行動(Future action)等。

　　　⑥結尾語(Complimentary close)：常用的結尾語有 Sincerely yours, Truly yours, Faithfully yours, 等。

　　　⑦簽名及職稱(Signature and Official Position)：主管簽名的下一行，需把主管的名字打出以為辨識。再下一行打出主管的頭

① Letterhead —

Condor Electronics Limited

Woodman Works, 204 Durnsford Road, London SW19 8DR   Telephone: 01-947 9511 (6 lines)

Telex: 928502 Cables: Condorelec London SW19

② Date —

21st September 1991

③ Inside Name and Address —

Mr. C. Santarossa,
Andy Pandy Pty. Ltd.,
P.O. Box 58432 Taipei,
Taiwan.

④ Salutation —

Dear Mr. Santarossa,

⑤ Body —

Thank you for your letter of 1st September 1991 and quotation enclosed.

Firstly, we require all our goods sent in on a C.I.F. basis.

We are ready to place an order with you for approximately 40,000 leads, such as:

10,000	CP-150
10,000	CP-182
5,000	CP-151
10,000	CP-121
5,000	CP-140

In addition we also have a list of smaller quantities for other items. However, we are a little hesitant, since checking your sample, we found the CP-172 defective, with a cracked plastic sleeve.

We are very very critical of our products and must inform you that if we do a A.Q.L. on your products and the percentage is unacceptable we shall return the whole shipment to you. Under separate cover, I am returning the defective lead for your information. Also, would you please send two samples of each of the 5 items mentioned above.

We are also interested in your new VTS-157 unit and would like to receive a sample when available.

⑥ Complimentary Close —

Best wishes,

Sincerely,

⑦ Signature and Official Position —

J. Wolff

Directors: C.A. Wolff (Can.) G.P. Curran, D.J. Eldridge
Registered in England No. 930015 Registered Office: Woodman Works, 204 Durnsford Road, London SW19 8DR

衛職稱。

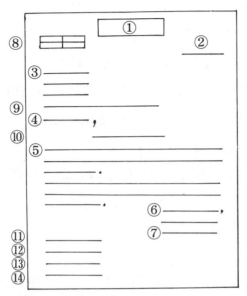

⑧檔案編號(reference number)：列出我們及對方的檔案編號以利參考及查詢。

⑨經辦人（特定人查照）(Attention line)：其寫法有：

  a. Attention:Mr William Hart

  b. Attention of Mr. Charles Lee

  c. Att.:Mr. Robert Wang

⑩事由（主旨）(Subject heading)：例如：

  a. Your order No.123.

  b. Subject:Your order No.123.

  c. Re:Your order No.123.

  （Reference 的縮寫）

⑪鑑別符號(Initials)：便於查考起見, 常用發信人及打字員姓名的第一字母(initial)打在信箋左下。其表現方式如下：

  a.發信人的 Initial 大寫, 打字員的 Initial 小寫：

CYC:ob   CYC/ob   CYC ob

b.發信人、打字員的 Initial 都大寫：

CYC:OB   CYC/OB   CYC OB

⑫附件符號(Enclosure)：如有附件時以下列符號表示：

Enc., End., Encls., Enc.2, Enclosure

Encls:a/s(as stated 如上文)

⑬副本抄送(C.C.＝Carbon Copy)：副本抄送單位用 c.c. or C.C.表示，例如：

CC:XYZ Company

CC to XYZ Company

⑭附啓(Postscript)：當信打好時，忽然想起想加幾句話，用 P.S.

P.S.:We received your box sample. Thanks.

⑮續頁(Continuing page)：續頁必須用白紙，不宜印有信頭的信紙，打法如下：

ⓐ	ABC Trading Co. -2- May 10,19……
ⓐ	ABC Trading Ce. Page 2 May 10,19……
ⓒ	Page 2 May 10,19…… ABC Trading Co.

四、文字處理

㈠功能

文字處理是七十年代最賣座的電腦軟體，它幾乎已成爲應用在辦

公室的電腦主流。文字處理是利用電腦來輸入、儲存，處理及印製書件、報表、和書籍等。一旦使用了文字處理，人們將很訝異，從前的日子是怎麼過的。

　　文字處理，除了具有打文件及修訂文件之功能外，尚能整合於其他應用。若想以圖表報告而不加任何文字解釋，也可用文字處理來做。同時它也具有通訊功能，例如有時要寄送一份備忘或信件，則可藉著電子信箱(electronic mail)來傳送。

　　另外，文字處理具有修正的功能，可免除對〝立可白〞修正液的需要。以往修正書件報表，很費時費事；但若於機器上檢視修正，就快速而簡單。在文件最後列印之前，可很容易在電腦上作瀏覽與修正㉖。

　　㈡概念

　　文字處理到底是如何來處理文字呢？這裏提到文字處理的概念，也就是它實際處理文字的過程，亦即，其功能細節。

　　1.一般功能：

　　⑴爲文件定格式：可依自己所需設定紙張的大小，文件的上下限，若不設定則爲 8 ½×11 吋。

　　⑵鍵入文件：鍵入即是打字，可選擇置換或插入狀態。置換時，所鍵入的字母會蓋掉原來游標(cursor)所在的字母，即將它洗掉，並同時打出新字。當處於插入狀態時，可鍵入額外文字。

　　⑶拷貝與搬移：有拷貝的指令，可以選擇報告的一句，一段，一節或想要的部份，拷貝至文件的另一部分。搬移即把字搬到別處，同時把原來區域內的文字加以刪除。

　　⑷搜尋與置換：提供在整個文件中找尋某些字群的功能。例如，在文章中，想找出〝CIS-10〞符號的字群，祗需設定好搜尋指令，並

輸入欲尋找的字群，游標很快會移動到出現〝CIS-10〞的地方，幫忙找出目標。置換即是在找出目標時，以其他字群來替換。

(5)行對中：行對中的功能在使任何一字搬移到一行的正中央。也可使用行對中的功能來調整一整段文字。

(6)粗體字與畫底線：可使文句中的任何一部份使用粗體字和畫底線的特殊效果。

(7)標題及足標：如果需要，文字處理會自動列印標題(heading)和足標(footing)。例如，在列印一較長的報告時，各頁的上端可印出相同的標題當表頭，並且在每一頁的最底下一行印出頁數，即是足標。

　2.高級功能：

(1)編目次表：就只一個指令，就可以編纂目次表並標明頁次。

(2)鍵字索引：文字處理軟體可以編纂按字母順序排列的關鍵字索引，並可標出各關鍵字曾經出現的頁次。

(3)註腳(footnote)：在輸入文字時，註腳會自動地完成。

(4)辭典：有些文字處理軟體包含了一部辭典，具有辭典的功能。當輸入〝大峽谷非常地美麗〞，而感覺美麗並不是最好的形容詞時，電子辭典會提供很多的建議：壯觀的，巧奪天工的，漂亮的，雄偉的等等。

(5)拼字：拼字功能可檢查看文章中有沒有錯字。通常儲存有75,000到150,000字。如果有字典裏找不到的字，拼字功能會提醒訊號。

(6)文法：文法功能會以高亮度顯示出有文法疑問的句子，以利修正。

備忘錄
文字處理功能：

1.一般功能
　　1）為文件定格式
　　2）鍵入文件：置換與插入
　　3）拷貝與搬移
　　4）搜尋與置換
　　5）行對中
　　6）粗體字與畫底線
　　7）標題及足標
2.高級功能：
　　1）編目次表
　　2）鍵字索引
　　3）註脚
　　4）辭典
　　5）拼字
　　6）文法

㈢展望

1.在此資訊充分發展之時代，辦公室自動化是必然之趨勢，而文字處理是自動化中不可少之一環。

2.由於業務的擴充，辦公室之工作人員必須處理大量文字業務工作，因而人事費用必定相對地增加。如此，勢必使用高效率之文字處理設備，以精簡人事費支出。

3.文字處理設備與其他資訊及通訊設備連線，使用途更為廣泛而更具發展潛力。

電腦文書處理系統

附　註

❶ Emmett. N. Mcfarland, *Secretarial Procedures*, Reston:Prentice-Hall Int. Ed. 1985, pp.207-226

❷ 徐筑琴，《秘書理論與實務》，臺北：文笙，民國七十八年，pp.18-19

❸ 黃俊郎，《應用文》，臺北：東大，民國七十九年八月，pp.186-189

❹ 張錦源，《商用英文》，臺北：三民，民國八十年，p.19

❺ 同❹，p.20

❻ 同❸，p.204

❼ 同❹，p.22

❽ 同❸，pp.20-26

❾ Himstreet Baty, *Business Communications*, Boston: PWS-KENT,

1990, p.437

❿ 同❷，p.29

⓫ 同❾，p.505

⓬ Wendy Harris, *English for Secretaries*, Taipei: Crane, 1982, p.19

⓭ 同❾ pp.436-440

⓮ 桂馨一，《政府與民間文書》，臺北：三民，民國七十七年，p.13

⓯ 同⓮，p.48

⓰ 同⓮，p.47

⓱ 同⓮，p.50

⓲ 同⓮，pp.49-50

⓳ 同❸，p.95

⓴ 同❸

㉑ 同❸，p.96

㉒ 《環華百科全書》*Pan-Chinese Encyclopedia*，臺北：環華，1982, pp.18-19

㉓ 葉添水，《中文電腦入門與 PE3》，臺北：碁峯，1990, p.3-3

㉔ 黃炎菊，《英文打字》，臺北：東大，民國七十八年，p.13

㉕ 同❹，p.25

㉖ Larry & Nancy Long，陳棟樑譯，《計算機概論》，臺北：松崗，民國七十
六年，p.58

本章摘要

　　秘書的文書工作可分四部份來探討：一、信件處理；二、公文處理；三、報告、公告、通知、通報之製作；四、中、英文打字及文字處理工作等。信件處理分來信與去信兩大類。來信又依處理的步驟分為：分類、拆信、登記，及分信。去信分兩部份：回信及寫信。公文處理之程序為：㈠收文處理；㈡文書核擬；㈢發文處理。依一定的程序辦理，有流程圖為依據。報告、公告、通知、通報用途皆不同。報告分

多種，最主要有垂直報告與平行報告、正式與非正式報告、資訊性與分析性等。一般爲公司機構對內之報告，依其場合、對象、與性質而有不同。雖然報告種類甚多，其寫作的特性不變，即是要有條有理，並強調客觀性，此爲其特色。公告爲政府機構對外發佈的公文，分二類：㈠爲登報用；㈡爲登公報用。其寫法亦分二類：㈠爲條列式；㈡爲表格式。通知與通報，主要差別在，通知針對個人，而行文對公司機構內外皆可；通報針對公司機構同仁，而行文只對內。中英文打字及文字處理，強調打字及電腦之重要性。秘書文書資料的製作完全要靠此項功能。文字處理是利用電腦來輸入、儲存、處理及印製書件、報表和書籍等。文字處理設備又可與其他資訊及通訊設備連線，使用途更爲廣泛而更具發展潛力。

習 題 五

一、是非題：

（　　）1.在打完電報電話後，有時仍需以信件確認。

（　　）2.用電動拆信機拆信時，要將有地址那面朝下。

（　　）3.秘書爲節省主管的時間，主管不在時，可幫忙拆〝親啓〞的信。

（　　）4.勛啓是用在對直接、有地位的長官。

（　　）5.西式的地址寫法是先國家，依次排下。

（　　）6.公文處理的第一部份爲收文處理。

（　　）7.判行是屬於文書核擬的項目。

（　　）8.公司年鑑是屬於資訊性的報告。

（　　）9.一般工程招標公告，儘量用表格式處理。

（　　）10.文字處理是利用電腦來輸入、儲存、處理及印製書件等工作。

二、選擇題：

（　　）1.信件分類次序第一項爲①限時信件②電報類③親啓函。

（　　）2.對於誤投之郵件，必須①先呈主管②退回郵局③先開再說。

（　　） 3.對於血統、親戚的父親輩用①福啓②大啓③安啓。

（　　） 4.對於普通的長輩用①賜啓②文啓③台啓。

（　　） 5. Printed Matter 是指①機密②掛號郵件③印刷品。

（　　） 6.公文處理屬於收文處理的是①簽收②陳核③蓋印。

（　　） 7.公文處理屬於發文處理的是①分文②繕印③會商。

（　　） 8.報告所強調的是①客觀性②嚴謹性③廣泛性。

（　　） 9.通知的範圍爲①只對內②只對外③內外皆可。

（　　）10.屬於文字處理的高級功能是①編目次表②拷貝與搬移③標題與足標。

三、填充：

　　1.信件處理在來信方面分爲四部份：＿＿＿＿＿＿、＿＿＿＿＿＿、＿＿＿

　　　＿＿＿、＿＿＿＿＿＿。

　　2.公文處理依程序可分爲三大部份：

　　　＿＿＿＿＿＿、＿＿＿＿＿＿、＿＿＿＿＿。

　　3.報告由組織結構來分有二種爲：＿＿＿＿＿＿及＿＿＿＿＿。

　　4.公告之結構分爲：＿＿＿＿＿＿、＿＿＿＿＿＿、＿＿＿＿＿＿等三段。

　　5.文字處理的高級功能有六項爲：＿＿＿＿＿＿、＿＿＿＿＿＿、＿＿＿＿

　　　＿、＿＿＿＿＿＿、＿＿＿＿＿＿、＿＿＿＿＿。

四、解釋名詞：

　　1.親啓函

　　2.啓封詞

　　3.文書核擬

　　4.通報

　　5.電子信箱

五、問答題：

　　1.試述秘書的信件處理工作所包含的重要細節。

　　2.通常一般常用之信函種類有那些？請詳述之。

　　3.試述公文處理的程序。

4.試述報告、公告、通知、通報之異同。

5.文字處理有那些重要的功能？請詳述之。

6.你對文字處理之展望看法如何？

第六章　秘書的事務工作

第一節　電話之使用與禮儀

　　由於科技的進步，通訊設備日新月異。電話設備，因其方便性、迅速性與普及性，已廣爲大衆所使用。尤其，在這個處處爭取時效的工商社會中，電話的功能角色日益顯著，而與電話關係最密切者，可以說就是秘書工作者了。因此，當秘書拿起聽筒時，就得展現其良好的公共關係技巧，以建立公司的信譽。一般人對公司的第一印象，就是與秘書的電話交談中得來。從秘書在電話中的聲音、內容、態度、語氣，可以瞭解其工作效率、興趣、機智、禮儀、學識和魅力，甚至可瞭解公司機構的管理與商譽。見面交談，可藉表情、手勢來幫助語言，表達思想情感；可是電話交談只能靠言語，所以電話交談特別講求技巧與禮儀。秘書工作者，尤需精通此兩項要領，以建立長久而美好的人際關係，促進業務的發展。

一、電話之使用

(一)電話的種類：

1.公務電話：電信機構人員因公務必須，可用公務電話，免費通話。
2.一般市內電話：市內電話可直接撥號，使用方便，費用亦較廉。

3.長途電話:

(1)叫人電話: 英文爲 Person to person, 電話接到受話人號碼, 指名受話人接聽, 受話人在, 則開始通話計費。

(2)叫號電話: 英文爲 Station to station, 不論受話人是否在場, 立卽開始計費。

(3)傳呼電話: 發話人叫某地某人, 因其無電話, 需由受話電信局派人通知受話人到電信機構受話, 稱爲傳呼電話, 我國目前傳呼電話之服務, 以三公里以內地區爲限。

4.特別通話:

(1)新聞減價通話: 新聞機構與電信機構訂立合約, 在使用電話做新聞傳送時, 可享減價優待。

(2)夜間減價通話: 晚上規定時間內, 使用長途電話, 可以減價。

(3)特約通話: 發話人與電信機構訂立合約, 按日在指定之兩地電話機間, 於約定時間通話。

(4)定時通話: 發話人在規定營業時間內, 預定通話時刻者。

(5)代傳車上旅客電話: 鐵路公路旅客在車輛行進間, 掛發電話, 將傳給旅客之電話語句, 由車上服務人員傳知受話人之電話, 在國外有車上通話, 但是使用的地方並不普遍。

(6)記帳憑照通話: 這種通話方式在國外稱爲 Credit Card Calls, 通話人先向電信機關申請「國內長途電話記帳戶付費憑照」, 以此憑照交使用人, 在記帳憑照上指定各地掛長途電話至指定之電話號碼, 所有的費用皆可記帳, 待月終或一定期限由電信單位向原申請之記帳戶收取。

(7)會議電話: 同時連接三個至七個市內電話用戶, 使其中任一話機可與其他話機通話, 這種通話方式, 稱爲會議電話。

⑻受話人付費電話：英文稱爲 Collect Calls，發話人先打給電信局電話接線生，告知要打受話人付費電話，並告知對方電話號碼及發話人姓名，待接線生撥通電話並經對方同意後，開始通話，電話費由受話人支付。

⑼海外電話：通稱國際電話，現在因有通訊用之人造衛星及海底電纜，所以打國際電話非常方便。國際電話之價格，視白天、夜晚及星期日而有不同❶。

㈡便於處理業務的各式電話：

處理日常業務所不可或缺的電話，除普遍的通話功能外，尤其能提供多種服務，以增廣其運用範圍。

特別是按鈕式的電話，不但迅速，又可做各種電話計算，甚至能與傳眞機合用，眞是實用又方便。

1.業務電話：

其使用線路的多寡，可視公司的規模及辦公室的大小而定。它不僅能發揮多項功能，更可提高辦公效率：

⑴外線雖少，卻可使用多具電話機座——

正如，兩條線路採六具電話機的情形，其辦公效率藉此可提昇不少。當外線有電話打進來時，隨著輕輕的呼叫聲響，會有提示燈的明滅閃爍。若要使用電話時，需先按下無亮燈的「外線鈕」再行撥號。

⑵外線電話可直接轉由他人接聽——

只需簡單的操作，就能把打進來的電話，轉到其他的電話機去。

⑶保留外來電話，以作內部洽商——

當客戶所提問題，需經內部研商時，更發揮了它便利的功能。

只要按下保留鈕，就可保留外來電話，而輕快的音樂旋律，也不

會讓客戶覺得苦等難耐。

(4)個別內線相互通話——

按完內線鈕，再撥對方的號碼，就會發出電子呼叫聲，一旦對方拿起話筒，雙方就可交互通話。

(5)限制特定電話機的發訊——

設置於特定場所的電話機，例如櫃枱電話，無需與外界聯繫，因此，可限制其外線發訊。

(6)可調節內外線的呼叫音量——

配合辦公室大小，可自動調節內外線之呼叫音量。適合於週遭環境的音量，才能使人工作愉快，必要時，還可以避免讓外線電話呼叫聲響起。

(7)按外線別受訊——

譬如，使用數線電話時，可將電話號碼分組，若有外線電話打進來時，同組的電話會一起響。

2.擴音電話：

此乃利用麥克風與擴音器所組成的電話。只要按鈕，對方的聲音就會從擴音器裡出來，而自己的聲音，則透過話筒傳給對方。其優點為：

(1)不必手持話筒——

由於，不需用手拿話筒，所以，便於記錄事項及翻查資料。而用肩膀和耳朵，費力地夾住話筒的姿勢，已不復見。

(2)可供多數人同時談話——

只要聚集在擴音電話四周，就能讓多數人聽到對方的談話，當然，也能同時與之交談。這在召開電話會議或國際越洋通訊時，有相當大的實用性；更如，欲將指示、命令同時傳達給多數人時，擴音電話都

可應付自如。

　　舉凡總公司發佈的命令，或董事長從遠處捎來的指示等，不僅在公司內部，甚至可促使總公司和分公司之間，通訊業務的順利、快捷。

　　3.電話傳眞：

　　電話傳眞乃是利用電話線路，而將拷貝資料順利傳送的通訊系統。

　　電話傳眞適用於通訊量較多的「電話傳眞一〇」、「電話傳眞二〇」，以及輕便的「電話傳眞四〇」等三種機型。不僅可傳送全國，同時，具有操作簡單的優點。原稿約是Ａ４尺寸的（電話傳眞一〇是Ｂ４的），可同時傳送文件與圖片。並能在極短的時間內，傳送出大量的稿件。倘若，裝有外出受訊裝置，就算有事外出，它也能自動受訊。

　　此外，尚有可自由選擇使用場所的「無線電話」，通話中可再接外來電話的「插播電話」（catch phone）；打烊後或休假日，可自動接聽電話的「錄音電話」；可留下交易記錄的「電報」（Telex）；以及在汽車內使用的「行動電話」等。

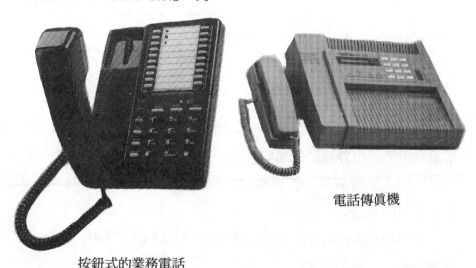

電話傳眞機

按鈕式的業務電話

錄音電話範例

號碼	留　　　話　　　內　　　容	用途
0	我是……，很抱歉，今天已經打烊了。	打烊
1	我是……，今天已經打烊了，麻煩您明天再打電話來好嗎?	
2	我是……，今天已經打烊了，有事請撥……這個電話。	
3	我是……，本店今日公休。	公休
4	我是……，本日公休，有事請明日來電。	
5	我是……，本店今日公休，有事請撥……這個電話。	
6	我是……，現在不在店裡，有事請撥……這個電話。	外出
7	我是……，有事外出，請稍晚再來電。	
8	我是……，暫時不能來聽電話，請稍候再撥。	拒聽
9	我是……，我需要休息，有事請明天再聯絡。	

4.公共傳真服務：

使用電信局的電話傳真業務，將文件或圖表傳送到全國各地，這最適合出差或出外洽談生意時利用。

發訊人的傳真機，若能適合於電信局的電話傳真業務或 G II 規格，就可向全國傳送資料。

它可順利地將你所携帶的原稿(A 4 尺寸以下)發出。此外，尚可利用電信局所準備的用紙。

發訊時間的長短，需視發訊者的傳眞機而定。一般是三分或六分鐘的限制。

只需按鈕，其餘全是自動操作。至於，收訊者以及受訊後的確認工作，可交由電信局員處理❷。

㈢接聽電話：

1.注意事項：

⑴電話鈴響應立卽接聽，如暫時離開辦公室，也要委請別人代接電話。

⑵電話機旁應留置有紙、筆等用具，以便隨時記下來電者的姓名、電話號碼及通話要點，以免因工作忙、事情雜而忘記電話所談之事。

⑶拿起電話應先表明身份，先將自己的公司機構名稱及所屬單位告訴對方，以免去對方問「是不是×××？」的周章。

⑷留心聆聽，並聽清楚對方的通話內容，如遇重要事項、日期或數字……等，應卽記述下來，並複述一遍，以免記錯或漏記。

⑸通話期間如必須暫時擱下聽筒，應向對方解釋原因，請對方不要掛斷，但擱下時間不宜太久。

⑹接到要找別人的電話時，先弄清楚該由那位同事來接；要叫遠處的同事來聽電話時，應該用手掌輕輕地把聽筒的送話機蓋住後才叫人。

⑺對方所要找的人如不在時，切忌立卽掛斷，應商請對方願否留話，以便轉達。

⑻如對方提出妳一時無法解決的問題時，應將電話轉至可以回答的部門，或留下對方電話號碼，待查清楚後再回覆。

⑼電話的聲音太小或噪雜或對方口音不清，應客氣的請對方重覆

一遍或商請對方掛斷再撥。

(10)聽到電話鈴響，應放下工作，立卽接聽。任何人打電話，都不願等了許久而未有人接電話。若是正在講另一電話應請對方稍候，拿起後來之電話，若能馬上幾句解決之事，可馬上解決，若不能則請留下電話號碼，稍後回話。

(11)電話在講話中忽然中斷，應立卽掛上，若爲發話人，應再撥一次，並道歉電話中斷，然後繼續談話。

(12)主管不願接聽之電話，應有技巧的回覆。

(13)正講電話中，旁邊有人急於與你講話，應請電話對方稍待，輕放話筒，與等待者談話應有相當距離，以不影響電話對方聽見爲妥。

(14)通完話後，儘量等對方掛斷後，再輕放聽筒；但如對方也在等妳先掛電話或很慢掛斷時，則不妨輕輕放下電話，千萬不要重重一掛，免得對方被妳掛得震耳欲聾。這情形正如同送客出門後，不要馬上把門「砰」一聲關上❸。

　2.接聽技巧：

(1)別輕易說出上司在或有空——

先別輕易說出上司在或有空，依下列步驟來處理：

①探知對方身份：如果對方不是熟人，也未表明身份，就要禮貌地問：「請問是那位找他?」如果對方不表明身份，而上司也不想接這種電話時，秘書可說：「眞對不起，××先生現在不在。我是他的秘書，我姓×，不知能不能爲你效勞?」

②瞭解對方來意：很多人都會直接地問：「有什麼要事嗎?」或「請問有什麼指教?」這樣未免失之粗俗而無禮。其實秘書可以用一種含蓄的說法：「××先生現在有客人，不知道他此刻是否方便跟您通話? 也許他等一下打電話給您比較好，您能否讓我告訴他，您找他有什麼事，

好嗎?」如果對方仍不說出來意，只好請問他的電話號碼，跟他說上司待會回他的電話。這樣總比讓上司在沒有心理準備下，突然接電話來得好。這樣的應對也較爲婉轉而有禮貌。

③決定由誰來接聽電話：依據統計，現職秘書，在一般中型公司機構中，平均每天須要接聽約一百通以上的電話。如果這些電話都由上司來接聽，那他的時間與精力將被電話所佔用消耗掉，而無法從事其他較高層次的工作，如規劃、管理等。因此，秘書接到電話，經過過濾後，才能決定是由自己直接回答，或請其他同事接聽，或經過確定後，才請上司親自答覆。但必須把握的原則，即是儘量不使上司受到外界無謂的干擾。

女秘書在決定由誰來接電話前，除了前面所述的要先探明對方的身份與來意之外；其次，就是對公司各部門的業務與各同事的工作要瞭如指掌，才能很快地確定這個電話應該由那個部門的那位同事來接聽。尤其不可找錯對象，使對方的電話在妳的公司內輾轉旅行，引起對方的反感，甚至惹火對方不耐煩而將電話掛掉，有損公司的商譽❹。

⑵上司不接電話時——

有時秘書在經過篩選電話後，確定本應由上司親自接聽，但因上司無法或不願接聽時，秘書就得運用機智與經驗來處理。

①上司不在辦公室：這時秘書應很有禮貌地請對方留話。或者如果是急件而秘書可以作主時，先代爲處理。

不要以「他不在」、「他應該快回來了」、「我不知道他在什麼地方」或「我不知道他什麼時候會回來」作爲回答。而應客氣地說：「××先生剛出去，我是秘書 A，請問您有何貴事?」

②上司無暇接電話：如果上司正在開會或忙著會客，或其他業務時，無法馬上接聽電話。這時，可告訴對方：「××先生正在開會，我

去看看他能否離開幾分鐘來接電話?」

在轉告上司有電話時，最好的方式是遞給他字條，寫明是誰打電話來，儘量避免直接報告或用內線電話，以免干擾會議的進行。但如果上司不能來接時，要告訴對方：「真抱歉，他正在開會，待會兒開會結束，他會給您回電。」記得留下對方的電話號碼。

③上司拒絕接電話：秘書判斷並確定上司應該會接電話，而當把電話轉給上司接時，他卻拒絕聽。這時情況困窘，就要靠秘書的機智了。一方面要技巧地不讓對方感覺出上司不接他的電話；一方面又要圓滿地答覆。秘書可回答：「對不起！××先生剛剛還在，可能出去一下，馬上回來。我是他的秘書 A。請問您有何貴事?」同樣，如果秘書無法作主，可先請留下電話，等請示過主管後，再予回電。

(3)秘書可自行處理之電話——

①索取資料：確定對方所要索取的資料可以送人時，如簡介、產品目錄等，秘書可直接答覆，並予寄上。但如不能確定時，可等請示上司後，再予回覆。

②訂約會日程：秘書可先予記下，在核對過上司的日程表，並請示過上司後，再予通知確認。但如臨時有變更或衝突時，應儘速通知對方。

③轉達訊息：來電如僅為告訴上司某些訊息，秘書可先行記下，並儘速通知上司主管。

④轉至其他單位的電話：在轉電話時，應確定電話已接到有關的部門。最好，秘書在電話轉過去時，應對有關單位說明對方詢問的問題，以免對方又要重新問一遍，費時又費力，非常不便。

3.留言便條

秘書的業務工作中，電話的使用佔有很大的份量。一般除了秘書

可直接回覆的電話外，有時因上司主管不在或不能聽電話時，秘書就必須使用留言便條，把要點記下。

(1)留言便條範例：

▲英文留言便條❺：

Message:

To _____

```
To _____

Date _____ Time _____

              WHILE YOU WERE OUT

M r.
  s. _____

of _____

Phone _____
```

TELEPHONED		PLEASE CALL	
CALLED TO SEE YOU		WILL CALL AGAIN	
WANTS TO SEE YOU		URGENT	
	RETURNED YOUR CALL		

```
Message _____

_____

_____

_____

                                    Operator

                            _____
```

▲中文留言便條❻:

留　言　便　條

_____先生

月　　日　　時　　分

來電者公司和姓名:

公司:_____

姓名:_____   電話:_____

☐1.打電話來找你。

☐2.他來看你。

☐3.請你在括弧內時間回電。

　　(　　　　　　　　　　　　　　　)

☐4.他還會打電話來。

☐5.改天來看你。

☐6.他留一些文件要轉交給你。

☐7.有以下的留言。

_____

_____

_____

接電話者姓名

_____

(2)留言便條內應包括項目及注意事項如下:

　①通話日期與時刻。

　②通話者姓名之正確寫法或拼法，以免回電話時，弄錯了姓名，不但尷尬，也不禮貌。

　③通話人公司行號名稱。

　④詳記接洽或待辦事項，使主管瞭解，可以採取適當之行動。

　⑤如秘書不在，電話由別人接聽，秘書亦應將情形記在留言條，以便主管瞭解電話接聽情形及處理情形。

　⑥記下通話人之電話號碼，問明是請主管回電或是對方再打電話來。在問對方電話號碼時，有時對方會說「他知道我的電話」。但是為防萬一，仍應問明記下較好。

　⑦留言條後，可簽上自己的名字或一個字代表。但如替他人接電話，記錄下來時，應該簽自己的全名。

　⑧寫好留言條，最好向打電話者重覆唸一遍，以免錯誤、誤會意思或遺漏交待事項❼。

　㈣打電話：

　1.打電話前的準備事項：

　⑴應先備好文件並預先整理談話內容。

　⑵確定對方所屬的部門。

　⑶確認電話號碼的正確性。

　⑷如果時間較長的電話，要事先徵詢對方較適當的時間。

　⑸如果是打公用電話，最好準備兩枚以上硬幣。

　2.打電話時應注意事項：

　⑴先表明自己姓名、機構，使對方馬上進入情況，以節省用電話的時間。

(2)打電話所要談之事，要有條理地表達，不應含糊其詞，而浪費時間和金錢，甚至談不出結果。

(3)打電話談論事情之有關資料，應放在手邊，以便隨時參考。不要說到那兒才找那兒的資料，使雙方都感不便。

(4)節省用電話的時間，公家電話不應私用，而且談公事也應節省時間，減少浪費。

(5)使用電話，聲音一定要表示愉快，聲音之大小，說話的速度都要合適，嘴裡不應咬著鉛筆、口香糖、香烟等說話。

(6)講電話，絕對不可生氣，應該忍耐和諒解對方，千萬不可表示不耐煩❽。

二、電話禮儀：

電話的使用貴乎講禮儀。有優美的禮儀才能產生高度的效率。可見禮儀在電話中的重要性。現將電話禮儀分㈠通話前，㈡通話中，㈢通話後等三部份來說明：

㈠通話前：

1.電話機旁務必放置便條紙和筆，以便隨時取用。免得因需記東西，必須走開，使得對方等待。

2.離座時，必定要託他人代為接聽，進一步說明去向及返室時間，以免形成辦公室電話無人接聽的情況。一則耽誤業務，一則破壞公司形象。

3.電話鈴聲一響，務必立即接聽。原則上，別讓鈴聲連響兩聲以上。若太慢接聽，一定要補上一句：「對不起，讓您久等了！」

㈡通話中：

1.先報出自己所屬的機構及單位。

2.表現出溫文有禮的態度。

3.把待人的禮貌原則轉化爲友誼的、微笑的語言聲音表達出來。

4.咬字清晰，語調柔和，悅耳適中，要言不繁，客氣答話。

5.音量不要太高，也不要太低，以適中、對方聽清楚爲原則。

6.嘴裏不要咬著鉛筆、口香糖、香烟等。

7.留心聽話，不可心不在焉，免得答非所問，或要求對方複述。如此，是非常不禮貌，且又浪費彼此的時間。

8.對方講話時，切勿挿講或有不耐煩之表示。

9.要求對方暫候，返座時必先道謝。

10.要暫時離開，一定先說對不起，而放下聽筒時，務必輕緩。

11.重要細節，如號碼、金額、日期、時間、地址等，必定要複誦，以免有所差錯，引起困擾。

㈢通話後：

1.通話完畢時稱謝並說再見，並應讓對方先放下聽筒。

2.放下聽筒時，要緩慢，保持優良風度，維持良好的禮儀。

▲電話中不恰當的談吐、舉止

1.電話鈴響，很慢才拿起聽筒。

2.拿起聽筒後「喂」了半天。

3.直呼對方的姓名。

4.接到別人的電話，大聲呼喊「某某人電話」。

5.沒有把「什麼人找什麼人」搞淸楚，使對方團團轉。

6.對方找的人不在時，只回答「某某人不在」，就把電話掛斷。

7.自己不甚瞭解的事，還一直聽下去。

8.聲調太高，說話速度太快。

9.通完話後立即掛斷，而且掛得很重。

10.打電話以前沒有列下通話要點，浪費時間。

11.撥錯電話，不說聲「對不起」就掛斷。

12.電話撥通，不先報自己姓名，就問對方「你是誰?」

13.通電話時突然中斷，就不去理會它。

14.不管對方有沒有聽懂，拖拖拉拉地說個不停。

15.要總機撥電話時，交待後卻離開自己的座位。

16.辦公時打私事電話。

▲國際電話須知

如何掛接國際長途電話?

1.掛接國際長途電話可直接撥叫「100」台北國際電話交換中心。通話費併列在該用戶當月份電話費帳單內。

2.掛發國際長途電話時，要指明叫號或叫人通話。掛號時請接線生在通話後回報通話時間。

3.發話時應對準話筒講話，發音務須清晰緩慢。

4.通話前宜預作準備，俾通話時間可充分利用。

5.選擇適當通話時間。並注意時差的問題（參見 172 頁附表）。

6.國際電話直接撥號順序:

國際冠碼(002)＋國碼＋區域號碼＋用戶電話號碼

國際長途電話直撥各國代號一覽表:

國家城市名稱	國碼	區域號碼	國家城市名稱	國碼	區域號碼
AUSTRALIA	61		MALAYSIA	60	
Darwin		89	Penang		4
Melbourne		3	MEXICO	52	
Sydney		2	Mexico		5
AUSTRIA	43		NETHERLANDS	31	
Vienne		222	Amsterdam		20
BELGIUM	32		Rotterdam		10
Brussels		2	NEW ZEALAND	64	
			Wellington		4
BRAZIL	55		NORWAY	47	
			Oslo		2
Rio De Janeiro		21	PHILLIPPINES	63	
CANANA	1		Manila		2
Montreal		514	PORTUGAL	351	
Ottawa		613	Lisbon		1
DENMARK	45		SPAIN	34	
Copenhagen		1or 2	Madrid		1
			UNITED KINGDOM	44	
FRANCE	33		London		1
Paris		1	U.S.A.	1	
JAPAN	81		New York		212
Tokyo		3	San Francisco		415
KOREA(REP. OF)	82		Chicago, Ill.		312
Seoul		2	Los Angeles, Ca.		213

世界時刻對照表

■使用說明：

橫排指同一地區之連續24小時。直排裡各地的時刻同一時間，日期則依所在位置而定，如：臺北時間早上10點（2月1日），紐約為晚上9點（1月31日），南非則為清晨4點（2月1日）。

地區	1	2	3	4	5	6	7	8	9	10	11	12	13	14	15	16	17	18	19	20	21	22	23	24
臺灣、香港、菲律賓	24	1	2	3	4	5	6	7	8	9	10	11	12	13	14	15	16	17	18	19	20	21	22	23
日本、韓國、琉球	1	2	3	4	5	6	7	8	9	10	11	12	13	14	15	16	17	18	19	20	21	22	23	24
澳大利亞（雪梨、墨爾鉢）、關島	2	3	4	5	6	7	8	9	10	11	12	13	14	15	16	17	18	19	20	21	22	23	24	1
紐西蘭	4	5	6	7	8	9	10	11	12	13	14	15	16	17	18	19	20	21	22	23	24	1	2	3
阿拉斯加、安克拉治、夏威夷、大溪地	6	7	8	9	10	11	12	13	14	15	16	17	18	19	20	21	22	23	24	1	2	3	4	5
太平洋區（舊金山、西雅圖、溫哥華）	8	9	10	11	12	13	14	15	16	17	18	19	20	21	22	23	24	1	2	3	4	5	6	7
山區（丹佛）	9	10	11	12	13	14	15	16	17	18	19	20	21	22	23	24	1	2	3	4	5	6	7	8
中央區（芝加哥）	10	11	12	13	14	15	16	17	18	19	20	21	22	23	24	1	2	3	4	5	6	7	8	9
東部地區（紐約）	11	12	13	14	15	16	17	18	19	20	21	22	23	24	1	2	3	4	5	6	7	8	9	10
阿根廷、智利、委內瑞拉	12	13	14	15	16	17	18	19	20	21	22	23	24	1	2	3	4	5	6	7	8	9	10	11
巴西、烏拉圭	13	14	15	16	17	18	19	20	21	22	23	24	1	2	3	4	5	6	7	8	9	10	11	12
格林威治時間、摩洛哥、阿爾及利亞	16	17	18	19	20	21	22	23	24	1	2	3	4	5	6	7	8	9	10	11	12	13	14	15
歐洲主要地區	17	18	19	20	21	22	23	24	1	2	3	4	5	6	7	8	9	10	11	12	13	14	15	16
南非、約旦、以色列	18	19	20	21	22	23	24	1	2	3	4	5	6	7	8	9	10	11	12	13	14	15	16	17
伊朗*、沙烏地阿拉伯	19	20	21	22	23	24	1	2	3	4	5	6	7	8	9	10	11	12	13	14	15	16	17	18
印度*	21	22	23	24	1	2	3	4	5	6	7	8	9	10	11	12	13	14	15	16	17	18	19	20
印尼、泰國、馬來西亞、新加坡*	23	24	1	2	3	4	5	6	7	8	9	10	11	12	13	14	15	16	17	18	19	20	21	22

*加三十分鐘

第二節　電報之使用

一、電報的意義與功用

　　現代社會，人事日繁，公私交往日益增多，人與人的關係也愈益密切，為爭取時效，電報的應用，日益普遍，不但緊急的公務和私人的重要事務利用電報拍發，就是普通應酬如慶賀、弔唁等，也多用電報傳達了。

　　凡利用電波訊號或光電效應（電視原理）傳遞文字、符號、影像的，都叫做電報。例如文件的文字以無線電波拍發數字所組成的電碼，再經收報機構將電碼譯成原文字，此文字即通常所說的「電報」。現代因科技進步，電信發報機構利用電視原理，將文件由光的強弱，變為電波的振數拍發，對方電信機構的收報機將此傳來的電波振數，轉變回光的強弱而映現原文件，再錄印為文件，這也屬於電報，叫做「傳真電報」。它的優點是：比傳統電報快速，而且直接、具體、真實。前者多用於國內一般性事務，後者多用於國際事務，尤其是工、商界使用最為頻繁。

　　「電碼」係由四個阿拉伯數字所組成，如 0022 中、5478 華，可自譯或由電信局代譯為文字。電信局有「電碼新編」，可資譯用。

二、電報的種類

　　電報的種類，可從各種不同狀況加以區分：就傳遞地區來說，可分為國內電報和國際電報。就電訊傳遞方式來說，可分為有線電報和無線電報。就使用的文字來說，可分為中文電報和外文電報。就使用

電碼（訊號）方式來說，可分為明語電報、密語電報和傳眞電報。就發送優先次序來說，可分為普通電報和加急電報。就內容性質來說，可分為公務電報、私務電報和交際電報。現依地區來分，有國內電報與國際電報二種，分別說明如下：

㈠國內電報

根據我國交通部電信總局規定，我國國內電報(telegram or telegraph)可分為下列十二類：

1.政務電報——下列機關因公務所發的電報：

⑴總統府及其直屬之局、會、處。

⑵行政院、立法院、司法院、考試院、監察院及其直屬之部、會、處、署、局等。

⑶省政府及院轄市政府。

2.軍事電報——各級軍事機關、學校及部隊因公務所發的電報。

3.尋常電報——發報人所發的電報，不合其他各種電報的規定的，為尋常電報。

4.交際電報——慶賀、弔唁、慰問及答謝的電報。

5.傳眞電報——按發報人所書式樣傳遞的文字、符號及圖表，為傳眞電報。

6.新聞電報——新聞報社、通訊社或電視、廣播電臺的記者，領有電信總局憑照，為報告新聞所發的電報。

7.生命安全電報——陸、海、空各種交通工具遇險求救，及飛航氣象等交通安全的緊急電報，或疫情報導，得優先傳遞的，為生命安全電報。

8.氣象電報——氣象機構，領有電信總局憑照，為報告氣象所發

的電報。

9.船舶電報——船員或乘客於船舶航行時，發往國內陸地，或由國內陸地發往船上、船員、乘客的電報，經我國籍船舶無線電臺及海岸、江岸或船岸電臺轉達的，為船舶電報。

10.郵務電報——郵政與電信機關約定，在國內因公務、業務或匯兌所拍發的電報。

11.納費公電——收報人申請以公務電報查詢發報人地址、姓名，或發報人申請以公電補充、更正收報人地址、姓名等事項的，為納費公電。

12.業務公電—電信機構指定的電信人員，因處理公務、業務所發的電報❾。

(二)國際電報

一般發往國外的電報有三種：1.國際電報(Cable, Cablegram, telegram, or telegraph)；2.電報交換(Telex)及 3.電報傳眞(Fax)。

以上三種電報，分別比較如下圖：

國際電報，電報交換，電報傳眞之異同：

	國際電報 Cable	電報交換 Telex	電報傳眞 Fax
1.我方機器:	無	有	不一定*
2.對方機器:	無	有	有
3.發報地點:	電信局	公司	公司
4.收報方式:	報差送達	直接入機	直接入機

5.掛號代號:	ABCDE	12345 ABCDE	如電話號碼
6.傳送速度:	3-24小時	立即	立即
7.計費單位:	字	6秒	6秒
8.字形縮寫:	不必	要	不一定
9.格式:	一定	不一定	不一定
10.費用:	高	較低	較低
11.用語:	英文字母	英文字母	不限 (如影印機)
12.操作:	不必	要	要 (簡易)

附註: ＊Cable專指國際電報; 國內電報一般用telegram或telegraph。

　　　＊Telex及Fax亦可發往國內。

　　＊如我方無傳眞機，對方有，則可至電信局發傳眞稿。

國際電報(Cable)之種類如下:

　　1.政務電報(GOVERNMENT TELEGRAMS): 由政府機構所拍發公務性質之電報，最少以七個字計費。

　　2.新聞電報(PRESS TELEGRAMS): 供新聞機構及其代表拍發新聞或消息報導之電報，最少以十四個字計費。

　　3.私務電報(PRIVATE TELEGRAMS): 一般商務或私務性質之電報，可分爲下列三種業務標識:

　　(1)書信電報(LETTER TELEGRAMS): 在傳遞及投送等級上有特殊規定之電報業務，最少以廿二個字計費，其報費按尋常私務電報每字價目之二分之一計收，業務標識爲 "LT"，並做一字收費。(部份國家地區之去報，不適用書信電報)。

　　　(2)尋常電報(ORDINARY TELEGRAMS): 即一般普通電報，其傳遞及投送均按正常規定處理，最少以七個字計費，其報費按全價計算，業務標識爲 "ORD"，唯拍發此類電報，業務標識 "ORD"

不必書明。

　　(3)加急電報(URGENT TELEGRAMS)：此類電報在傳遞
及投送等級上均享有優先之權益，最少以七個字計費，其報費則按尋
常電報加倍收之，其業務標識為"URGENT"，並作一字計費。唯有
部份國家地區之去報，不適用加急電報❿。

三、電報的格式與作法

㈠國內電報

　　拍發電報時，發報人必須先向電信局櫃檯索取印妥的「電報去報
紙」，依式填寫。茲將電信局印成格式專用的「電報去報紙」附錄於後：

　　根據「電報去報紙」的格式，發報人所應填寫的有兩欄，分別說明如次：

　　1.收報人地址姓名　為了傳遞正確，必須詳細書寫。但基於電報論字計算，以及每組阿拉伯數字均以一字計費的規定，所以中文電報收報人地址內的段、巷、弄及門牌號數，都使用阿拉伯數字，並書寫在括號之內。例如：

　　　　中山北路（2）段（147）巷（14）號

如收報人地址內的門牌號數有附號的,應用斜畫或短畫分隔,例如(34/1)號、(32-1)等。但為求精簡，收報人可向電信局營業處申請辦理電報掛號。國內電報掛號是用四個阿拉伯數字代表「地址」和「機關（或公司行號）名稱」，而電信局只照一個字收費。至於在收報人姓名之後，是否使用如「先生」、「女士」之類的稱呼，或「主任」、「總經理」之類的職銜，要看收報人的身份地位，及其與發報人的關係而定，通常對尊長的私務電報或屬上行的公務電報，以使用為宜，否則可以省略。

　　2.電文及署名　這是電報的主體，可以包括下列六部份：

　　⑴稱謂、提稱語　凡發給尊長的私務電報或上行、平行的公務電報，通常都在正文前加上稱謂及提稱語；發給平輩或晚輩的私務電報，以及下行公務電報，則大多省略。例如：

　　　　父親大人（稱謂）膝下（提稱語）………（正文）………

　　　　○部長（稱謂）鈞鑒（提稱語）…………（正文）…………

　　　　○主任（稱謂）勛鑒（提稱語）…………（正文）………

　　⑵正文　敍述所欲致電的主旨，通常不標點、不分段、不擡頭、無附件。但寫作時，應注意下列原則：

　　①認清立場　認清彼此關係，作適當的措辭。

　　②文字簡要　電報多以字計費，故應力求簡潔明瞭而不忽漏，

使對方一見卽淸楚，不生誤解，一切客套語都可免除。

⑶署名　尋常電報在正文之後，可署「姓名」、「名」、「自稱」或不署名。但公務電報及交際電報必須署「姓名」，公務電報在署名之上並書職銜。

⑷末啓詞　通常只用一「叩」字，而且只在上行的公務電報或對長輩的私務電報使用。

⑸去報日期　電報發文的年月日時表示法，今多直接寫如 (77) 年 (03) 月 (20) 日 (18) 時；但仍有使用代字者，通常以地支代月，以韻目代日。

⑹印　公務電報視同公文，所以去報日期之後寫一「印」字，表示已蓋印信。私務及交際電報則免。

至於「電報去報紙」下端，電信局要求發報人簽註地址或電話號碼，以及姓名，只是爲了電報發出後，如果因收報人地址錯誤，或其他緣故，以致無法投送，可以通知發報人，這一部份並不發出。

交際性質的電報，通常用於慶賀、弔唁、慰問、通候、答謝等。電信局有特定「交際電報」的種類，印有成文字句，有附贈禮金與不附贈禮金兩種。成文字句無論字數多寡，均按二字計算。但電信局在電報去報紙背面所印的「交際電報成文字句」，只有慶賀、弔唁、慰問答謝三類十五則，以供發報人選擇使用，如發報人認爲成文不合用，也可以自己擬好文句，交電信局拍發，報費則按字計算。

▲附錄

一、地支代月表

月次	一	二	三	四	五	六	七	八	九	十	十一	十二
地支	子	丑	寅	卯	辰	巳	午	未	申	酉	戌	亥

二、詩韻韻目代字表

韻目	一	二	三	四	五	六	七	八	九	十	十一	十二	十三	十四	十五	十六	十七	十八	十九	二十	廿一	廿二	廿三	廿四	廿五	廿六	廿七	廿八	廿九	三十
上平聲	東	冬	江	支	微	魚	虞	齊	佳	灰	眞	文	元	寒	刪															
下平聲	先	蕭	肴	豪	歌	麻	陽	庚	青	蒸	尤	侵	覃	鹽	咸															
上聲	董	腫	講	紙	尾	語	麌	薺	蟹	賄	軫	吻	阮	旱	潸	銑	篠	巧	皓	賀	馬	養	梗	迥	有	寢	感	儉	豏	
去聲	送	宋	絳	寘	未	御	遇	霽	泰	卦	隊	震	問	願	翰	諫	霰	嘯	效	號	箇	禡	漾	敬	徑	宥	沁	勘	豔	陷
入聲	屋	沃	覺	質	物	月	曷	黠	屑	藥	陌	錫	職	緝	合	葉	洽													

㈡國際電報

1.國際電報的格式如下頁。

2.國際電報的作法:

⑴業務標識欄(SERVICE INDICATOR)以上不必填寫。

⑵業務標識欄內必須標明是書信電LT、尋常電, 或加急電 URGENT。（一般皆屬私務電報）

⑶名字及地址: 一般以電報掛號爲之, 以節省字數。如果不知對 方的電報掛號（公司機構到電信局登記掛號的名稱, 一般爲十個字母

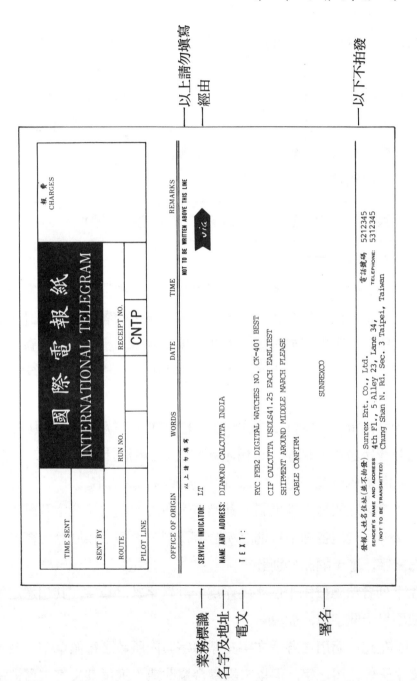

以上請勿填寫

經由

業務標識

名字及地址

電文

署名

以下不拍發

國際電報紙
INTERNATIONAL TELEGRAM

TIME SENT			根 費 CHARGES
SENT BY			
ROUTE	RUN NO.	RECEIPT NO. CNTP	
PILOT LINE			

OFFICE OF ORIGIN	WORDS 以上請勿填寫	DATE	TIME	REMARKS

NOT TO BE WRITTEN ABOVE THIS LINE

via

SERVICE INDICATOR: LT

NAME AND ADDRESS: DIAMOND CALCUTTA INDIA

TEXT:

RYC FEB2 DIGITAL WATCHES NO. CK-401 BEST

CIF CALCUTTA USDLS41.25 EACH EARLIEST

SHIPMENT AROUND MIDDLE MARCH PLEASE

CABLE CONFIRM

SUNREXCO

發報人姓名住址 (並不拍發)
SENDER'S NAME AND ADDRESS
(NOT TO BE TRANSMITTED)

Sunrex Ent. Co., Ltd.
4th Fl., 5 Alley 23, Lane 34,
Chung Shan N. Rd. Sec. 3 Taipei, Taiwan

電話號碼 5212345
TELEPHONE: 5312345

以內)，只好打出名字及地址。

(4)電文可先擬好稿子。

(5)署名：電文後必須署名。對方才知道此封電報的來處。

(6)署名以後，格子以下的部份不拍發，但仍需把資料填好，以備萬一，電信局有事要聯絡，才有個來源。

3. 國際電報字數計算方法：

＊國際電報字數計算方法如下：（專線電報亦同）

A.一般規定

(1)凡發報人所要求傳遞之一切字樣，除路由標識及密語電報文字所用之密本名稱，爲發報國或收報國所要求指明者外，均須計費。

(2)單字、字碼組或詞語，十個字碼以內者，應作爲一計費字數計算，超過十個字碼者，應按其超過之每十個字碼或不足十個字碼，加算一字。

(3)尋常電報(ORD)，加急電報(URGENT)及政務電報(F/S)之最低計費字數爲七個字，書信電報(LT)之最低計費字數爲二十二個字，新聞電報(PRESS)之最低計費字數爲十四個字。

(4)除核定使用之外國語文其標準字典內所載之複合字及羅馬字拼音日文外，其他各種不規則之湊合字及密語電報不按原登記密本字樣書寫之字，應予隔開分別計字。

B.下列各項應按每十個字碼作爲一計費字數計算字，其超過之每十個或不足十個字母，加算一字。

(1)在認可適用之各種文字其標準字典內所載之每個單字，及在各該文字一般習用之字，但以未經湊合竄改或未違反其文字之習慣用法者爲限。

⑵任何掛號地址（不包括收報局名）。

⑶屬於一個人之姓氏。

⑷詳細或縮寫、街道、運河、河流、及公路之名稱。

⑸船舶、飛機、火車或同類之名稱。

⑹電文及署名欄內之電報局、陸地及移動電台名稱、城鎮、國家或領土之分區名稱。

⑺門牌號數、序次數、時間、錢幣、滙兌市場行情、科學公式、氣象觀察資料之各種文字。

　註：關於價格因地區而異，詳情請詢國際電信局。

　4.　國際電報節省電文要領：

　電報之寫作要領與 TELEX 之寫作要領原則上相同，惟尙有以下諸點不相同，於寫作時應隨時留意：

　⑴電報以字數計費，而國際電報交換以時間計算，故一些簡縮字在 TELEX 中雖可節約時間，但在電報却無法節省電報費，如 YOU 簡縮爲 U，ARE 簡縮爲 R，而使用簡縮字總難免有易於混淆之情況發生，故諸如此類之簡縮字在電報中應避免使用之。

　⑵許多相關的字，常可連成一字，於 TELEX 文中，只能節省一個空位（約節省四百分之一分鐘之通報時間），但於電報中，却可簡省一字的費用，如 PER　CENT 書成 PERCENT，CAN　NOT 書成 CANNOT，EVERY DAY 書成 EVERYDAY，但應以一般標準字典中亦有連成一體之寫法爲限。若爲地名，字典上雖分爲兩字，儘可書成一字，電信局亦以一字計費，如 NEW YORK 書成 NEWYORK，SAN DIEGO 書成 SANDIEGO，可節省一個字。

　⑶國際電報上慣用的複合字，可書成一字，以 10 個字母算一字如：

AIRSHIP　　　　　　　　　　　　　AIRLINER

AIRPOST	AUTOPARTS
BRIEFCASE	DESKLAMP
GODOWN	FIBERGLASS
HANDMADE	MENSWEAR
LAYDOWN	OILTANK
OVERHEAT	UPCOME
TEAHOUSE	XRAY
WORNOUT	ZIPPERPULL

5.國際電報交換業務(TELEX)業務簡介：

⑴國際電報交換業務(TELEX)的種類及分類

用戶在自己辦公室裡利用預先裝就的電傳打字機(如下圖)，和外國裝有同樣設備的用戶，用書面來交換有關商業上或私人的文件，這種業務叫「國際電報交換業務」，英文稱爲 TELETYPEWRITER EXCHANGE SERVICE，簡稱爲 TELEX 或 TLX。

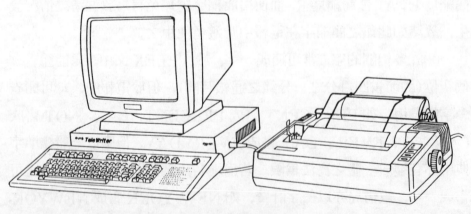

電腦式電報交換機

A.種類──利用電報交換機(TELEX EQUIPMENT)傳遞的電報有兩種：

　①電報交換(TELEX)

　　　ⓐ去報交換(Outward Call)：由國內電報交換用戶,將電報直接發交國外的電報交換用戶。

　　　ⓑ來報交換(Inward Call)：由國外電報交換用戶, 將電報直接發交國內的電報交換用戶。

　②專線電報(PRIVATE TIELINE MESSAGE)

　　　ⓐ專線去報（Outgoing Tieline Message)：國內電報交換用戶需要拍發一國際電報至國外尚未開放電報交換業務或尚未裝設電報交換機件的用戶時,即可利用用戶的電報交換機件及專有線路設備,將電報發送給國際電信局, 再由該局轉發到國外收報地點, 送交收報人。

　　　ⓑ專線來報(Incoming Tieline Message)：由國外任何發報人發給國內電報交換用戶的國際電報。

　B.電報交換呼叫接線的分類：

　①人工交換接線(Manual Operation)：少部份電信發展較慢的地區。

　②全自動交換接線(Fully Automatic Connection)：大部份世界各地區。

　⑵國際電報交換業務(TELEX)通信程序

　A.去報的準備工作（本例爲傳統式電報交換機之作法)

　①先從電報交換號碼簿內（或自通信中）取得被呼用戶的電報交換呼叫號碼及自動回答電碼。

　②檢視電報紙條是否完整。

　③按下內線電鈕。

　④將鍵盤左面的紙條電鈕按下。

⑤同時按下 REPT 鍵及 LTRS 鍵, 讓紙條跑出鑿孔機約 10 公分後釋放。

⑥再按 CR、LF、LTRS 鍵各一次。

⑦照下列格式拍鑿電報交換去報報頭後, 就繼續拍鑿電文。

例如:

11500 TRADECO CLG 54321 TRADECO GENEVE 12 JUNE··································· (電文略)

⑧按下 CR、LF、LTRS 鍵各一次, 再按 REPT 鍵及 LTRS 鍵至紙條跑出約 10 公分爲止。

⑨將已拍鑿好的紙條, 掛在發報器上。(傳統式電報交換機如下圖)

傳統式電報交換機 M 32 型

B.國際電報交換全自動作業程序

▲日本地區

通報實例

（實況）	（說　　明）
	用戶按下呼叫電鈕 START。
＊ ────────────	國際電信管理局交換機發出詢問訊號。
11 398 TPH SVC ────	呼叫用戶之〝AAB〞自動出現。
05/06　17：00 ────	國際電信管理局交換機送出八位數字之月日時分 (即五月六日十七時)
072 12345＋	呼叫用戶利用鍵盤選號。
	國際電報交換區域號碼（日本地區）
	被呼用戶電報交換號碼。
	選號終止訊號。
ABCDE J12345 ────	被呼用戶之〝AAB〞出現，表示線路已接通。
11398 TPH SVC ────	按自動應答電碼鈕，使被呼用戶知悉此電報為誰所發。
XXX　　XXX　　XXX　　XXX	發送電文內容。
XXX　　XXX　　XXX　　XXX	
XXX　　XXX　　XXX　　XXXX	
＊ ────────────	拍發詢問訊號。

ABCDE J12345 ——————— 被呼用戶之 "AAB" 出現, 以示
收妥。

11398 TPH SVC ——————— 再按自動應答電碼鈕, 相互交換
 (使用與否, 由用戶視實際情況決
定) 按切線鈕, 約一秒鐘後釋手。

000,5 ——————— 國際電信管理局回報計費時間後,
自動關機 (小數點後之數字乘6,
即實際使用秒數)。

附註: ①先把電文擬好。

②在發報前必須先按 LOCAL (內線鈕), 打一遍電文, 即做好
發報帶子。如 A.去報的準備工作。

③呼叫鈕即 CONN／CALL／LINE, 依型式代號不同。

④切線鈕即是 STOP。

⑤詢問號＊即 WHO ARE YOU。

⑥ AAB: AUTOMATIC ANSWER-BACK CODE 自動應
答電碼 (每部機器都有的不同代號)。

⑦發送電文即把做好的發報帶子掛在發報器上發出。對方立即
收到。

⑧是否爲全自動區, 請電詢國際電信局電報交換業務科。

6.國際電報交換及電報傳眞價目計算法:

A.電報交換(TELEX)之價目, 依地區, 可分三種:

(1)全自動交換呼叫區: 基本計費時間按每六秒鐘爲一計算單位。

(2)人工交換呼叫區: 基本計費時間爲三分鐘, 當通報時間超越三
分鐘時, 則以後之計費時間按每一分鐘計算, 不足一分鐘之零數, 作
一分鐘計算, 即三分一分制。

(3)國內交換呼叫區：採用全自動直接選號，基本計費時間按每六秒鐘為一計算單位，全區統一價目，每分鐘約為新台幣拾陸元伍角。

B.電報傳真(Fax)之價目，如國際電話，以六秒為一計算單位。

註：電報交換價格，因地區而異，詳情請詢國際電信局。

7.國際電報交換及電報傳真的優點：

國際電報交換及電報傳真之所以能在商業上取代國際電報，乃因其具有以下之優點：

(1)價廉：TELEX 費用一般僅及國際電報的五分之一至十分之一，電報傳真則更便宜，此為國際電報所望塵莫及者。

(2)自動記錄：由於雙方各備有電報交換機及傳真機，無論有無人看守，皆能自動記錄，可供往後必要之證明、查閱及參考，又因係自動打出，除非機件故障，其正確性極高。

(3)可行不在場通信：越洋電話雖然方便，但其費用偏高，又且因時差之關係，我國與美國之上班時間幾乎不相重疊，故越洋電話頗有無用武之地。而 TELEX 及 FAX 則無時差問題，即使對方已值下班時間，其機件仍能記錄我方之電文，待其次日上班時處理。

(4) TELEX 可行電話式交談：與時差不大的國家通信，如雙方上班時間有重疊之時，則可行電話式交談，在一方通話完畢時，需發出〝＋?〞之訊號，以便讓對方回答，一來一往與電話無異。

(5)文體自由：由於電報交換及傳真是算時間，而非字數，故在文體方面較自由，可以用口語化的字，表達更清楚，更具體，且更有親切感。

(6)方便：因電報交換機及傳真機裝設在自宅或辦公室內，發報時無需送至電信局，收報時亦無需電信局派人送報。

(7)可與無 TELEX 之公司通信（視同國際電報）：用戶於申請裝

設電報交換機件後，即有專線電路(PRIVATE TIELINE)，用戶可利用專線電報與尙未開放 TELEX 之國家（或地區），或雖已開放 TELEX 網路而尙未裝設電報交換機件之用戶，使用專線電報與之通信，分ⓐ、ⓑ兩種：

　　ⓐ專線去報(OUTGOING TIELINE MESSAGE)

　　ⓑ專線來報(INCOMING TIELINE MESSAGE)

　　(8)速度快：速度快，節省時間，是 TELEX 及 FAX 最主要的優點。電報雖以無線電傳遞，然電信局之收報、譯電、發報，對方收報、送報，再加上電路擁擠之等待時間，通常最少亦需兩小時。而 TELEX 及 FAX 直接與對方通信，無需各項人工傳遞手續，隨發隨至。

　　(9)電報傳眞(FAX)具傳眞效果：可發送任何語言文字及圖表圖形等，尤具發展潛力。

　　以上 TELEX 及 FAX 之各項優點，都是國際電報與越洋電話所無法比擬的優點，此亦是 TELEX 及 FAX 取代國際電報的主因了。

　　8.國際電報交換及電報傳眞的寫作的要領：

　　國際電報交換及電報傳眞是以時間計費的，分秒必爭，因此如何節省電文且能抓住重點，清楚表達己方意見，使對方一目了然，不致引起不必要的誤會，才是 TELEX 及 FAX 寫作的重點。一般人收到來電，第一個反應是〝這張電報到底說些什麼？〞所以要對方馬上知道你的電報在說些什麼必須要簡潔扼要，有條不紊，把握重點，深入淺出。要達此水準必須從三方面着手：

　　(A)　簡化文體

　　(B)　精簡電文

　　(C)　簡縮單字

(A)簡化文體

(1)開頭：

電文開頭必須馬上使對方進入狀況，所以要將檔案編號，參考號碼、日期、品名等明顯列出，使對方知你要談的事，如

① RE TX-415 NOTED TKS

② 256/RE 17/4 MANY TKS FOR YOUR SMPLS

③ TKS FOR YOUR ODR

④ RYL 345 RE SHPG DTE

⑤ ROT 123 RE L/C NO BH-4115

⑥ RYT 456 RE B/O TOYS

TELEX 文中，使用 DEAR SIR 或 GENTLEMEN 亦可。

(2) TKS 的用法（THANKS）

在提到對方的合作、幫忙、忠告時，將 TKS 加於句末，用字不多（僅三個字母），而受電者讀之甚欣，故應養成用此字的習慣。

(3)使用條例式：

為使文章易於閱讀，應儘量使用條例式。TELEX 文中之條例式編號可用 1234 或 ABCD，把不同之事分成不同之項目，如下所示：

A. SHPTS:　　　1.　SHOES: MAY/10 APPROX

　　　　　　　　2.　GLOVES: JUN/10 APPROX

　　　　　　　　3.　SCARVES: JUL/10 APPROX

B. PAYT:　　　　1.　FIRST TWO ITMS BY L/C

　　　　　　　　2.　THIRD BY T/T

(4) STOP 的用法

在 TELEX 文中，雖可使用句號 〝‧〞，但一般均少使用，使用

STOP 之情況有以下數種:

①文句終了時，使用 STOP 其後可立接其他句子。

②文章語氣一轉，前後文意相異時，使用 STOP。

③二個或二個以上的數字，符號連續拍發時，在每個數字間，使用 STOP 間隔之。

亦有用 "X"，"＋"，"XX"，"Z"，"V" 代替者。

(5)一段一事：

每一段應儘量只敍述一件事，如無法如此，至少每一段應只敍述同類事件，這是使電文明朗、易讀、易處理的最簡易方法。同時如能在每段開頭，用簡易文字表示此段主題或重點，則電文必更淸楚，層次更分明，使人一目了然。

(6)綜合一段：

電報交換爲節省時間，不得不緊縮空間。常見來往電文洋洋一大段，密密麻麻的。雖然讀起來困難些，但如善用簡潔文字及標點符號，亦可順暢明瞭。

(7)連接詞的用法：

電文一縮短，而多項事情仍需包括進去，就需要靠連接詞的運用。

常用的連接詞如下：

①條件： IF , OR, OTHERWISE,PROVIDED.

②平連： N,ALSO,PLUS（介）WITH（介）

③正推： SO,THUS,THEREFORE, HENCE.

④反推： BUT, YET, HOWEVER,NEVERTHELESS.

⑤轉換： BESIDES（副）,MEANWHILE（副）,STOP,INCID-
　　　　DENTALLY,BY THE WAY

(8)結尾：

電報交換重點一般都在結尾，即是要求對方辦到或自己希望達到的願望，在結尾重覆一遍或強調一下，以提醒對方。茲舉例如下：

① PLS OPN L/C ASAP TKS

② RUSH YR CHECK SOON RGDS

③ YR EARLY SHPT APPRECIATD UGT

④ AS TIME URGENT PLS CFM ODR IMM

⑤ IF ADDL IFMN REQRD PLS TX US ASAP

(B)精簡電文：

(1)省略主詞、助動詞、介系詞、冠詞：

上述各詞類一般皆可省略，但爲加強語氣或可能導致誤解時，則不省略。有時只省略主詞，不省略助動詞如：

①(WE) WILL SHIP (THE) GOODS(ON) MAY/16

②(THE) TOOLS(WILL)ARRIVE NY NEXT WEEK

③(WE WILL) MEET U (AT THE) AIRPORT (AT) 1400 JUL/20

④(THE) HATS ODRED (WERE) SHPD(ON) SEP/5

(2)以現在分詞代替未來式：

如：

① WE WILL SEND SAMPLES TOMORROW

→ SENDING SMPLS TMW.

② THE MAKER WILL FINISH PRODUCTION SOON

→ MAKER FINISHING PRODUCTN SOON

但如可能與現在進行式混淆時，仍應用未來式。

(3)以形容詞尾-ABLE 代替可能動詞：

如:

① IF YOU CAN SHIP THE GOODS, PLS KEEP US INFORMED,

→ PLS ADVISE US IF GOODS SHIPPABLE.

② IF YOU CAN FIND ANY NEW ITEMS, PLS KEEP IN TOUCH WITH US.

→ PLS NOTIFY US IF NEW ITEMS AVAILABLE.

其他可參考的字有:

ACCEPTABLE	PROFITABLE
AGREEABLE	RECEIVABLE
AVAILABLE	REDUCIBLE
DISHONORABLE	REMOVABLE
IMPROVABLE	RESPONSIBLE
INNUMERABLE	RETURNABLE
OBTAINABLE	REVOCABLE
PAYABLE	SHIPPABLE
PERMISSIBLE	SUITABLE
POSSIBLE	VALUABLE
PROBABLE	WORKABLE

(4)將主動改爲被動:

英文句中, 被動句子很常用, 如能活用被動句型, 必能使電文更精簡及生動。

如:

① WE ACCEPT YOUR TERMS PROVIDED THAT YOU REPAIR THIS MACHINE

→ UR TERMS ACCEPTABLE PROVIDED MACHINE REPAIRED

② WE REQUEST YOUR COMMENTS WHEN YOU RECEIVE OUR SAMPLES

→ UR COMMENTS REQUESTD WHEN SMPLS RCVD.

⑸以無生物或事件當主詞:

不僅在 TELEX 及 FAX 文中, 一般英文文章, 如使用無生物或事件當主詞, 不但可使文辭生動且能達到精練的優點:

例如:

① WE WOULD APPRECIATE IT IF YOU SHOULD UNDERSTAND US BETTER

→ YR BETTER UNDERSTANDING WUD B APPRECIATD.

② IF YOU KEEP BEST QUALITY CONTROL, WE WILL PLACE MORE ORDERS

→ YR BEST QUALITY CONTROL WILL LEAD TO MORE ODRS.

⑹活用命令式:

一般的命令式皆有簡潔的優點, 惟在應用時應加用 PLS 或其他客氣詞句。如:

① PLS SHIP ASAP BECAUSE STOCK RUNNING OUT

② RUSH YR L/C SOON FOR US TO SHP ON TIME

⑺以 UN,IN,MIS,DIS 表示否定:

如:

① WE CAN NOT ACCEPT YOUR OFFER

→ YR OFFER UNACCEPTABLE

② WE ARE NOT INTERESTED IN BUYING BIG MACHINE

→ UNINTERESTED IN BUYG BIG MACHINE

(8)使用單字代替同義的字組:

如:

AS SOON AS POSSIBLE	: SOONEST, PROMPTLY
DO YOUR BEST	: ENDEAVOR
HURRY UP, SPEED UP	: EXPEDITE
IN SPITE OF	: DESPITE
PER DAY	: PERDIEM
PER PIECE	: APIECE
ON ACCOUNT OF	: BECAUSE
ON CONDITION THAT	: PROVIDED

(9)使用略字:

AS SOON AS POSSIBLE	: ASAP
REFER TO YOUR LETTER	: RYL
REFER TO OUR TELEGRAM	: ROT
FOR YOUR REFERENCE	: FYR
FOR YOUR GUIDANCE	: FYG
REFER TO YOUR TELEX	: RYT

(C)簡縮單字

因電報交換 TELEX 是以分秒計算的,除了文章要精簡外,字也需要簡縮。即以最少最短的字,表達最多最廣的意義,因而達到節省

時間、節省金錢的目的。此為 TELEX 簡縮單字的最大作用。

(1)略去母音，僅保留重要子音(或保留子音)，但第一個字母，無論子音或母音一律保留。

RECEIPT	: RCPT	PLEASE	: PLS
CONFIRM	: CFM	AMOUNT	: AMT
PRIVATE	: PRVT	CABLE	: CBL
APARTMENT	: APT	DOLLARS	: DLS
ASSISTANT	: ASST	MESSAGE	: MSG
ADVISE	: ADVS	FLIGHT	: FLT
ABOVE	: ABV	FREIGHT	: FRT
ABOUT	: ABT	INFORM	: INFM, IFM
LIMITED	: LTD	QUOTATION	: QTN
MANAGER	: MGR	SCHEDULE	: SCHDI
REPEAT	: RPT	THANKS	: TKS

(2)保留第一音節：

此法可依習慣用法，保留第一音節、第二音節或最後音節。茲舉例如下：

VOLUME	: VOL	MESSIEURS	: MESSRS
SPECIFICATION	: SPEC	TRANSFER	: TRSFER
SECTION	: SECT	ADDRESEE	: ADRSEE
ANSWER	: ANS	MEANTIME	: MNTIME
COMMISSION	: COMM	GUARANTEE	: GTEE
ADDITION	: ADD	REFERENCE	: REF
CAPTAIN	: CAPT	EXCHANGE	: EXCH
CERTIFICATE	: CERT	INSTANT	: INST
CONTRACT	: CONTR	BALANCE	: BAL

CUBIC	: CUB	ADJUSTMENT	: ADJ
MINIMUM	: MIN	AUCTION	: AUCT
MINUTE	: MIN	CATALOGUE	: CAT
MAXIMUM	: MAX	DOZEN	: DOZ
TELEPHONE	: TEL	CORPORATION	: CORP
AVENUE	: AVE	DOCUMENT	: DOC
CONDITION	: CONDI	ENPORT	: EXP
NEGOTIATE	: NEGO	IMPORT	: IMP
SHIPMENT	: SHIPMT	INVOICE	: INV
CONSIGNMENT	: CONSGT	ADVISE	: ADV
DESTINATION	: DESTN	MEMORANDUM	: MEMO
PARAGRAPH	: PARA	PAYMENT	: PAYT
AIRFREIGHT	: AIRFRT	CANCEL	: CCEL
DEPARTMENT	: DEPT	BROKERAGE	: BRKGE
GOVERNMENT	: GOVT	QUALITY	: QLTY

(3)保留首末兩字母:

BAG	: BG	BARREL	: BL
BANK	: BK	FEET	: FT
FOOT	: FT	FROM	: FM
CHECK	: CK	GEORGIA	: GA
GUINEAS	: GS	PENNSYLVANIA	: PA
LOUISIANA	: LA	QUART	: QT
WEIGHT	: WT	YARD	: YD
CREDITOR	: CR	DEBTOR	: DR

(4)同音法:

利用較原字簡單而發音相同或近似的字母代替原拼字法:

YOU	: U	YOUR	: UR
ARE	: R	THROUGH	: THRU
BE	: B	TO	: 2
BUSINESS	: BIZ	AND	: N
HIGHWAY	: HIWAY	LIGHT	: LITE
NEW	: NU	NIGHT	: NITE
THOUGH	: THO	BYEBYE	: BIBI

(5)以 D 代替字尾的 ED：

AIRMAILED	: AIRD	ANSWERED	: ANSD
ARRIVED	: ARVD	CONFIRM	: CFMD
INCLUDED	: INCLD	NOTED	: NTD
RECEIVED	: RCVD	REGISTERED	: REGD

(6)以 G 代替字尾的 ING：

MANUFACTUR-ING	: MFG	PACKING	: PKG
SHIPPING	: SHPG	STERLING	: STLG
AIRING	: AIRG	ESTABLISHING	: ESTABG

＊電報傳真電文單字可簡縮亦可不必簡縮，依各家公司機構作風而定。

四、電報範例

㈠國內電報

1.公務性質電報

(1)上　總統致敬電文

總統鈞鑒　本會第四十二年度聯合年會　本日集會於高雄　本考工之責效　集全國之精英建設臺灣　生產報國　反攻大陸　誓死忠貞　庶幾中原故土　重啓筆路於來年　夏禹神功　亦藉涓流於

大澤　謹申電敬　伏惟睿察　中國工程師學會暨各專門學會全體會員同叩　戌文

(2)請救濟風災電

臺灣省政府鈞鑒本縣○○颱風救濟專款前奉核定請速賜撥付以濟災民之急○○縣縣長○○○（○月）（○日）叩印

(3)促查明災害具報電

省立○○中學○校長刻悉貴校教室因風倒塌損失頗重希即查明具報○○省教育廳廳長○○○（○月）（○日）印

(4)請協緝逃犯電

○○縣警察局○局長據報逃犯○○○已潛往貴轄區請協緝歸案○○市警察局○○○（○月）（○日）印

2.私務性質電報

(1)報喜電

○○市○○路○號○○○先生　媳生子均安○○叩陽

(2)報平安電

○○市○○路○號○○○先生　今 16 時抵○○一切平安○○ 15 日 18 時

(3)謝存問電

○○縣○○鎮○○路○號○○○先生　辱承關懷風災幸託庇無大礙謹謝○○ 18 日 10 時

(4)促歸電

○○市○○路○段○號○○市立○○商職○○○　家有急事速回父 12 日 14 時

(5)催貨電

　　　　○○市○○路○○號○○書局　各級學校開學在即前訂各類參考
　　　書請剋期運來○○書店儉

3.交際性質電報（電信局交際電報成文字句）**⓫**：

　(1)慶賀類

　　　恭賀新禧並祝健康（年節用）

　　　訂婚吉期特電申賀（訂婚用）

　　　欣聞令郎嘉禮琴瑟好合珠璧聯輝謹電馳賀（結婚用）

　　　令媛于歸快獲乘龍曷勝欣賀（結婚用）

　　　敬祝新婚快樂幸福無量（結婚用）

　　　欣逢吉日良辰謹祝佳偶天成（結婚用）

　　　恭逢華誕遙祝千秋（壽誕用）

　　　敬祝生日快樂（壽誕用）

　　　榮膺新職特電申賀（就職升遷用）

　　　欣聞當選特電申賀（中選用）

　(2)弔唁類

　　　驚聞噩耗曷勝悲悼尚祈勉節哀思（喪亡用）

　　　遠道聞訃不克趨奠良深歉疚謹電馳唁（殯葬用）

　(3)慰問答謝類

　　　貴體違和馳念良深敬電慰問（慰問疾病用）

　　　辱承賜賀謹電復謝（慶賀答謝用）

　　　辱承賜唁歿榮存感謹電復謝（弔唁答謝用）

　　　㈡國際電報**⓬**／電報交換／電報傳眞

　1. Cable 國際電報

　　　(1)QUOTATION REQUEST FROM INDIA　印度詢價

LT

SUNREXCO TAIPEI TAIWAN

PLEASE QUOTE LOWEST AND SOONEST 1000 PCS LCD QUARTZ DIGITAL WATCH NO. CK-401 CIF CALCUTTA

DIAMOND

註釋: 1.本文爲書信電，故等級欄打出 LT。

2. LCD: liquid crystal display 液晶

3. QUARTZ: 石英

4. DIGITAL: 數字的

5. CIF: cost, insurance, & freight 成本、保險，加運費價

電譯: 請儘速報 1000 個 No. CK-401 液晶石英數字錶的最低 CIF 加爾各答價格。

(2) REPLY FROM TAIWAN　臺灣回覆

DIAMOND CALCUTTA INDIA

RYC FEB2 DIGITAL WATCHES NO. CK-401 BEST CIF CALCUTTA USDLS 41.25 EACH EARLIEST SHIPMENT AROUND MIDDLE MARCH PLEASE CABLE CONFIRM

SUNREXCO

註釋: 1.本文爲尋常電，故等級欄爲空白。

2. RYC: referring to your cable 關於你們的電報。

3. MIDDLE MARCH: 三月中旬
　　EARLY MARCH: 三月初
　　END MARCH: 三月底

4. CONFIRM: 確認

電譯: 關於你們二月二日電報, NO. CK-401 數字錶最好的 CIF 加爾

各答價格, 每個美金 41.25 元。最早裝船在三月中旬。請電報確

認。

2. Telex 電報交換

⑶ REPLY　回詢: 今寄目錄, 報價

RE CUTLERY

RYT11/20 MTKS REQD CAT N PRIC SENT TDY
SINCE WELL CONNECTED WITH FIVE MAJOR
CUTLERY MFRS WE ASSUR BEST WORKMAN-
SHIP NEWEST DSGNS REANOSABLE PRIC N
ON-TIME DLVRY PLS ADV ON RCPT ABV
AWTG YR TLX RPLY

註釋: 1. REQD: required 所需的

2. TDY: today 今日

3. MFRS: manufacturers 製造商

4. WORKMANSHIP: 手藝, 技巧

電譯: 餐具 (刀叉、匙等)

很謝謝你們十一月二十日的電報所要求的目錄及報價已於今天

寄出。因我們與五家主要的餐具製造商關係非常好, 我們保證

最好的手藝、最新的式樣、最合理的價格及準時交貨。請在收到上述資料時，賜知高見，等候你們電覆。

(4) PROMOTION　　促銷：由促銷部門

RE KITCHENWARE

FROM OUR PROMOTN DEPT WE NOTE U R
IMPORTERS OF KITCHENWARE N AS HAVING
10 YRS EXPORTNG EXPERIENCE WE WUD LIKE
TO COOPERATE WITH YR CO DVLPNG OUR
PRODUCTS FOR MUTUAL BENEFITS AIRMAILG
OUR NEW LIT FOR YR REF PLS CFM YR COM-
MENTS ASAP TKS

註釋：　1. YRS: years 年

　　　　2. COOPERATE: 合作

　　　　3. FOR MUTUAL BENEFITS: 爲互相利益

　　　　4. LIT: literature 印刷品，說明書

　　　　5. COMMENTS: 評語，意見

電譯：　厨具

　　　　從我們的促銷部門，我們知道你們是厨具的進口商。因我們已有十年的出口經驗，我們很樂意來跟貴公司合作，爲雙方利益開發我們的產品。我們寄上我們新的資料給你參考。請儘快確認你們的高見，謝謝。

(5) QUOTATION　　報價：訂單湧進快訂

RE AIRCONDITIONER
TKS YTLX MAY/10 ENQ AIRCON WE QTE SUBJ
CFMN TATUNG AIRCON TT-044 AT USD250/
UNIT CIFSEATTLE SHPT WITHIN 5 WKS AFT
RCPT ODR N L/C NOW ODRS RUSH IN FROM
ABROAD N STOCKS RAPIDLY DECREASG
AWTG EARLY ODRS TKS

註釋：　1. SUBJ: subject to 受……限制；惟限……
　　　　2. CIFSEATTLE: cost, insurance, & freight Seattle 包括成本、保險、運費到西雅圖的價格
　　　　3. AWTG: awaiting 等候

電譯：　冷氣機
　　　　謝謝你五月十日的電報詢問冷氣機。我們報大同冷氣機 TT-044 每部，CIF 西雅圖，美金 250 元，惟限需經我們最後的確認。在收到訂單及信用狀後五星期內可出貨，訂單從海外各處湧進且存貨迅速減少。等候早些開出訂單。謝謝。

⑹ ORDER　訂單：請寄樣品並確認

RE GLOVES/ORDER
PLS ENTER OUR ODR FOR 7000 PAIRS OF
GLOVES GS-003 FOB KEELUNG USD 1.20 EA
SHPT END NOV SUBJ SMPL APROVAL WIL OPN
LC ON RCVG YR TLX CFMTN PLS RUSH TX

> CFM ACCORDGLY

註釋: 1. SUBJ SMPL APROVAL: 惟限樣品需經同意

2. ACCORDGLY: 依此

電譯: 手套／訂單

請登錄我們訂單訂 7,000 雙 GS-003 手套，每雙 FOB 基隆，美金 1.20 元。十一月底裝運。惟限樣品須經同意。在收到你的電報確認後將開出信用狀。請依此急速電報確認。

(7) SHIPPING ADVICE   裝船通知: 出貨前

> RE ELECTRIC IRONS/ODR CF-033
>
> SHIPPING ADVICE
>
> TKS YTLX ADVISG LC NO. HW 0451 USD 50,000
> OPND THRU BANK OF AMERICA THE IRONS
> ODRD SCHDULD SHPD VIA SS ZIM NEW YORK
> V-48B(ZIM) SAILG AROUND JUN/16 WIL KEEP
> STRICT QC IN FILLG YR ODR N TLX U WHEN
> SHPD RGDS

註釋: 1. THRU: 經由

2. KEEP STRICT QC: 保持嚴格品管

3. FILLG YR ODR: 準備你們的訂單; 供應你們惟訂貨

電譯: 電熨斗／訂單 CF-033 裝船通知

謝謝你們的電報, 通知信用狀 HW0451 美金 50,000 元, 已由美國銀行開出。所訂購的熨斗預定裝於六月十六日開航的紐約貨

櫃輪 V-48B（新隆公司）。將保持嚴格品管來準備你的訂單，且貨運出時將電知。

(8) COMPLAINT　　抱怨：品質不符

RE CLOTHES TREE/FURNITURE
ATT MR BILL YIP FURNTR DEPT
RE ODR 105 BUYER SMITH N CO SAYS THIS
LOT NOT UP TO YR USUAL STANDARD FINISH
NOT BRIGHT ENOUGH N COLR SLIGHTLY DIF
FROM DSGN SMPL THEY R NOT DEMANDG
COMPENSATION BUT IT WUD BE ADVISBL TO
DO SOMETHING SINCE THEY R IMPORTANT
CUSTMRS TO BOTH US PLS ADVS WHAT TO
DO

註釋：1. FINISH：塗飾，完工

　　　2. COMPENSATION：賠償，補償

電譯：衣帽架／傢俱

　　　關於訂單 105 號買方史密斯公司說這批貨未達你們往常的標準，塗飾未夠光亮及顏色稍與圖案樣品不同。他們沒要求賠償，但最好表示些意思，因爲他們對我們雙方都是重要顧客。請通知如何辦理。

3. Fax 電報傳眞

(9) PAYMENT TERM 付款條件

FROM UNIFORM ENTERPRISES

TO ONWARD EXPORT, INC.

1. RE PAYMENT TERM FOR PO. 1509—

   COULD YOU TELL US WHY YOU WOULD
   LIKE TO PAY BY T/T INSTEAD OF L/C, AS
   L/C IS BETTER FOR US. HOWEVER, WE
   AGREE T/T FOR THIS ORDER AS REQUEST-
   ED.

2. RE 301 X GATE LATCH—

   HOPE YOU WILL GET SOMEBODY TO FIX
   IT, WAITING FOR THE RESULT FROM YOU
   AT AN EARLIEST DATE. TKS.

RGDS

MIKE LEE

ML/SS

電譯:

　　1.關於訂單 1509 號的付款條件—

請賜知爲何要用電滙付款，而不用信用狀，因信用狀對我們是較佳的。然而，如所請，我們同意這張訂單以電滙付款。

　　2.關於 301 X 號門閂—

希望你能找人來修理。敬候早日回覆。謝謝。

(10) SHIPPING DOCUMENTS　裝運單據

FROM UNIFORM ENTERPRISES
TO FUTURE COMPANY LTD.
ATTN MR. SOTAL SMITH
RE PO. LA/1004 FOR 12,000 BAGS -#509
1. THE GOODS SHPD VIA MC-KINNEY MAERSK
   8810 ON OCT 29.
2. SHPG DOCUMENTS WILL BE SENT TOMOR-
   ROW BY DHL, AS WE ARE WAITING FOR B/L
   AVAILABLE THIS AFTERNOON. FULL SET OF
   SHPG DOCS WILL ARRIVE YR OFFICE IN NET
   FOUR DAYS.

RGDS
TOM WANG
TW/CC

電譯：

　　1.貨物已於10月29日經由MC-KINNEY MAERSK 8810船運出。

　　2.裝運單據明日將由DHL快捷寄出，因海運提單今天下午才可取得。整套裝運單據於四天內可達貴公司。

▲　國際電報交換(TELEX)業務縮語：

AAB　　　　　(AUTOMATIC ANSWER-BACK CODE)
　　　　　　　自動應答電碼
ABS　　　　　(ABSENT, SUBSCRIBER'S OFFICE CLOSED)

用戶不在。用戶已停止工作

BK   (I CUT OFF)

切斷

CFM   (CONFIRMATION, CONFIRM)

證實

COL   (COLLATION)

校對

CRV   (HOW DO YOU RECEIVE?)

貴方收信情形如何?

DER   (OUT OF ORDER)

發生故障

DF   (YOU ARE IN COMMUNICATION WITH THE CALLED SUBSCRIBER)

貴方已與被呼用戶接通

EEE   (ERROR)

錯誤

GA   (YOU MAY TRANSMIT, GO AHEAD)

貴方發報

MNS   (MINUTES)

分鐘

MOM   (WAITING, MOMENT)

稍後

NA   (CORRESPONDENCE TO THIS SUBSCRIBER IS NOT ADMITTED)

不准與該用戶通信

NC   (NO CIRCUIT)

無電路

NCH　　　　（SUBSCRIBER'S NUMBER HAS BEEN CHANGED）

用戶號碼已更改

NP　　　　（THE CALLED PARTY IS NOT, OR IS NO LONGER

A SUBSCRIBER）

並無此被呼用戶或已撤銷

OCC　　　　（SUBSCRIBER IS OCCUPIED）

用戶在通信中

OK　　　　（AGREED）

同意

P or O　　　（STOP YOUR TRANSMISSION）

請停止發送

RAP　　　　（I WILL CALL YOU AGAIN）

將再呼叫貴戶

RPT　　　　（REPEAT）

覆述

SVP　　　　（PLEASE）

請

TAX　　　　（WHAT IS THE CHARGE）

計費若干

TEST MSG　（PLEASE SEND A TEST MESSAGE）

請發一試驗電報

THRU　　　（YOU ARE IN COMMUNICATION WITH A TELEX

POSITION）

貴戶與 TELEX 席通信

TPR　　　　（TELEPRINTER）

電傳打字機

▲常用的電報文縮寫字⑬：

常用 Telexese

About	ABT	Acknowledge (d)	ACK (D)
Accept (ed)	ACPT (D)	Application	APLCTN
Accordingly	ACDGLY	Applicable	APLICBL
Additional	ADDL	Advise	ADV
Addition	ADDN	Already	ALRDY
Agree	OK	Approximate	APPROX
All right	OK	Approve	APPR
Amount	AMT	Airmail	AIR
And	N	Airmailed	AIRD
Arrange	ARRNG	Average	AVRG
Arrive (d)	ARV (D)	Answer	ANS
Attention	ATTN	As soon as possible	ASAP
Balance	BALCE	Beginning	BEG
Bleached	BLCHED	Bill of Lading	B/L
Between	BTWN		
Cancellation	CANCELN	Cancelling	CCELG
Cancel (led)	CCEL (D)	Check	CK
Can not	CANT	Charter Party	C/P
Carton	CTN	Commission	COMM
Charge (d)	CHRG (D)	Counter Offer	C/OFFER
Colors	COLS	Credit	CR
Confirm (ed)	CFM (D)	Correct	CRT

Contract	CONT		
Confirmation	CFMTN		
Days	DS	Delivered	DELVD
Debit	DR	Destination	DEST
Deliver	DLV	Double	DBL
Delivery	DLVY	Dollars	DLS
Difference	DIFFRNE		
Document	DOC		
Each	EA	Estimated time of arrival	ETA
End Ociober	ENDOCT	Estimated time of depar- ture	ETD
Enquiry	ENQRY	Excluding	EXCLDG
Exchange	EXCHG	Export licence	EL
Export	EXP		
Factory	FCTRY	Following	FOLG
Figure (s)	FIG (S)	Forwarded	FWDED
Flight	FLT		
Forward	FORWD, FWD		
Freight	FRT		
Gallon	GAL	Guarantee	GURANTE
General	GENRL	Government	GOVT
Good	GD	Greasy	GRSY
Highway	HIWAY	How	HW
Hour	HR	However	HWEVR
Heavy	HVY		

Immediate(ly)	IMMD(LY)	Including	INCLDG
Import	IMPT	Information	INFMTN
Include(d)	INCLD(D)	Instructions	INSTRCTNS
Inform(ed)	INFM(D)	Instead of	I/O
Instead	INSTD	Invoice	INV
Interest	INTRST	Irrevocable	IRREV
Letter	LTR	Light	LITE
Liter	LIT		
Manager	MGR	Month	MO
Message	MSG	Measurement	MEASMT
Meter	MTR, M	Middle	MID
Negotiate	NEGO	New	NU
Negotiation	NEGN	Next	NXT
Night	NITE	Number	NR, NO
Negotiating	NEGOTG	Nothing	NIL
Open	OPN	Original	ORGNL
Ordinary	ORD	Otherwise	OZWS
Origin	OGN	Our Cable	OC
Order	OD, ODR	Our telex number 100	OX-100
Payment	PYMT	Private(ly)	PRVT(LY)
Possible	POSSBL	Price	PRC
Purchase	PURCHS	Please	PLS
Quality	QLTY	Quantity	QTY, QNTY
Quotation	QUOT, QUTN	Refer your telex	RYTX
Refer our letter	ROL	Refer your telegram	RYT

Refer your letter	RYL	Regarding	REGRDG
Refer your cable	RYC	Remarks	RMKS
Refer our cable	ROC	Repeat	RPT
Request (ed)	REQST (D)	Receipt	RCPT
Respectively	REPCTVLY	Reference	REF
Receive (d)	RCV (D)	Reported	RPTD
Refer our telegram	ROT		
Sample	SMPL	Shipment	SHIPT
Second	SEC	Station	STN
Service	SERV	Sorry	SRY
Shipped	SHIPD	Stop	STP
Specification	SPEC		
Telex	TLX	Transfer	TRNSFR
Telegraph	TEL	Thanks	TKS
Text	TXT	Tomorrow	TMW
Though	THO	Today	TDY
Through	THRU		
Unacceptable	UNACPTBL	Understand	UNDSTND
Unknown	UKWN	Urgent	URGT
You	U	Your	UR
Your telex	YX, YTLX	Your letter	YL
Yours	URS, YS	Your cable	YC

第三節　約會與訪客之安排

約會與訪客之安排皆爲秘書事務性工作之一。工商社會中，由於人際關係廣潤又複雜，上司主管常爲各種約會與訪客所困。各種約會與各類訪客，如果交織糾纏一起，必使上司的業務停頓，令他喘不過氣來。所以，秘書的主要業務工作之一，即是幫上司安排約會與訪客。如此才能使上司主管作息有定，獲得應有的休息。

一、約會的安排

約會一詞並非指狹義的男女間的約會，而是廣義的一般約定的會議。即是，秘書爲上司先約定時間、地點與特定人物見面，商談某些事情的商業活動。

㈠約會的種類

1.在公司內的約會──依會議的性質又分私事、公事。規模可分小單位、大單位，及整公司機構。像這種情況，其所邀約的對象大抵包括商場或業務來往的客人，公司內部職員同仁，或上司的親朋好友等相關人員。

2.在公司外的約會──一般上司交際很廣，在上司受到外界的邀約去會談，拜訪有關的政府官員、民意代表、顧客或商界往來人士時，他即是參加了公司外的約會。在公司外的約會又可分爲國內與國外兩方面。

3.宴會──或叫餐會。時間上早、午、晚三餐都有可能。一般來說，晚餐最多，所以叫宴會。如果是宴會，主辦單位或邀請人會很早就開始規劃，要確定人數及時間，才能確定地點。宴會的性質也分爲

多種，有政治性、聯誼性、商業性、家族性、慈善性等。

㈡秘書安排約會的原則

1.配合上司的工作時間表：秘書安排約會的目的在使上司的應酬活動配合他的生活作息習慣，因而使之有條理化，然後才有充分的時間做適度的休息，以提高其工作效率。

例如，秘書須注意密切配合上司上下班的時間，生活睡眠的習慣，及其特殊的休憩空檔，然後才能做出最佳的安排。

2.依約會輕重緩急來安排：秘書通常依約會的性質、重要性、主辦單位等來做安排。凡緊急性、重要性的約會，便須優先安排在日程表上。凡應酬性、禮貌性的約會或拜訪，則可插入適當的剩餘空檔中。

3.安排時要酌留彈性：秘書在安排約會時，要儘量預留前後空間，以備萬一臨時有變動，才能往左右調動。

4.迅速處理臨時變更的約會：約會一經排定，除非是萬不得已之事，否則不應輕易變更時間。但偶爾會碰到非變更不可的約會，這時，秘書必須儘速通知對方或主辦人，委婉地說明變更的原因，並爲變更所帶來的困擾與麻煩致歉。尤其要記得，通知有關的人員取消約會。

㈢秘書安排約會的好處

1.可以爲上司篩選請求約會的人，以減少不必要的困擾——每日來公司要求與上司約會人相當複雜。有些人，值得也需要與上司面談，但有些不一定要上司才能應付。所以秘書在安排約會時，順便已把可解決的問題，先解決了。如此，減少上司很多不必要的困擾。

2.爲上司妥善安排約會，可以節省主客雙方時間——上司日理萬機，求見上司的人與上司自己想要見的人，如未經秘書預爲安排，則可能在同一時間內就有許多人碰頭。所以經秘書安排後，一方面可避免許多人同時求見上司，造成應接不暇或讓客人久等的失禮場面；另

一方面也可使上司心理有所準備，以求約會圓滿成功。

3.可事先作妥善準備，免得臨時手忙脚亂——約會既然在事先已安排妥當，則可做妥善準備，如會議所需之文件、資料、貨樣等，甚至場所、招待之茶點，都可以事先準備，免得臨時忙不過來，亂了陣脚，留下不良之印象。

㈣秘書安排約會應注意事項

1.瞭解身份：當一個外人打電話或親自要求見上司時，秘書首先應瞭解他的身份和目的，然後再決定是否做安排。

2.重要人物：如果是重要人物急於見上司時，可安排一個最近的時間。可依情況而定，優先處理。

3.瞭解上司：對上司的工作時間、個性、嗜好及生活習慣作全盤的瞭解，有助於分辨事情的輕重緩急，以便爲上司訂約會。

4.具有彈性：將約會安排在上司適當的工作空檔中，儘量使其具彈性，不可太緊湊，以備臨時有事發生。譬如早上九點有重要會議，則不便將另外約會時間排在十點以前。

5.考慮重要性：有好幾個約會湊在一起,應考慮各約會的重要性,先安排重要而不可延誤的，可以更改時間的約會將錯開進行。

6.變更時間：應迅速通知對方，並致歉及說明原因，以及通知公司內有關業務人員。

7.提醒上司：約會前一天及當日，均應提醒上司。可於下班前將上司第二日的約會事項填妥小卡片，一張交由司機，一張送給上司，以提醒注意。

8.再度確認：特別重要的約會在接近約會的時間前，應與對方再聯絡，以確定約會順利進行。

9.所需資料：約會所需的資料應及早備妥，並依資料的性質於接

近約會前的適當時間送請上司過目；如有公司其他人員陪同會客，亦應事先通知。

10.用記事本：爲自己及上司各準備一本記事本，秘書隨時與上司核對約會行程。

11.約會場所：約會的場所要保持安靜、清爽、高雅。

12.適當招待：約會時要有適當的招待，諸如飲料、點心等。

13.陪同記錄：依約會的性質需要而定，有時女秘書尚須陪同記錄訪談內容。

二、訪客之安排

訪客之安排強調有來賓要來見上司；約會之安排強調上司要見某位來賓。約會與訪客之安排關係密切，互相影響，兩者之間有著相輔相成的作用。一般而言，有約會之安排，才有訪客之接見。約會愈多，訪客當然會漸多。訪客漸多，相對地，約會也會更多。約會如妥善處理，訪客之接見才能順利。同理，訪客之接見能順利，約會才算成功。

㈠訪客與秘書之關係：

訪客依約定時間來到辦公室，未見到主管前，先與秘書聯絡。如果公司有接待員，則到公司詢問處，卽由接待員帶至所要見主管之辦公室，由主管之秘書接待。因此秘書必須在這時間，留給訪客一個深刻、美好的印象。秘書的說話，待人的態度，就可以表現出一個人的工作能力及機構的組織是否完善。所以，不可忽視接待訪客應有的禮貌。

訪客來到辦公室時，秘書最好能起身相迎，儘速的了解訪客的身份和性質。秘書之衣着合宜，辦公室整潔、有秩序，招待親切有禮，這樣才算是合格的秘書。

㈡訪客之種類：

1.公司外的訪客：這一部份可分爲⑴國內的訪客與⑵國外的訪客：

⑴國內的訪客：亦即業務上的訪客，如商場上往來的商人、推銷員等，最好能安排在特定的日期和時間會見，可以使主管在商品的比較上更爲容易，減少主管下決定的時間。秘書對此類訪客，尤其要誠心接待，建立良好的形象，有助於公司拓展業務。

⑵國外的訪客：隨着交通工具的進展，世界的範圍似乎越來越小，貿易更是頻繁。國與國、地區與地區間之往來，已是平常之事。因此一般機關免不了常有外國的訪客。他們也許穿著本國的服裝，以其不同的習慣與禮貌來到辦公室。如果彼此可以通用一種共同語言，則意見的交流非常方便，否則就要靠翻譯來傳達意見了。外國的訪客來訪的時間，一般事先都有安排，所以應該隨到隨即引見主管。爲了使遠道來訪之外賓有親切感，秘書人員應事先將來訪國家之資料，來訪賓客個人之資料、嗜好，查閱清楚，談話時可以找到適當的題材，也使訪客因對方的關注而感到愉快❶。

2.公司內的訪客：一般公司對內部的職員是不限制其見主管的時間的；有些則規定一適當時間，做爲與職員談話的時間。對於職員因公事見主管，通常都是儘可能的隨到隨辦。但是有些職員請求見主管，往往是對主管有所請求，有所說明，所以秘書應謹慎安排，了解要見主管之目的，使主管心理稍有準備，並使雙方能在合適的情況下見面。如果主管因要事或外出不能接見時，秘書可做初步的了解，給予協助，待主管返回後再轉告。

3.未約定的訪客：這類的訪客有可能來自國內也有可能來自國外。國外訪客，由於行程緊迫又緊湊，大部份會做預先安排。然而，

在各種訪客中，難免有許多未經約定之訪客，特別在我國，一般訪客大都是臨時來訪，最多訪前打個電話。對於這類訪客，秘書仍應禮貌招呼，儘量安排見到主管。若是不必主管親自解決的問題時，則可代為解決或轉由有關部門處理。主管不在應具實以告，若主管不久將回，則可徵求訪客意見，是稍等或另約他日見面。

　㈢訪客之安排應注意事項：

　1.訪客來訪之前：

　　⑴在前一天提醒上司。

　　⑵如果是重要的約會，可於前一天再與訪客確認會來。

　　⑶早些準備與訪客會談所需資料，並於前一天，再檢查一遍。

　　⑷通知相關單位準備會談時所需物品，如茶點等。

　2.訪客來訪時：

　　⑴問明訪客姓名，所屬公司或機構，以及來訪之目的。不妨熟記姓名和面貌，以便對常客親切招呼。

　　⑵使訪客舒適地等待引見，使他與本公司的接觸覺得愉快和滿意，而能培養他的善意。

　　⑶判斷上司所樂於接見或想要廻避的訪客，後者便須引介給他人接見，或逕由你自己接談。

　　⑷對上司不接見的訪客婉言解釋，不使訪客發生反感。

　　⑸大公司有接待室者，秘書接到有客來訪的通知，如屬事先約定，便赴接待室見面，帶至上司辦公室。對方如有垂詢，可親切對答，此外不必長談。

　　⑹小公司如無接待室，則由秘書作初步接談。

　　⑺寒喧仍照一般習俗，待對方伸手欲握時，始相互握手。

　　⑻座位如離門口較遠，訪客進門時應離座移步相迎。辦公桌距

門口不遠，如非爲重要人士或非年歲特長者，不必起立，僅坐着招呼可也。

(9)告以何處放置訪客隨身的衣物。訪客如爲女性，不妨幫忙她卸去圍巾或披肩之類，並且替她掛好。

(10)訪客如須等待接見，請他入座，或視需要給以報紙或雜誌。

(11)勿與等待的訪客深談，不過對方如頗有談話的興趣，亦不妨奉陪。話題可以對方興趣爲主。

(12)訪客如問及公司的業務，只可約略言之。

(13)預先有約的訪客到達時，便立卽通知上司。假如上司正在開會，便可以字條或內線電話報告，請示是否引進。

(14)如訪客已來到辦公桌前，便須進入上司辦公室報告訪客已到。上司準備接見時，便引進後從旁介紹❶。

3.訪客離去時：

(1)訪客告辭的時候，秘書不一定要親自送客。不過，當在辦公桌前，看到訪客正要離去時，不妨站起來行禮道別；然而，對行動不便或年長者，應予以必要的協助與扶持。

(2)在訪客離去後，應找個適當的時間，進去收拾整理會場，順便檢查一下，是否有訪客遺忘帶走物品。一旦發現，需立卽送還。

三、約會之安排與訪客之安排間的關係

約會之安排需與訪客之安排密切互相配合，才能兩方面都做得完美。另外，秘書在處理約會與訪客之安排所秉持的態度、心情、方法、機智、理念等皆大同小異。即是，秘書要有誠懇的態度、愉快的心情、系統的方法、精明的機智、服務的理念，才能做出妥善的安排，使賓主盡歡，留下美好的印象，建立起公司機構優良的形象。

　　約會之安排有三種: ⑴公司內, ⑵公司外, ⑶宴會。訪客之安排亦有三種⑴公司內, ⑵公司外, ⑶未約之客。其中有一項重叠, 即是公司內的約會與訪客。由此可見其關係密切, 如下圖所示:

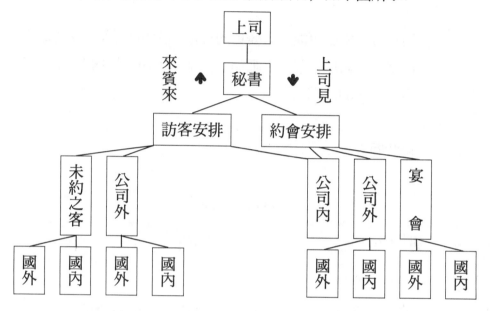

四、時間表的編排

　㈠種類:

　　時間表可分爲年度時間表、月份時間表、週份時間表, 及日程表等。

　㈡編排原則:

　　1.先排定年度時間表, 再來是月份時間表, 再來是週份時間表及日程表。

　　2.上年底擬具下年度時間表; 上月擬具下月時間表; 每週末, 擬定下週日程表。

3.時間編排應具彈性，避免過於緊湊。

4.時間表的內容也是機密，不可洩露給外來的訪客知道。

5.使用統一的記號：遇有狀況時，讓其他秘書也能一目瞭然，以爲襄助。

6.使用鉛筆：對於可能會有變更的行程，可使用鉛筆，以利更改。

7.多做確認：對於日程表之細節，多請示上司及相關人員，以確認無誤，增加工作的效率。

㈢範例：

1.月份時間表：

三月份時間表

日	星期	上午	下午
1	一	例行常務會	
2	二		例行經理課長會議
3	三	到○○工廠觀察	
4	四		
5	五		
6	六		
7	日		
8	一	例行常務會	
9	二		
10	三		
11	四		
12	五		

13	六	
14	日	
15	一	例行常務會
16	二	
⋮	⋮	
27	六	
28	日	
29	一	例行常務會
30	二	到○○分公司觀察
31	三	

2.單人週份時間表：

月　　　日程表　　　職稱：董事長

	星期一	星期二	星期三	星期四	星期五	星期六	星期日
9:00							
10:00			有客來訪○○公司○○董事長(經理陪同)	有客來訪　○○公司○○董事長		內部洽談　○○經理	休
11:00	有客來訪○○公司○○董事	常	門口上下車○○公司		董		
12:00		務	派對（在○○飯店）		監		
13:00							

	內部洽談○○經理及其他2名	會	(榮譽董事長主持)	內部洽談 ○○經理	事		日	
14:00	門口上下車	↓		門口上下車	會		14:00	
15:00	○○公司董事長	有客來訪○○公司○○董事長	接受採訪○○報社	○○工業會			15:00	
16:00		↓		理事會於（○○會館）			16:00	
17:00	↓	內部洽談○○經理及其他1名	內部洽談D常務董事	↓			17:00	
18:00		↓			會餐○○公司（在○○餐廳）		18:00	
19:00					↓		19:00	

3.多數人週份時間表：

		榮譽董事長	董事長	總經理	A常務董事	B常務董事	C常務董事	D常務董事
星期一	A M	10:00○○公司來訪	11:00○○公司來訪	11:00內部洽C常務董事	10:00內部洽談○○經理 11:00○○公司來訪	10:30○○公司來訪		
	P M	12:00-3:00演講會（於○○飯店）	1:00內部洽談○○經理 3:00到○○公司採訪	1:30內部洽談○○經理 3:00○○報社採訪	1:00到○○公司訪問 3:00到○○公司拜訪	1:00內部洽談○○經理 3:00內部會議		
	A M	10:00○○公司有客來訪	10:00常務會議					

星期	時段					
星期二	PM	2:00～5:00開會	3:00-4:00有客來訪 5:00內部洽談○○經理	4:00○○公司有客來訪	4:00內部洽談○○經理	（省略）
星期三	AM	10:00○○公司有客來訪 11:30公司舉行酒會	10:00公司有客來訪 11:30○○公司舉行酒會（由榮譽董事長主持）	10:00有客來訪（董事長陪同）11:30○○公司有客來訪	×航105班機8:00起飛	到○○關係企業觀察
	PM	1:00（於○○飯店）3:00內部洽談○○經理	1:30（於○○飯店）3:00報社採訪5:00內部洽談D常務董事	3:00內部洽談○○經理	到○○地出差	
星期四	AM	到○○	10:30○○公司有客來訪	10:00內部會議		
	PM	工廠巡視	1:00內部洽談○○部長 3:00工業（理事長）	1:30○○公司有客來訪 6:00○○公司會餐（○○餐廳）	（住在○○飯店）×航124班機19:30抵達	1:00～3:00內部會議
星期五	AM	10:00～3:00董監會議				
	PM		6:00○○公司會餐（○○餐廳）	4:00內部洽談○○經理	4:00○○關係企業有客戶來訪	4:00○○報社來訪
星期六	AM	9:30○○公司有客來訪 10:30○○公司有客來訪	10:00內部洽談○○經理	10:00內部會議○○經理	10:00到○○公司拜會	10:30○○公司有客來訪 11:30○○公司有客來訪
	PM					

第四節　辦公室管理

　　現代工商社會，由於業務繁重，時間緊迫，工作頻率加速，故尤

重效率。在公司裏也是一樣，每每絞盡腦汁，將辦公室做最佳的管理，以提高行政效率及業務績效。

一、定義

辦公室管理(Office Management)即是爲達成公司預期的目標，而對辦公室加以設計(Planning)、控制(Controlling)、組織(Organizing)並激勵(Actuating)其工作人員的一門學問❼。

二、範圍

從廣義來說，辦公室管理就是公司管理。包括有辦公室管理、文書處理、檔案管理、物料管理等四大項。這是涵蓋範圍比較廣的。如從狹義來說，就僅僅限於有關辦公室的事務，包括：辦公室的清理，辦公室之環境佈置，秘書個人辦公處所之管理，辦公器具之訂購、請領、管理與維護等。

爲了提高工作效率，公司機構皆往業務分工合作發展。是故，秘書的辦公室管理範圍，在此僅限於狹義方面予以討論。

㈠辦公室的清理：

一般辦公室的清潔工作皆僱有專人負責，但是秘書應督導這方面的工作，使辦公室窗明几淨，井然有序，舒適宜人。

秘書應督導的辦公室清理工作如下：

1.上司及自己辦公桌之清理。

2.本日應辦之公事，取出分類放好。

3.檢查電話線有無故障。

4.檢查辦公文具是否短缺。

5.本日工作表、約會時間表放妥位置，以便查閱。

6.辦公室玻璃窗、天花板、書架、煙灰缸、電話機、百葉窗等是否乾淨。

7.文件、資料是否存放整齊。

8.接待客人用品是否準備齊全，如茶水、飲料等。

9.下班前，辦公桌上文件清理收妥。信件處理收存。檔櫃鎖好。打火機、文具、紙張各歸其位。防火、防盜各項安全設施檢查。同時檢查一下今日工作是否完成，明日工作程序如何，心理上應有準備。

10.離開辦公室前，檢查電燈是否關了，空氣調節開關是否關好，各種機械用具是否確實停止等等，一切妥當才能鎖門離去，結束一天的工作。

㈡辦公室之環境佈置：

有些機構秘書和上司主管在同一個辦公室辦公；有的則是在不同的兩間辦公室。不論是同一間或不同一間辦公室，對於辦公室的環境佈置，秘書都應負責。

雖然大多數的公司行號，都委託裝潢公司來包辦一切的設計與佈置，也許秘書就用不著耗費心思；然而，像這樣的佈置及設計都是典型的、大衆化的、單調的，有時甚至隔了相當長的時間，才再更動或換新。其實秘書可於設計佈置之前，提出自己的想法、設計圖供作參考，一來可以發揮自己的設計才華，二來也可以顯出不凡的鑑賞能力來。用靈巧的心思，時時地變換方式而佈置出一個舒適、實用、美觀、高雅的工作環境，令置身於這樣高雅的辦公室中的人，均能樂在其中，以增加工作效率。

辦公室之環境佈置可分幾項來說：

1.辦公室之佈置：辦公桌椅之放置，會客室之佈置，各種櫥櫃之安置都應配合地點的大小，並力求美觀與實用。

2.書報雜誌之整理：辦公時爲了資料參考及爲來賓等候而準備有消遣性書籍、雜誌。這些資料、書報、雜誌，應注意每期是否完整，新的送到，舊的應換下。放置的位置應適當，每天應加整理，對於資料性的書籍、雜誌，尤應注意保存，以便工作時隨時查閱。

另外，有些公司行號經常寄文宣品來。這些在每日郵件中佔很大的比例。秘書也應隨時處理，決定何者可留下供參考，何者應丟棄，以免造成雜亂，影響工作。

3.植物的處理：在辦公室的佈置方面，盆景佔了一個重要的角色。放在室內的長綠盆景或花草，應當隔一段時間就要更換。鮮花要保持新鮮美觀。如果是委託花店來安排，花商到時間自會來更換處理。但是在選擇植物方面，可提供意見，特別是上司對於植物的喜好或適應性，都應多多觀察，以作爲佈置的參考。

4.樣品室(showroom)之管理：如果是進出口貿易公司，公司裏就設有樣品室。尤其是出口公司，樣品室的管理尤其重要。秘書除了要督導專人清理、打掃、更新外，並且要清楚各樣品存放的位置。尤其，秘書對於各樣品的尺寸、種類、型式、質料等都應有深入的瞭解。如此，在與國外客戶商談業務時才能得心應手，駕輕就熟。

▲辦公室之環境佈置原則：

(1)桌椅櫥櫃大小格式顏色要統一，不但可以增加美觀，並且可以促進職員相互間的平等觀念，激發團隊精神。

(2)辦公室的空間要充分利用，爲充分利用空間，應注意傢俱之擺設，並善用壁櫥、書架等存放物品。

(3)辦公桌採用直線對稱的佈置，避免不對稱、彎曲與成角度的排列。

(4)相同的或相關部門應置於相鄰的地點，以利工作的密切連繫。

如秘書與上司之辦公位置應儘可能置於最鄰近之處。

(5)使工作流程成直線，避免倒退和不必要的迂迴。

(6)有許多外賓來訪的部門，設置在入口處。如果是中小型公司，秘書座位通常置於入口處，一邊是上司的辦公室，另一邊是職員的辦公室，這樣兩邊辦公室都可由秘書關照。

(7)使工作者的移動範圍，減少到最小限度。如經常使用之櫥櫃應置座位旁，時時查閱之案件、資料、書册，應放在辦公桌上或其抽屜內。

(8)坐位不要太靠近熱源、電源、冷氣機或在通風線上，以防意外。

(9)如果可能的話，宜設休息室，作為工作間休息或交談的處所。

(10)擺設合宜的盆景或插花，且時常變化，不但可以增加美觀，也可提高辦公情趣，增進辦公效率。

L 型秘書桌

㈢秘書個人辦公處所之管理：

秘書自己個人辦公處所之管理尤其重要，因任何大大小小的公文信件等都要經過秘書的辦公桌。所以秘書的辦公桌設計一定要以美觀方便為主。其辦公處所之管理細節如下：

1.選擇秘書專用辦公桌椅，如附圖 L 型秘書桌，易於作業。

2.桌上的物品都有其固定位置。

3.抽屜收置物品應配合工作之方便：常用物品放在上面抽屜，不常用的放在下面抽屜。

4.資料夾辦妥者，收入檔案櫃內。

5.待辦文件，放於每日處理公文處。

6.私用物品放於下層抽屜的固定地點，不可任意放置，以保持公私分明。

7.秘書參考資料及工具書，如百科全書、字典、秘書手册、地圖、貿易手册、書信大全、萬用英文手册、公文程式、電話簿、記事手册及各種交通工具時刻表等，都必須放於手邊，以便隨時查閱。

8.秘書要做好辦公室計劃以檢討自己的業務得失。其主要項目如下：

⑴首先應留意上司對各項業務處理的習慣或特別指示，記住其優先順序並瞭解其原因。

⑵瞭解自己的角色及職責：劃個公司組織圖，以確定自己的角色及所擔負的職責。並列出職責明細，以爲訂定辦公室計劃之參考。

⑶訂定辦公室計劃進度表：依進度努力工作，把握進度，必要時請示上司，以做適當的調整。

⑷隨時查核進度，自己檢討得失，以求精益求精。

9.建立備忘制度：依個人的習慣，可採用筆記簿、記事檯曆、大事日記、牆曆、隨身記事本、牆頭行事表、電話記錄簿、待辦檔案簿等，以做追踪處理，增加工作辦事效率。

日　　期	時　　間	來電話者	交　　　　談　　　　內　　　　容
		1. 2. 3.	

電話記錄簿⓲

㈣辦公器具之訂購、請領、管理與維護：

中型規模以上的公司機構，皆設有專門負責採購與保管物材的部門或人員。使用單位僅需以填妥之請購單或物品請領單，向採購部門請求採購，或向保管物材部門請領即可。但是，若是公司規模較小，無專人負責採購，秘書所需的辦公用品就得自己負責採購，然後報帳。一般辦公器具可分為：文書類及機器類二種。

A.文書類：

此類又分1.紙張類，2.文具類，3.書報類等。

1.紙張類：辦公所需的紙張類有：中西式信紙、信封、便條、複寫紙、速記紙、牛皮封袋、電報紙、各種業務所需表格等，皆要準備

齊全。採購紙張類用具，對於所需用紙張的品質、重量、顏色應有所認識，對於其規格、種類亦應符合規定。如西式信紙之尺寸，第二頁應無抬頭。信封大小亦應按一般規格訂製等等。

2.文具類：常用的文具類有：筆記簿、聽寫紙、原子筆、鉛筆、鋼筆、毛筆、簽字筆、橡皮擦、立可白、紅筆、剪刀、尺、打印台、日期章、小刀、訂書機、訂書針、打孔機、大頭針、廻紋針、圖釘、檔案夾、公文夾、印泥、檯曆、卷宗、名片簿、英文打字機用品、電腦用品等，都應隨時準備，以利工作之順利進行。

3.書報類：這是與業務有關的書籍、報紙、雜誌等。隨時準備，以利參考。這些書報類，均要申請購買，或長期訂閱，並放於適當的位置。秘書須負責開出書單，經上司同意後，送往採購部門訂購或訂閱。

B.機器類：

科技的進步使得公司機構業務對事務機器依賴性增強。業務幾乎與事務機器成了不可分的關係了。事務機器包括電腦、電報交換機（TELEX）、打字機、錄音機、傳眞機（FAX）、口授機、複印機、油印機、計算機、電話、照相機等。

對於這些事務機器，在採購時，除了要價格公道外，要符合下列三標準：

1.節省時間。

2.減少經濟勞力。

3.改善工作。

在管理及維護上要注意的事項：

1.注意安全性——有些事務機器危險性大，有些較小。要選擇具安全性的。

2.要有效使用——事務機器都有其有效的功能，要遵照指示來使用，以增長其壽命。

3.要放置在最適當的位置——所謂最適當的位置是說放置在操作者操作最方便的地方，如高度、光線及噪音的控制等都要加以考慮。

4.要保持清潔——事務機器的外表和內部，都要經常保持清潔，有遮蓋物的機器，使用後一定要蓋妥。

5.要經常保養——如定期清洗、加油或調整等。或可請專門公司保養維護。

三、管理原則

辦公室管理如同管家一樣是一項瑣碎繁忙的工作，但是只要堅守整潔、方便、舒適、節約、安全等原則，就可收事半功倍的效果，茲將辦公室管理的原則簡述如下；

㈠整潔：整就是整齊、有秩序；潔就是清潔，窗明几淨，一塵不染。要保持辦公桌面的整潔，不可放置辦公以外的東西，如皮帶、鈕扣、髮夾、扣針這一類的東西。放在抽屜內的各項文具，如鉛筆、紙張、橡皮、廻紋針、筆記本等等，也要放置得井然有條，毫不凌亂。要找東西，一下便可找到。整潔即代表效率。

㈡方便：辦公桌椅的擺設，事務機器的放置，參考書籍、雜誌的陳設，都應力求方便，以爭取時效。

㈢舒適：辦公室的裝潢，應以舒適爲準。光線、顏色、通風、隔音、擺設等都會影響工作人員的情緒，尤須特別注意。

㈣節約：一個舒適高效率的辦公室，不一定要有漂亮的裝潢、昂貴的設備，必須注意有效利用或經濟原則，辦公用品須節約，一次不必準備過多，以免儲存過久，不但變質失效，且增加整理的麻煩。

㈤安全：保障公司財物和職工生命的安全，是辦公室管理重要的一項原則，也是一項重要的職責。秘書也要負起這項任務，每天下班之前，要將辦公桌上的文件收入抽屜或保險櫃裏，抽屜和保險櫃要記得上鎖，以防丟失或洩密，造成重大困擾❶。

第五節　會議的管理與安排

一、會議的定義

公司、機關或團體，為了某種目的而召集有關的人員，在一特定的時間、地點，依既定的程序集會討論，這種活動稱為會議。

二、會議的目的

一般會議的目的在集思廣益，以處理公共事務，解決公共的問題。另外，依會議的性質不同，而有不同的目的。略舉如下：

1.為決定某事而開會。

2.為討論某事而開會。

3.為連絡工作而開會。

4.為指示或說明某事而開會。

5.為講習而開會。

6.為交流情誼而開會。

三、會議的管理

民主時代，由於人們表達意見的機會增多了，各種會議因應而生，其目的在集思廣益，溝通意見以解決問題。

　　從事各行各業的公司企業機構者自然也不例外。他們參與各種會議：有公司本身自己舉辦的會議，以討論公司經營的方針；有政府舉辦的各種討論會，以增廣人們見聞及提高生活品質爲目的等。所以，現代的秘書，必須懂得如何管理會議，才知道如何安排會議，也才能將會議安排得成功。

　　㈠會議管理的架構[20]：

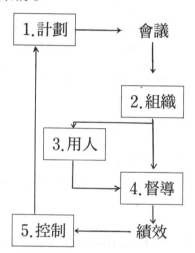

　　㈡會議管理的五要素：

　　1.計劃：上司吩咐要開會後，秘書就要開始計劃。先決定會議的種類、性質、人員、時間及地點等。可草擬個計劃書呈上司核定。

　　2.組織：秘書可先把組織予以分組，如事務組、公關組、文書組等。經上司核定後，即可召聘人員。

　　3.用人：先甄選各組組長，然後由其召聘其組員。

　　4.督導：各組組長負責督導各組業務，並負責業務協調。

　　5.控制：由各組組長互相協調、督導，並由秘書參與控制績效，以完滿達成計劃爲目標。

㈢會議管理的原則

1.參與人員必須盡忠職守，誠心負責。

2.組長及督導人員必須熟悉會議程序與會議規則，並切實做好督導工作。

3.各組必須互相配合，互相協調。

4.組長在用人時，必須精挑細選，選出確能負責之人。

5.秘書隨時向上司報告進度。

6.發生問題時，馬上往上報告，以謀迅速解決。

7.秘書確實做到控制會議計劃的完全實行。

四、會議的種類

㈠依開會的地點而區分爲三類：

1.公司內部的會議──須要上司出席的公司內部會議包括有：早餐會報、主管會報、股東會議、記者招待會、各種業務會議等。

2.公司外面的會議──上司出席公司外面的會議如研討會、其他公司的會議、政府機關的會議、演講會、展示會等。

3.國際性會議──國際性會議有兩層意義，一是上司由女秘書安排差旅而至外地出席的國際性會議，一則是指本公司或其他公司所召開的國際性會議而言。即前者在國外；後者在國內[21]。

㈡依會議的性質來分有十類：

1.非正式行政會議：由辦公單位二至六人舉行之非正式小型會議，地點可以在主管的辦公室內舉行。這種性質的會議常常是臨時性的，可以以電話通知，準備工作亦較爲簡單。

2.行政會議：也可稱爲討論會，規模較大之單位同仁之會議，通常在單位之會議室中舉行，這類會議，事先應發會議通知並備提案紙，

以便準備會議資料。

3.研討會：英文稱爲 Seminars，這種會議都爲研討某項專題而安排，一般會中皆請一兩位專家演講與會議有關的題目，舉辦研討會都有研討發展的意義，學術性質較爲濃厚。與會的專家多半會爲參加會議者解答或剖釋某些有關問題。

4.演講會：會議的範圍可大可小，視主辦單位而決定，演講會都正式邀請一位主講人演講某些專門問題。

5.記者招待會：爲某些目的或事實之需要而舉行，通常包括一位或數位發言人，並安排有回答問題的時間。

6.股東會議：是一種商業性的會議,會議方式有些像記者招待會,先報告後發問，但是股東會議之規模多半很龐大，所以事前準備工作應妥善。

7.勞工協商會議：這種會議由工會召開，討論勞工或勞資問題，我國勞資糾紛很少，所以這類會也不常見。

8.電話或閉路電視會議：這種利用電話或閉路電視舉行會議，先決條件必須充分，並要有妥善可靠之安排，我國尙未見此種會議方式。

9.宴會：英文稱 Banquets，如婚禮、慶祝會等規模大而熱鬧，富有娛樂性之聚會，這種宴會式的會議準備之工作煩雜，會中氣氛更爲重要，所以最好是由專門人員來準備。

10.常年大會：一般機構都有這種例行會議，所以可以按照計劃，順利舉行㉒。

附　　　註

❶ 徐筑琴，《秘書理論與實務》，臺北：文笙，民國七十八年，pp.67-68

❷ 夏目通利，陳宜譯，《企業秘書》，臺北：臺北國際商學，民國七十七年，pp.

88-95

❸ 王全祿，《女秘書實務》，臺北：三民，民國七十一年，pp.87-88

❹ 同❸，p.92

❺ 同❶，p.73

❻ 同❷，p.80

❼ 同❶，p.72

❽ 同❶，p.71

❾ 黃俊郎，《應用文》，臺北：東大，民國七十九年八月。pp.255-257

❿ 黃正興，《電報英文》，臺北：文鶴，民國八十年，pp.31-33

⓫ 同❾，pp.264-268

⓬ ，同❿，pp.124-269

⓭ 張錦源，《商用英文》，臺北：三民，民國八十年，pp.457-459

⓮ ，同❶，p.104

⓯ 方有恒，《最新英文秘書入門》，臺北：國家，民國七十七年，pp.24-27。

⓰ 同❷，pp.113-121

⓱ 同❸ p.122

⓲ 陳義明，《現代女秘書實務》，臺北：鄧氏，民國六十六年，p.122

⓳ 同⓲，p.112

⓴ 王志剛譯，《管理學導論》，臺北：華泰，民國七十二年，p.23

㉑ 同❸，P.119

㉒ 同❶，p.114

本章摘要

秘書的事務性工作分爲六大項目：電話之使用與禮儀，電報之使用，約會與訪客之安排，辦公室管理，會議的管理與安排，及主管個

人資料及文稿之管理等。電話之使用與禮儀分二部份：電話之使用；電話禮儀。電話之使用強調電話之種類及接聽的技巧。電話禮儀，分別說明在通話前，通話中，及通話後，應遵守的禮儀。電報的使用分國內與國際電報，分別就其種類、格式與作法來說明，並附有範例以供研習電文寫作之技巧。約會與訪客之安排分成約會與訪客兩方面來討論。約會之安排，先舉出約會的種類有三種：在公司內，在公司外，與宴會等。秘書安排上司約會的原則有四：一、配合上司的工作時間表，二、依約會輕重緩急來安排，三、安排時要酌留彈性，四、迅速處理臨時變更的約會。訪客之安排與約會是相輔相成。訪客的種類有三：公司內、公司外、及未約定的訪客。辦公室管理分成四方面來研討：一、辦公室的清理，二、辦公室的環境佈置，三、秘書個人辦公處所之管理，四、辦公室器具之訂購、請領、管理與維護等。會議的管理與安排，首先對會議下一定義。並分會議的目的，會議的管理，會議的種類，會議的安排分別說明。

習　題　六

一、是非題

（　　）1.正講電話中，旁邊有人急與你講話，應請旁邊人稍待。

（　　）2.對方所要找的人如不在時，可立即掛斷電話。

（　　）3.通完話，儘量等對方掛斷後，再輕放下聽筒。

（　　）4.上司不接電話時，應直接跟對方說清楚。

（　　）5.對方索取公司簡介，是秘書可自行處理的電話。

（　　）6.國際電話直撥號碼是 003。

（　　）7.國際電報(Cable)計費單位是 6 秒。

（　　）8.國際電報(Cable)業務標識，沒有書明是代表書信電報。

（　　）9.辦公室管理，沒有包括植物的處理。

（　　）10.辦公器具訂購、請領、管理與維護都是秘書的職責。

二、選擇題

（　　）1.對方電話聲音太小，應①請再說一遍②直接掛斷③繼續聽下去。

（　　）2.上司拒絕接電話時，要①直接說明②委婉解釋③直接掛斷。

（　　）3.秘書在轉電話時應①對有關單位說明②直接轉不必多言③先道歉。

（　　）4.寫好留言條，最好向打電話者①說謝謝②說留好了③重覆唸一遍。

（　　）5.國內電報可分①十類②十一類③十二類。

（　　）6.主管受顧客邀請去會談是屬於①公司內約會②公司外約會③宴會

（　　）7.對於訪客之安排，秘書應於①前一星期②前一天③前三天提醒上司。

（　　）8.上司在開會，而有約的訪客到時，秘書應①立即通知上司②等上司開完會③跟訪客聊天。

（　　）9.秘書應督導的辦公室清理工作為①安排訪客②辦公桌的清理③接聽電話。

（　　）10.秘書應將常用的物品放在抽屜的①上層②中層③下層。

三、填充題：

1.一般發往國外的電報有三種為：＿＿＿＿＿＿，＿＿＿＿＿＿及＿＿＿＿＿。

2.約會的種類有三為：＿＿＿＿＿＿，＿＿＿＿＿＿及＿＿＿＿＿。

3.訪客的種類有三為：＿＿＿＿＿＿，＿＿＿＿＿＿及＿＿＿＿＿。

4.秘書對時間表的安排有四種為：＿＿＿＿＿＿，＿＿＿＿＿＿，＿＿＿＿＿＿，及＿＿＿＿＿。

5.辦公室管理的管理原則有五：＿＿＿＿＿＿，＿＿＿＿＿＿，＿＿＿＿＿＿，＿＿＿＿＿＿，及＿＿＿＿＿。

四、解釋名詞：

1.叫號電話

2.電話傳真

3.私務電報

4.備忘制度

5.植物的處理

五、問答題:

1.電話的接聽技巧有那些?

2.電話的禮儀有那些?

3.國際電報(Cable),電報交換(Telex),及電報傳眞(Fax)三種電報有何異同?

4.秘書安排約會的原則有那些?

5.辦公室管理的廣義意義爲何? 狹義意義爲何?

6.會議的種類, 依地點來分可分那幾種?

7.會議管理的五要素爲何? 請詳述之。

8.要編排上司的時間表時, 必須注意那些原則?

參考書目

一、中文部份

1. 曾繁康,《中國政治制度史》,臺北: 中華文化事業委員會,民國四十四年八月再版。

2. 李俊,《中國宰相制度》,臺北: 商務印書館,民國七十八年九月版。

3. 徐筑琴,《秘書理論與實務》,臺北: 文笙,民國七十八年八月版。

4. 夏目通利編,陳宜譯,《企業秘書》,臺北: 臺北國際商學,民國七十七年十一月版。

5. Larry Long-Nancy Long,陳棟樑譯, *Computers*,《計算機概論》,臺北: 松崗。民國七十六年

6. 《環華百科全書》,臺北: 環華出版公司。民國七十一年。

7. 《中文大辭典》,臺北: 中華學術院,民國七十一年。

8. 《辭海》,臺北: 臺灣中華書局,民國六十九年。

9. 《中文辭源》,臺中: 藍燈文化,民國七十二年。

10. 《國語辭典》,臺北: 臺灣商務,民國七十年。

11. 方有恒,《最新英文秘書入門》,臺北: 國家,民國七十七年。

12. 黃俊郎,《應用文》,臺北: 東大,民國七十九年八月。

13. 張錦源,《商用英文》,臺北: 三民,民國八十年。

14. 桂馨一,《政府與民間文書》,臺北: 三民,民國七十七年。

15. 葉添水,《中文電腦入門與 PE 3》,臺北: 基峯,民國七十九年。

16. 王全祿,《女秘書實務》,臺北: 三民,民國七十一年。

17. 黃正興,《電報英文》,臺北: 文鶴,民國八十年。

18. 陳義明,《現代女秘書實務》,臺北: 鄧氏,民國六十六年。

19.王志剛譯，《管理學導論》，臺北：華泰，民國七十二年。

20.黃炎菊，《英文打字》，臺北：東大，民國七十八年。

二、西文部份

1. *ENCYCLOPEDIA AMERICANA*, NEW YORK: AMERICAN CORPORATION, 1959.

2. Emmett N. Mcfarland, *Secretarial Procedures*, Reston: Prentice -Hall Int, 1985.

3. Beamer, Hanna, Phopham, *Effective Secretarial Practices*, Cincinnati:South-Western Publishing Company, 1962.

4. *New Standard Encyclopedia*, Chicago:Standard Educational Corporation, 1989.

5. *Encyclopedia International*, Canada:Lexicon Publications, Inc. 1980.

6. *Webster's Third New International Dictionary*, 臺北：新月圖書, 1967．

7. *The Random House Dictionary of the English Language*; 2nd ed.,New York:Random House, 1987．

8. Albert C. Fries and others, *Applied Secretarial Procedures*, New York:Mc Graw-Hill, 1974.

9. Himstreet Baty, *Business Communications*, Boston:PWS-KENT, 1990.

10. Wendy Harris, *English for Secretaries*, Taipei: Crane, 1982.

第六章　秘書的事務工作(續)

第五節　會議的管理與安排

會議的管理與安排可分七小節來討論：

一、會議的定義

二、會議的目的

三、會議的管理

四、會議的種類

五、會議的安排

六、會議文書

七、會議管理與安排的關係

五、會議的安排

會議的安排，依照上司所扮演的角色，可分兩方面來探討：客人和主人。

客人和主人的立場是截然不同的；當上司僅是客人，應邀參加會議時，秘書只要先登記好時間，替上司準備好資料，並提醒他準時依約赴會，即告完事。如若上司是主人——籌備會議的主持人或擔任會議的主席時，則秘書便須細心謹慎地扮演好這重要的角色，以做好會

議的安排。會議的安排影響會議的成功與否。管理學界有一句膾炙人口的名言，可供參考：最好的控制便是避免失去控制！爲了避免對召開的會議失去控制，秘書應妥善做好會議的安排工作。

會議的安排工作可分下列三項目：

　　㈠會前準備

　　㈡會中任務

　　㈢會後工作

㈠會前準備

　　會前的準備工作至少包括下列九項：❶

　　1.會議目標之確定

　　2.依會議管理的五要素來編組

　　3.與會者之遴選

　　4.會議時間之選擇

　　5.會議地點之選擇

　　6.會議設備：資料、會場設備、佈置及餐食供應等

　　7.議程之擬定

　　8.會議通知之派發

　　9.開會前之最後審視

以下逐項討論：

　　1.會議目標之確定

秘書在著手安排會議前，必先請示上司以確定會議的目標，作爲安排之指針。良好的會議目標應符合下列四項要求：

　　⑴會議目標必須用書面列明——用書面列明會議目標之優點爲：第一，有助於目標內涵之澄清；第二，書面目標較不容易被遺忘；第

三, 當目標種類繁多時, 以書面訂下有助於統合它們之間的潛在矛盾。

　(2)會議目標必須切合實際——所謂切合實際, 即指具有達成的可能。不必好高騖遠, 由切合實際, 能達成的目標著手。例如, 討論「如何淨化全球」, 則嫌太大而不切實際;「如何淨化台北」或「如何淨化本公司」較具達成的可能性。

　(3)會議目標必須具體而且可以衡量——含糊籠統的目標極難充作行動的指南。例如, 某單位主管因感到該單位產品不良率過高, 而決定開會研討降低產品不良率之方案。倘若秘書將會議目標訂爲「探討如何降低產品的不良率」, 則不太具體; 如改訂爲「探討如何在十月底之前令產品不良率由目前的5%降低至3%」, 則較具體且可以衡量。

　(4)會議目標所表明的必須是「應達成什麼」, 而非「應做什麼」——即是要以成果爲本位, 而非以途徑爲本位。例如, 會議目標如訂爲「向員工宣導新的告假程序」, 只表達應做什麼而已; 但如果訂爲「令員工了解新的告假程序」, 則會議目標所表明的「應達成什麼」就很明顯了。

　2.依會議管理的五要素來編組

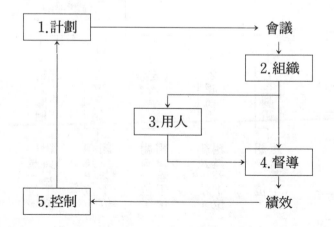

　　會議管理五要素爲：計劃、組織、用人、督導及控制。

　　計劃與目標是關係密切的。訂好目標後，就必須計劃如何來實現目標。計劃程序的步驟爲：❷

　　⑴定義組織的領域

　　⑵定義特定的目標

　　⑶奠定計劃實行的依據

　　⑷發展可行方案

　　⑸決定一個計劃並執行它

　　在目標訂妥及計劃程序做好之後，秘書的工作即是把組織架構列出。在訂定組織架構時，必須考慮下列各點：❸

　　⑴決定要做什麼事：開什麼性質的會議。

　　⑵劃分部門：指派工作，分組負責。

會議組織圖如下：

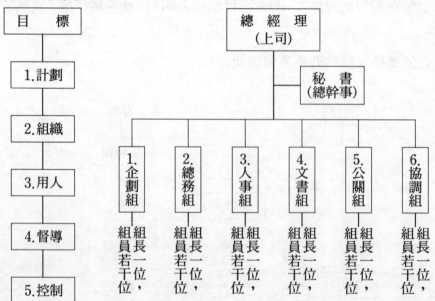

⑶決定如何獲致協調：各組必須互相協調才能使會議順利進行。

⑷決定「控制輻度」(Span of Control)的大小：即決定各組長的權限。

⑸決定授權的範疇：決定各組權限。

例如，那些事情可由各組自行決定，那些必須經由組長報告上級，那些是必須經由祕書轉呈上司的。

⑹畫出組織圖，當工作分派完畢，祕書必須將組織圖(Organization chart)呈報上司核准。

由以上圖得知在總經理領導下，由祕書統籌一切，祕書爲總幹事。下設六組：企劃、總務、人事、文書、公關、協調等。各組設有組長，領導底下組員，分別負責各組的工作。各組任務分別說明如下：

組　名	任　　務
1.企劃組	負責全盤企劃工作
2.總務組	負責總務、會計、出納、採購等工作
3.人事組	負責人員聘用、調配等工作
4.文書組	負責文書製作、文宣等工作
5.公關組	負責公共關係、接待等工作
6.協調組	負責組與組間之協調及督導、控制等工作

3.與會者之遴選

會議目標設定妥善並完成編組後，緊接著便是決定與會者之人選。與會者之名單一般是由上司提供給祕書，或者祕書主動請示上司以決定與會者之人選。在決定與會者之人選時，祕書可提供下列三原則以供上司參考：

⑴對達成會議目標有直接業務關係者：邀請直接業務相關人員參

與會議，除有利於會議的進行外，並有助於達成會議的目標。直接業務相關人員包括上級單位及下級單位，以及其他直接相關單位。但以直接相關爲原則，最好能採取「寧可邀約，而不排斥」的原則，以免遺珠。例如，會議名稱爲「如何在本年十月底前完成自動包裝設備」，直接業務相關單位爲生產部、包裝部、維修部、會計部等。其相關經理及主管一律參加。

(2)對達成會議目標有潛在貢獻的人：有潛在貢獻者，即是非與業務直接相關，但對於會議目標之達成有潛在貢獻能力的人。例如，以「如何增加生產量10%」爲例，直接業務關係者爲生產部；而潛在貢獻者爲業務部及研究發展部門（R & D Department）*。其相關人員可列入與會者遴選之考慮。

(3)能夠因參與會議而獲得好處的人：秘書可控制人數。讓這些人參與會議，固然有助於會議功能的發揮，但如果人數太多，可不必邀請他們參與，而在會議之後，將開會的結果通知他們。這類人員，包括公司裏或公司外，對於討論之主題有興趣並與切身業務相關者。

一般管理者所公認的較理想與會人數，是五個人到七個人。因爲在這樣的人數之下，不但溝通不致發生困難，而且與會者普遍擁有最多的參與機會。倘若與會人數甚多，譬如多至二十人以上，秘書可建議上司視實際需要而採分組討論方式，處理各種議案。

4.會議時間之選擇

秘書在替上司選擇會議時間時，首先應該考慮的便是上司自己的時間——此即能令上司獲致充分準備以及方便作息的時間。會議時間必須包括起迄時間，以利上司控制會場。

* R & D Department 中的 R 爲 Research，D 爲 Development，合稱研究發展部門。

5.會議地點之選擇

秘書在與上司研訂會議地點時，一定會先考慮到會議的性質、大小、人數、與會人員組成，是否有餐點的招待等因素。如果參加會議的人少，也沒有午、晚餐的招待，這種會議就可以選擇公司內之某一會議室舉行，甚至向其他機構商借會議廳舉行。假如會議需要一個較大的場地，優雅的佈置，方便的地理位置，週到的服務，而機構本身不能提供，就應該及早安排一個合適的場所，以便會議如期舉行。

會議地點之選擇，至少應顧及下列七個條件：

(1)場地必須有空檔且可供使用。

(2)場地必須夠大以便容納與會者及視聽器材。有人認為平均每一位與會者若能擁有六平方英尺的空間，才算理想。

(3)必須擁有包括桌椅在內的適當傢俱。會議時間愈長，所使用的桌椅愈應令與會者感到舒服——不過，卻不應該令與會者舒服到無心開會的地步。

(4)必須擁有充足的照明及通風設備。

(5)必須能免於聲音、電話、訪客等干擾，以防與會者分心。

(6)必須令上司及與會者感到方便。

(7)成本必須低廉。❹

6.會議設備：資料、會場設備、佈置及餐食供應

(1)資料：

機構內部小型或例行會議，僅備簡單的報告或議案即可，規模大而正式的會議，資料的準備務必完善，如會議請有特別演講人，應事先為其準備充分之資料，諸如演講人傳略、經歷、照片等個人資料一方面可以使與會者事先有所認識，另一方面也可提供印製宣傳、海報等資料。其他會議報告，主講人講稿，論文宣讀之文稿，也儘可能裝

訂成册，如有紀念品，餐券或其他有關資料，亦應以封袋一併裝妥，配以參加會議者名牌，開會報到時逐件分送。資料準備充分者，往往僅看資料就可得知會議大概，使與會者得到莫大的方便。

(2)會場設備：

會場準備是開會前重要的工作，除了固定需要準備的項目外，對於開會時可能的需要，亦應預爲準備，以便隨時提供服務。

會場準備可分以下數項：

①桌椅座次之安排：根據參加會議的人數，安排會議桌椅排置之方式，座位務必要夠，同時可在後方放置數張準備椅。

②茶杯、煙灰缸：除了數目要夠之外，茶杯是否清潔？同時茶杯最好與所用飲料配合。

③文具之準備：每人前面應有便條紙及筆的準備，對於需要講解的會議，應事先問明需不需要準備簡報架，黑板等設備。

④電器用具：除了一般會議需要的電器設備外，若有邀請演講人，則應打聽其演講時所需設備，最好附一份表格請其將表格內所需設備項目鈎出，更可得到確實之答覆，以便準備。

◉表格內容應包括：

黑板、講台、黑板架、錄音機、唱機、電影放映機(規格)、投影機(O. H. P.)、幻燈機、麥克風（幾支）、操作人員、其他設備等等。最重要的是開會前一定要檢查所備電器用具是否靈敏，大小尺寸是否配合，絕對不可造成使用時發生故障情形。

表格範例如下圖：

會場設備明細				
會議名稱:				
主辦單位:			負責人	
協辦單位:				
名　　稱	單位	數量	規　　格	備註
▲一般設備────────				
桌子	個			
椅子	個			
黑板	個			
黑板架	個			
講台	個			
茶杯	個			
煙灰缸	個			
▲文具────────				
筆	支			
便條紙	本			
▲電器用品────────				
錄音機	台			
錄放影機	台			
唱　機	台			
投影機(O.H.P.)	台			
電影放映機	台			
幻燈機	台			
麥克風	支			
：				

⑤指標之設置：特別是有外賓之會議，各項指標一定要正確的安放在合適的位置，會場過大有分區的，可適當安排帶位之人員，負責帶位或做臨時服務工作。

⑥衣帽間：會場應有放置衣帽的處所，人多的場合設衣帽管理處，請專人管理。

⑦活動餐車：會議人數多，地方大，最好有小型活動餐車，以便送飲料、茶點，較爲方便省事。

⑧會議室之燈光、溫度在開會前做適當的調整；沒有空氣調節的房間，一定要考慮到空氣流通問題。

⑨攝影人員之準備：許多會議需要記錄照片或是與會人員攝影留念，應事先請好專人負責攝影，並安排妥善時間，以免影響議程的進行。

⑩演講人之接送安排，若不必派人接，應詳細告知開會地點，以便演講人有充分的時間可以及時到達會議場所。❺

(3)會場佈置：

會場佈置得當，可提高與會者的情趣，醞釀和樂愉快的氣氛，增進會議的績效，非常重要，不可忽視。大機關會場的佈置，多由總務單位負責，中小型的公司則由秘書協助進行。

⊙較正式的會場佈置應注意的事項是：

▲主席臺一般放於會場的前方，以能掌握全會場爲原則。

▲簽到處設於會場進門處，或其他適當處所，並預置服務生。

▲會議桌椅的擺設，配合會議的性質和出席人數。最好事先排好座位。

▲準備名條，供與會者佩帶，以便互相認識，如果彼此已經很熟悉，就無此必要。

▲準備錄音機及各種電器設備，如電扇、麥克風等。

▲擺設黑板、板擦、粉筆及烟灰缸。

▲在主席臺上、會議桌上或會場適當地方，陳設插花或盆景，以增加
　情調。

◉會場佈置方式：

　　會場佈置的方式，應考慮會議之性質及與會人員之多寡。一般會
場佈置可分下列三類：

　　①提供資訊類：

　　倘若人數眾多，則以不設桌子的戲院式安排（如圖1）或擺設桌
子的教室式安排（如圖2）較為理想。

主席的位置　　　　　　　　　　　　主席的位置

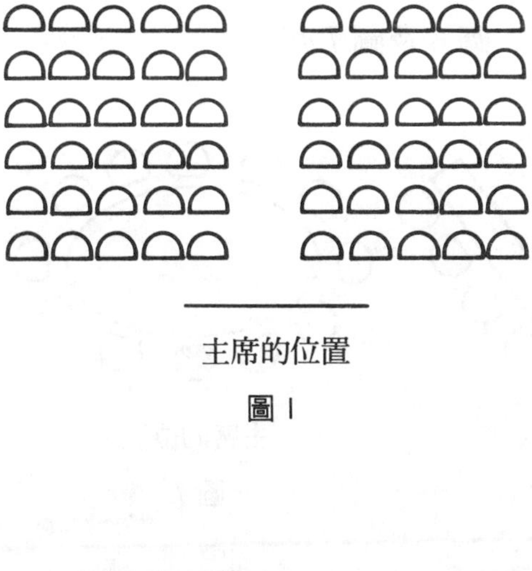

圖１ 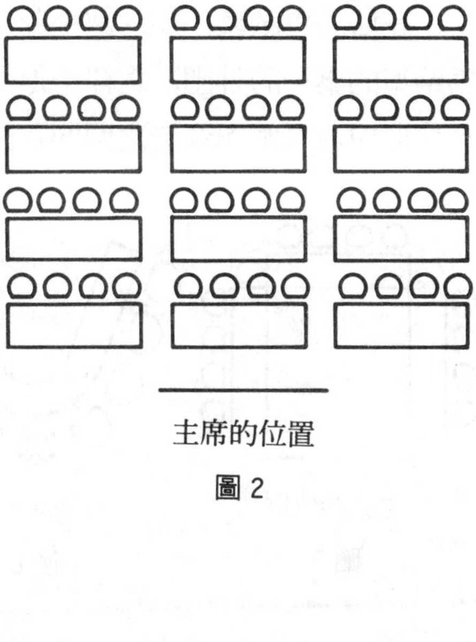　　　　　　　　　　　　　　　圖２

　　②解決問題類：

　　在解決問題的會議裏，假如人數不多，最理想的安排則是讓每一
位與會者均環繞桌子而坐，這樣可方便每一個人跟其他的人進行多項
溝通。（如圖３與圖４）。

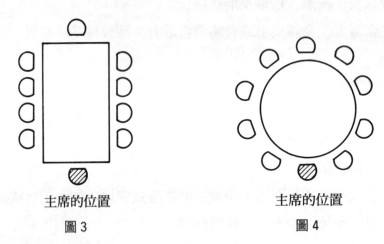

主席的位置　　　　　　　　　　主席的位置

圖 3　　　　　　　　　　　　　　圖 4

③培訓會議類：

　　在培訓會議裏，如人數不多，則可按圖 5 之方式，令與會者坐在馬蹄型的桌子的外圍，這樣不但便於與會者與主席之間的溝通，而且也便於與會者跟與會者之間的互動。圖 6 及圖 7 亦同。

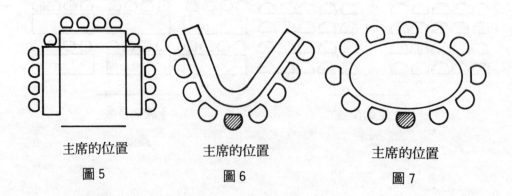

主席的位置　　　　主席的位置　　　　主席的位置

圖 5　　　　　　　圖 6　　　　　　　圖 7

　　但若人數眾多，則最好是按圖 8 與圖 9 之方式，將與會者分成若干小組，每一小組各聚在同一桌子周圍。這種安排的好處在於方便分組討論及綜合討論。❻

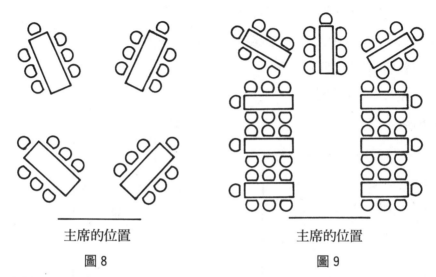

主席的位置　　　　　　　　　　　主席的位置

圖 8　　　　　　　　　　　　　　　圖 9

⑷餐食供應

　　餐食包括餐點及飲料。會議中的餐點飲料，應視會議的形式、時間的長短及出席人數的多寡而定，儘量符合大家的口味。如果會議進行中間有片刻的休息時間，宜考慮準備咖啡、點心。如果會後有餐會或晚宴，應事先和餐廳連繫，訂妥份量和內容，並告知與會的人員。一般而言，除非是較長的會議(超過 1 ½ 小時的會議)，否則儘量不要提供茶點，以防與會者分心。❽

　　有餐飲的會議應注意下列事項：

▲進餐人數要與餐館做最後之核對。

▲食物的準備是否適合當地的季節。

▲使用那些餐具、盤子、餐巾紙、餐巾、各種杯子，都儘量準備充分，
　並最好同一花色。

▲休息時間是否與餐飲時間配合。

▲會場附近是否有合適的地點可以利用？

▲餐桌之佈置，是否需要鮮花、枱布，或其他裝飾？

▲休息時間場地之清理佈置，休息後之清理恢復。

▲席次安排。（中西式宴席座次安排如下表。）

⊙中餐座次安排如下：❾

　　A. 二桌排列法

ⓐ橫排

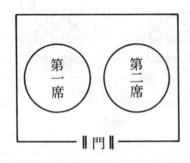

ⓑ直排

　　B. 三桌排列法

ⓐ品字形

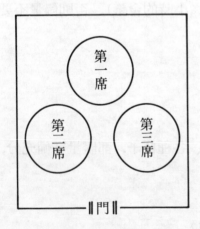

ⓑ一字形

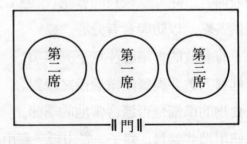

ⓒ鼎足形

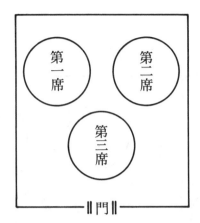

C. 四桌排列法

ⓐ正方形

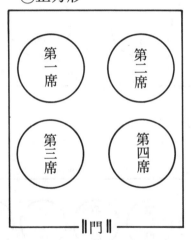

ⓑ十字形

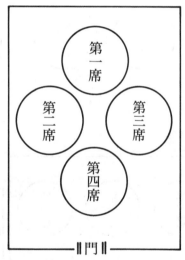

ⓒ三角形

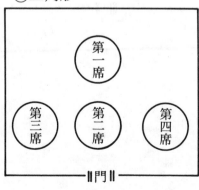

ⓓ一字形

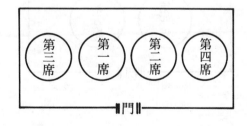

D. 五桌排列法

ⓐ梅花形

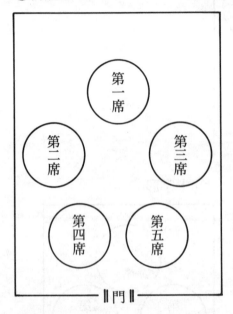

ⓑ放射形

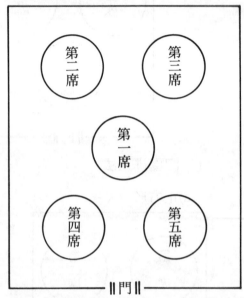

ⓒ倒梯形

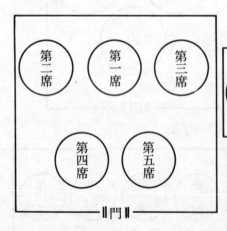

ⓓ一字形

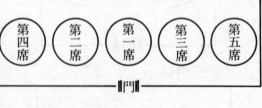

E. 中餐座次安排如下：

ⓐ方桌排法（單一主人）

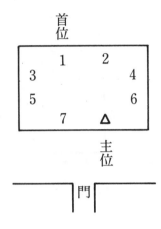

ⓑ方桌排法（男女主人）

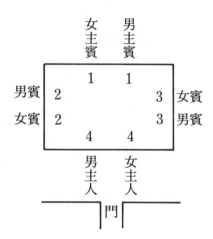

ⓒ圓桌排法（單一主人）

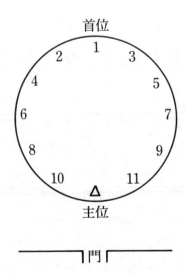

ⓓ圓桌排法（男女主人）

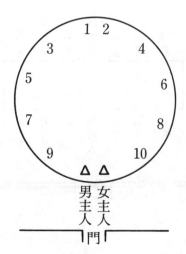

⊙西餐座次安排如下:

A. 第一式:

B. 第二式:

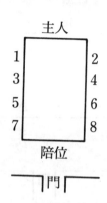

C. 第三式:

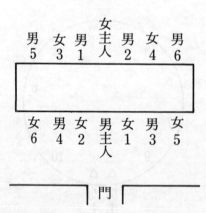

D. 第四式:

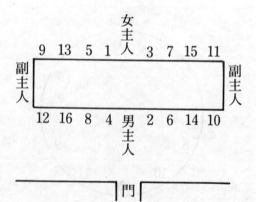

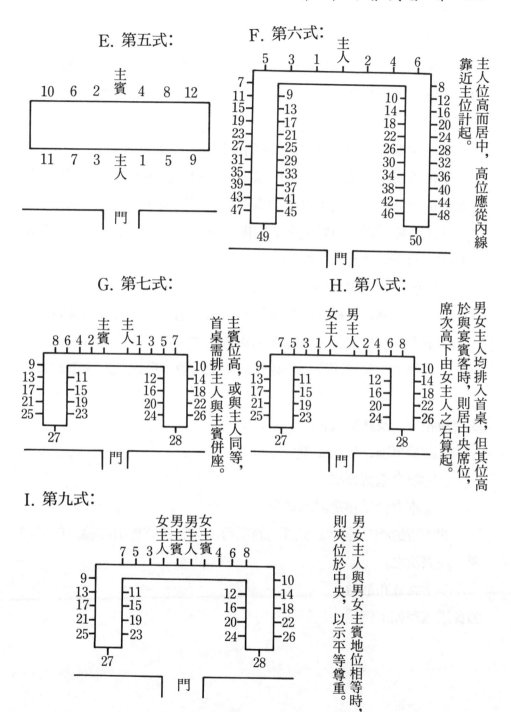

E. 第五式：

F. 第六式：

主人位高而居中，高位應從內線靠近主位計起。

G. 第七式：

主賓位高，或與主人同等，首桌需排主人與主賓併座。

H. 第八式：

男女主人均排入首桌，但其位高於與宴賓客時，則居中央席位，席次高下由女主人之右算起。

I. 第九式：

男女主人與男女主賓地位相等時，則夾位於中央，以示平等尊重。

7.議程之擬定

顧名思義，議程即是會議的程序表。議程所涵蓋的除了足以達成會議目標的各種議案之外，尚包括與會者姓名、會議時間以及會議地點等項目。

秘書在編排議程的時候，最好能遵守底下兩個原則：

(1)依議案的輕重緩急，依序處理：這即是說越緊要的事項越應排在議程的前端處理，越不緊要的事項則越應排在議程的後端處理。

(2)預估每個議案所需處理的時間，靈活運用：標示出各議案所需的時間，預先做好安排。❿

一般的會議議程包括下列七項：

(1)簽到：與會人員在門口處簽到，領取相關的資料及名牌等。

(2)主席致詞：主席宣告開會，報告出席人數，宣告會議議程。

(3)宣讀上次會議記錄：由秘書宣讀上次會議所做成的會議記錄。

(4)報告事項：各有關單位主管報告上次決議案執行情形；委員會或委員報告，及其他報告。

(5)討論事項：包括二項：

　　①前會遺留事項

　　②本次會議預定討論事項

(6)臨時動議：臨時需要討論的項目，可於此時提出討論。如果需要，並表決之。

(7)主席宣布散會。

⊙會議議程如下例：

項次	程序	主持人	使用時間	備註
一	簽到	秘書	10:00~10:10　十分鐘	
二	主席致詞	董事長	10:10~10:15　五分鐘	
三	宣讀上次會議記錄	秘書	10:15~10:20　五分鐘	
四	報告事項	各有關單位主管	10:20~10:40　廿分鐘	如附件
五	討論事項	董事長	10:40~11:40　六十分鐘	如附件
六	臨時動議	董事長	11:40~11:50　十分鐘	
七	散會			

（全銜）　○○○　會議議程　　　年　月　日

8.會議通知之派發

會議性質、地點決定後，應整理參加會議者名單，以便及早發出開會通知。通知內容應包括會議地點、會議日期及時間、會議性質及所應携帶資料，若為準備方便可附回條，以便統計人數。

會議通知單可以用書函式或表格式為之，如下附表：⓫

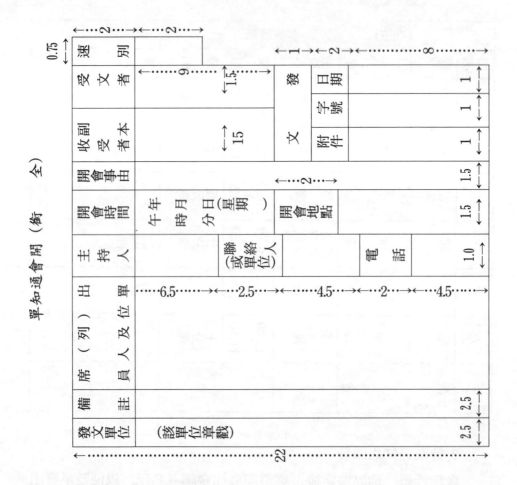

9.開會前之最後審視

　　不論對會議的規劃有多詳盡，不論對會議的準備工作有多週全，倘若在開會前，秘書對會場不作最後的審視，都可能會功虧一簣。墨飛法則(Murphy's Laws)之中有一則很警惕性：假如有任何事情可能出紕漏，則一定會出紕漏，而且就在最不應該出紕漏的時候出紕漏。基於此，在開會前的半個小時至一個小時，秘書最好是親自或是派人到會場審視底下要項是否作妥：

核對	編號	項　　　　　　　　　目
	⑴	座位是否按原定計劃編排？
	⑵	視聽器材是否準備妥當？如用幻燈機或投影機，則其焦距是否已事先調整妥當？如用放映機，則其焦距、音量等是否已調妥？如用麥克風，其聲音效果是否事先已調好？幻燈機、投影機及放映機是否已備妥額外的燈泡？祕書自己或是在場的助手是否懂得對視聽器材作簡單的維修工作？
	⑶	會議有關的資料是否齊全？這包括準備會中派發的資料、姓名卡片、紙張、鉛筆等等。
	⑷	點心、飲料、香烟、烟灰缸、毛巾是否準備妥當。
	⑸	簽到簿、名條、記錄簿是否已準備？
	⑹	是否已安排人員拍照？
	⑺	餐館方面再行連繫。
	⑻	必要的時候，再致電與會者提醒他們開會時間及地點。特別是在會議通知已發出去甚久的情況下，開會前的提醒作用，頗能產生實效。
	⑼	請接待人員先到場迎候接待演講來賓或出席人員。
		備註：如已辦妥，請在核對欄作 "√" 記號。

⓬

㈡會中任務

1.秘書的位置

會議中，除非有特殊任務，如主持會議或作記錄等，否則應坐在會場末席，以便應付臨時突發狀況，協助會議順利進行。或者，亦可到會場外的休息室待命。

2.秘書的工作

會議進行時，秘書的工作是：

(1)傳言，接聽電話

(2)飲料，餐點的安排

(3)會議記錄

(4)調派車輛

依以上四點，分別說明如下：

(1)傳言、接聽電話：

除非有緊急事件，否則，與會人士通常不接聽電話。因此，不妨在休息時間，透過擴聲器加以說明，或用張貼要點方式告知參加者。

遇有重要情事，應利用便條傳達。這時，若有座席表就方便多了。因爲，超過百人的與會者，絕不可能全部認識。

(2)飲料，餐點的安排：

在安排飲料，餐點時，應加派人手，動作要迅速、有禮。同時，注意與會人員的表情與動態，以確實掌握會議的順利進行。

(3)會議記錄：

如擔任記錄時，應依下列的格式，詳細完整、清晰、確實、有條不紊的將會議的情形記錄下來；必要時尙需使用錄音機，先行錄下，以免作記錄時有所遺漏。其格式如下：

×××公司××年度第×次業務檢討會記錄

一、時間：×年×月×日上午×時

二、地點：×××會議室

三、出席人員：×××…　　　　四、列席人員：×××…

五、主席：×××　　　　　　　六、記錄：×××

七、報告事項：

　㈠主席報告

　㈡有關人員報告

八、討論及決議事項

　　㈠案由：

　　　　1.說明：

　　　　2.決議：

　　㈡案由：

　　　　⋮

　　　　⋮

九、臨時動議：

十、散會。

　㈣調派車輛：

　　會議接近尾聲時，就應負責調派車輛。這時，最要注意的是，需讓來賓優先於上司；上司固然重要，但對待來賓更不能怠慢、失禮。

　　最好能讓與會嘉賓在會議結束後，一踏出大門，就能看到自己的坐車。若要呼叫停車場時，請用車牌號碼呼叫。假如，在擴聲機裡大聲地說：「○○公司○○董事長的車……」，萬一被敵視此公司的不良分子聽見，恐怕會釀成意外的暴力事件。

　　如果無法呼叫時，可先找到司機，或利用車子的特徵來找車。在替司機安排休息室和招待茶點時，就應告之會議的預定結束時間。❸

㈢會後工作

　　會議終了以後，祕書協助上司向與會者送行並致謝。之後，應立即收拾會場，檢視是否有人遺忘了物品。同時，最好請上司向會場提供者深致謝意。

　　會後祕書的工作有下列四項：

　　1.遺忘物品的處理

　　2.寄發感謝函

3.作成會議記錄

4.開檢討會，爲下一次會議做準備

現分別說明如下：

1.遺忘物品的處理

遇有遺忘物品，應儘快與物主取得聯繫，並商量處理的方式。如果距離十分遙遠，可利用郵包寄送。

如是往來頻繁的對象，在取得聯絡後，可乘業務員到附近辦事之便，儘快將失物奉還。總之，需利用一切可行的途徑，把遺忘的物品送回去。

2.寄發感謝函：

就會議的內容及參與者，斟酌其寄發感謝函的必要性。感謝函的投寄，應爭取時效，要盡早把感謝的心，傳達給對方知道。

3.作成會議記錄：

如果，你被分派作記錄工作，作成會議記錄乃是責無旁貸的事。其內容首重簡潔，並要儘快整理完成；製成會議記錄後，應交予印刷或影印，然後寄給有關人士。

4.開檢討會，爲下一次會議做準備：

會議結束後，若以爲就是大功告成，而不加檢討改進的話，同樣的錯誤，在下次會議仍會再犯。所以，開檢討會是有必要的，而且，可按程序預定表逐項檢討，十分方便、明瞭。

六、會議文書

㈠會議文書的意義與種類

國父在《民權初步》中說：「凡研究事理而爲之解決，一人謂之獨思，二人謂之對話，三人以上而循有一定規則者，則謂之會議。」內政

部訂定的《會議規範》第一條說：「三人以上，循一定之規則，集思廣益，研究事理，尋求多數意見，達成決議，解決問題，以收羣策羣力之效者，謂之會議。」民主政治，可以說就是會議政治，身爲現代的每一個國民，幾乎隨時都有出席會議、召集會議或主持會議的機會，對於有關會議的各種文書，也就不能不加以了解。❶

　　會議文書，就是開會所應用的文書，通常可分爲以下四種：1.開會通知，2.議事日程，3.會議記錄，4.議案。

　　㈡開會通知的作法與範例

　　會議通知有兩種方式：一爲個別的書面通知，即分送各出席人的開會通知。二爲公告週知，即以揭示方式，或刊登於報紙，以公開通知的方式使出席人週知。兩者的方式，雖有不同，但它的內容，都應包括下列各項：⑴會議時間，⑵會議地點，⑶會議性質，⑷參與會議的人應注意事項，⑸被召集者，⑹發出公告或通知的日期。

　　茲將通行的形式，舉例於後：

⑴個別通知
　①條列式

○立○○高商校友會通知　　　　　　　　附件第　　號　字　　年　月　日

受文者：○理事○○

一、茲訂於○○年○○月○○日（星期○）○午○時假母校第○會議室召開理監事聯席會議，商討春節校友團拜暨自強聯誼活動籌備事宜，敬請　準時出席。

二、附送議程暨有關資料計二件。

　　　　　　　　　　　　　會長○　○　○（簽字章）

②三段式

○立○○高商校友會通知

附件　字第　　年　月　日　號

受文者：○理事○○
主旨：請準時出席本會理監事聯席會議。
說明：
一、時間：○○年○○月○○日（星期○）○午○時。
二、地點：母校第○會議室。
三、主題：春節校友團拜暨自強聯誼活動籌備事宜。
四、附送議程暨有關資料計三件。

會長○　○　○（簽字章）

③表格式

審計部○○市審計處開會通知單

受文者	○○市政府工務局			發文	日期	
副本收受者	本處第一、二、三科及總務科（請準備會場）				字號	字第　號
					附件	研討項目詳細表乙份。
開會時間	○○年○月○日（星期○）上午○時○分				開會地點	本處會議室
會議主持人	○處長	主辦單位聯絡人	第○○○科	電話號碼		
出（列）席單位	○○市政府工務局新建工程處 養護工程處 ○○市政府主計處（列席）					
主旨	研討「○○市道路工程路面之規劃、施工、養護、修復及損壞原因」等有關事項。					
備註	請就所附送之研討項目提出詳細資料及改進意見。					
發文單位	審計部○○市審計處					

⑵公告通知

①敍述式（登報用）

光復大陸設計研究委員會公告

中華民國五十九年十二月二十一日
59光秘字第一○八三號

本會第十七次全體委員會議，定於中華民國五十九年十二月二十三、二十四兩日，在臺北市中山堂中正廳舉行，並於大會前一日（二十二日）上午八時至下午六時，在中山堂三樓光復廳辦理報到手續，除分函外，特此公告。

②三段式（張貼用）

○○區○○里辦公處公告　[蓋用]　年　月　日　字第　號

主旨：公告里民大會開會時間，地點及提案辦法，並請準時出席。

公告事項：

一、開會時間：○年○月○日○午○時○分。

二、開會地點：○○○○○○。

三、提案辦法：提案應有三人以上附署，於開會前二日書面送交辦公處。

里長○　○　○

㈢議事日程的作法與範例

議事日程通常由主席或召集人預先擬訂，如係重要會議或規模較大的永久性會議，就由常設的秘書處或程序委員會編訂。

茲將通行的形式，舉例於後：

①條列式

○○縣基層建設研究會成立大會議程

時間：

地點：

項　　　　　　　　　目	時　間	備　　考
一、開會儀式	十分鐘	
二、報告事項		
㈠報告大會議程	十分鐘	
㈡籌備委員會報告籌備經過	十分鐘	另附書面報告

三、討論提案

　　第一號：茲擬訂本會章程草案一種，是否可行，　　五十分鐘　全案另附
　　　　　　請公決案。

　　第二號：本會擬組織考察團，前赴本縣各鄉鎮　　二十分鐘　全案另附
　　　　　　考察基層建設現況，以爲本會計畫改
　　　　　　善促進基層建設之參考，當否？請公
　　　　　　決案。

四、臨時動議　　　　　　　　　　　　　　　　　　三十分鐘

五、選舉理監事　　　　　　　　　　　　　　　　　二十分鐘

六、散會

②表格式

○○大會議事日程

日期 星期 項目 時間		上　　　　　　　　　午				下　　　　　　　　　午				晚　　間
		8.00 | 8:50	9:00 | 9:50	10:00 | 10:50	11:00 | 11:50	2:00 | 2:50	3:00 | 3:50	4:00 | 4:50	5:00 | 5:50	7:00 | 8:50
○月 ○日	一	報　　到		開幕典禮		預　備　會　議				討論章程
○月 ○日	二	討論章程		分組審查提案		討論提案		討論提案		討論提案
○月 ○日	三	首　長 講　話		選　　　舉		討論大 會宣言		閉　幕　典　禮		晚　會
附 註	一、本日程表由大會預備會議通過實施之。 二、本表如有變更由大會秘書處承大會主席團決定之。									

㈣**會議記錄的作法與範例**

依照「會議規範」第十一條規定，開會應備置會議記錄，它的主要項目如下：1.會議名稱及會次，2.會議時間，3.會議地點，4.出席人姓名及人數，5.列席人姓名，6.請假人姓名，7.主席姓名，8.記錄姓名，9.報告事項，10.選舉事項，選舉方法，票數及結果（無此項目者，從略），11.討論事項，表決方法及結果，12.其他重要事項，13.散會(注明時間)，14.主席、記錄分別簽署。以上十四項，可視實際情況而加以增減，並非一成不變。茲將通行的形式，舉例於後：

○○企業股份有限公司員工福利委員會第○次會議記錄

時　　間：民國○○年○月○日（星期○）○午○時

地　　點：本公司交誼廳

出　　席：○○○　○○○　○○○　○○○　○○○　○○○　○○○

列　　席：○○○　○○○

請　　假：○○○　○○○

主　　席：○○○

記　　錄：○○○

主席致詞：略

報告事項：

　　一、員工福利社本年○月至○月業務報告（見附件一）。

　　二、福利社業務繁忙，自本年○月起增聘臨時職員一名，報請追認。

　　決定：准予追認。

討論事項：

　　一、爲增進本公司員工福利，特擬訂本會新年度工作計畫草案(見附件二)，
　　　　提請討論案。

　　決議：修正通過。

二、擬動用上年度業務費節餘金額新台幣○○萬元，移作添購書刊及康樂器
材之用，以充實員工同仁精神生活，提請公決案。

決議：通過。

臨時動議：

○委員○○提：建議利用星期假日舉辦登山活動，以增進同仁及眷屬聯誼，
是否可行？提請公決。

決議：原則通過。推請○○○、○○○籌辦。

散　　會：○午○時○分

（主席簽署）（記錄簽署）

㈤議案的作法與範例

依照「會議規範」第三十四條規定：「動議以書面爲之者稱提案，
提案除依特別規定，得由個人或機關團體單獨提出者外，須有附署。」
提案，卽議案，必須包括：1.案由，2.理由（或作「說明」），3.辦法，
4.提案人，5.附署人。茲將通行的形式，舉例於後：

台北市議會第○屆第○次大會提案

案由：請市政府迅卽籌款興建大型標準體育館以提倡全民體育迎合世界潮流案。

理由：

一、政府提倡全民體育，民間反應亦極熱烈。

二、全世界體育使節訪問之風頗盛，且我國亦常主動邀請外國體育隊伍來華
比賽。

三、外國隊伍來華比賽時，每苦於無有適當場地，勉強湊合應付場面，使外
隊之興趣大減。

四、原有之○○體育館，爲私人所有，規模旣嫌狹小，建築亦已逾齡，管理
則更欠佳。菸酒公賣局之體育館，其規模則更狹小。除此以外，臺北市

則無一場地可作公開比賽之用。

五、臺北市亟需一規模龐大，設備標準之綜合性體育館。此項建築與設備，
　　投資額頗大，非民間財力所能負擔。

辦法：送請市政府辦理。

　　　　　　　　　提案人　○○○

　　　　　　　　　附署人　○○○　○○○　○○○

　　　　　　　　　　　　　○○○　○○○

七、會議管理與安排的關係

　　會議管理的五要素為：計劃、組織、用人、督導及控制。會議的
安排則分為㈠會前準備，㈡會中任務，㈢會後工作等三階段。會議的
安排需要會議管理的五要素來規劃與管理，使之順利進行，圓滿達成
任務。而會議管理也需要會議的安排來推動其目標。會議管理(meet-
ing management)與會議安排(meeting arrangement)的關係如
下：

　　1.會議管理是會議安排的指針：會議管理的五要素——計劃，組
織，用人，督導，及控制，可作為會議安排的指針，用以規劃，管理，
督導會議的順利進行，以增進會議的效率及效能。

　　2.會議安排是會議管理的執行：有良好的會議管理也需要良好的
會議安排來執行其目標，使其付諸實現。

　　由以上可知，會議管理與會議安排互為表裏；需相輔相成，使會
議達盡善盡美。

第六節　主管個人資料及文稿之管理

主管個人資料及文稿之管理，與檔案管理稍爲不同，因它較偏重於主管個人方面的事務。秘書對主管個人資料及文稿之管理，即是發揮其輔佐與管理的功能。首先，必須注意到的是處理資料與文稿的三要領，然後再研討主管個人資料管理及文稿管理。茲分三部份，例舉綱要如下：

一、處理資料文稿三要領，分三點：

　　㈠爭取時效

　　㈡便於取拿

　　㈢去蕪存菁

二、主管個人資料管理，可分下列三點：

　　㈠日程的管理

　　㈡資料的管理

　　㈢私事的管理

三、在文稿之管理方面，亦可分下列二項來說明：

　　㈠文書方面：

　　1.名片、通訊地址的整理

　　2.商品目錄、新聞剪報、雜誌記事及其他

　　3.演講文稿

　　4.私人信函

　　5.錄音帶與錄影帶的整理

　　㈡裝訂的方法：

　　1.用硬紙夾裝訂

　　2.用具

　　3.硬紙夾的裝訂法

　　4.名目的作法

　　5.分類保管的方法

　　在研討主管個人資料及文稿之管理之前，首先來認識一下處理資料及文稿之三要領。

一、處理資料文稿三要領

　　主管個人資料及文稿之管理尤需要以科學化來處理。在處理資料及管理文稿時，秘書必須遵守的要領有三點：❶

　　㈠爭取時效

　　千萬別因爲待理的文件過多，就未每天定時地做一次總整理，這是十分不妥的。過很久時間，才集中一次處理，極可能爲主管帶來不便。因爲，文書通常不是在你有空整理的時候送來的，那麼在忙得不可開交之時，只有任其積壓成堆了。但若因此而錯過或延誤情報的傳達，那損失就可謂大矣。

　　㈡便於取拿

　　當主管索取資料時，應做到立即提供。因此，必須有正確的分類與裝訂，而且，最好能按照裝訂規則處理，然後收存在最適當的地方。

　　反之，若不能將文書做井然有序的處理，在需要時非但翻找不容易，更可能造成損失而毫不自知。

　　各單位共同使用的文書資料，應切實做到人人都可隨時取得的管理方式。

㈢去蕪存菁

爲了做到必要資料隨時便於取拿的整理保管，必須每日捨棄無用的文件。就節省空間、節省成本的觀點看來，這也是非常重要的事。根據調查報告顯示，辦公室內的文件，有百分之五十是可以丟棄的。

然而，秘書經手的資料，大多是機密的重要文件，所以，對其捨棄的判斷與方法，尤須特別愼重。

在無法決定是否應該捨棄時，不妨請示主管或前輩，絕不能有判斷錯誤的情形發生。

二、主管個人資料之管理

主管的個人資料可分㈠日程的管理，㈡資料的管理，㈢私事的管理三點來討論：

㈠日程的管理

隨著企業的需要與擴展，國內企業家每日的工作時間至少都在十小時以上。卽使是下班之後，他們也很難完全置身於公司事務之外；因此，如何將有限的時間做最有效的運用、發揮，便是企業家穩操勝算的最佳籌碼了。

秘書的任務在輔佐主管，那麼使主管的工作時間能作有效的使用，則是刻不容緩的職責所在。秘書如何克盡其職的圓滿達成任務，我們將歸納爲三方面加以闡明、討論：⓰

1.約會的安排

2.差旅的安排

3.會議的安排

以上三種安排可用(1)桌曆(2)週曆記事簿(3)袖珍型週曆記事簿（如附圖1、2、3）來登記處理。新式的管理方式則是用簡單手提式的 PC

（Personal Computer）（如附圖 4）來處理，以增加儲存的項目，並能與業務相關項目，作適當的查閱，分析，處理，以增加行政效率。

圖 1 桌曆

圖 2 週曆記事簿

圖 3 袖珍型週曆記事簿

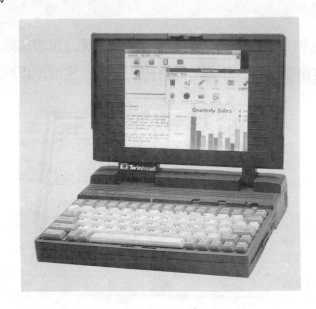

圖4 簡單手提式 PC 個人電腦

秘書如在爲多位主管安排約會、差旅、會議時可適用下列表格：
(圖5)

APPOINTMENTS
Tuesday, October 9

	Adams	Bell	Hanks
8: 00			
8: 30			
9: 00			
9: 30			
10: 00			
10: 30			
11: 00			
11: 30			

1：00		
1：30		
2：00		
2：30		
3：00		
3：30		
4：00		
4：30		

圖5　　爲多位主管安排行程日曆表

1.約會的安排

　　主管事先約定時間地點與特定人見面商談聚會等都需要祕書的安排。此處所謂特定人包括顧客、同事、部屬、親朋好友，或者甚至主管的上司等有關人士。他們約會的目的，可能是聯絡情誼、解決糾紛、增進溝通、買賣交易等不一而足；而這些約會活動尤其需要祕書盡心妥善的安排，才能使賓主盡歡，發揮約會的功能，達成任務。

　　祕書通常用桌曆，如前圖1，來記載熟識的人名及公司名。在把約會的人、地、時登記在日曆上後，祕書同時尚需把約會的人名，公司職稱，日期，及相關資料，用打字打在 3″×5″（英吋）卡片上，如圖6，然後把卡片放在備忘檔盒中，如圖7，以利查閱。卡片應放於約會日的前一天日期中，以便先提醒主管。然需依會議的性質而調整。例如，如果主管需要在七月十八日開會前先閱讀有關的報告，則祕書需把卡片放在七月十五日，以便使主管有足夠的時間來準備。另外，必須記住，約會細節也需要記錄在主管的約會簿中，以爲參考。

Ann Doerhoff(pronounced Dear- hoff) Represents the Donley Equip- ment Company. Wants to discuss the lease of the copying machine illustrated and explained in the attached promotional material.	安・笛阿福 代表唐利事務機器公司 想談影印機租約之事。詳如附上之文 宣資料。

圖6　3″×5″資料卡

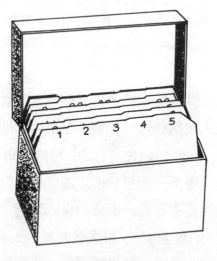

圖7　備忘檔盒

2. 差旅的安排

　　商場中的各種活動是瞬息變化萬端，非波平浪靜，故主管絕不能完全日復一日地守在辦公室中。因此，主管有時爲了公司業務上的需要或個人的喜好興趣，必須遠離工作場所到外地出差、旅行、觀光、考察、視察及接洽業務、調查市場或出席國際會議。諸如此類的這些

活動，祕書都需要爲主管做完善的安排，使他能夠旅途愉快、順利。

⑴差旅前

主管動身之前，祕書應辦理的事項有：

①安排行程表——表上要列出每日的行程，交通工具，抵達、離去的時間，約會的對象、地點與時刻，住宿的處所及有關的資料。(如附圖8)

主管旅行行程表			年	月	日至		年	月	日
日　　期	出發地	到達地	交　　　通	離開時間	到達時間	旅　館	拜訪公司		
5月12日 (星期日)	臺　北	洛杉磯	CAL102	2：00PM	23：00PM	Hilton 205	Epren Co. (Mr. George) 25, 15th Ave. (571-6534)		
5月13日		洛杉磯				Hilton 205			
5月14日	洛杉磯	舊金山	U.A.201	8：00AM	9：00AM	Hddy In 306	Mobon Co. (Mr. West) 156, 19th Ave. (735-6534)		

圖8　主管旅行行程表

②辦理簽證手續——即爲主管申請入出境與護照，並預購飛機票等；目前這些手續大多數均委任旅行社代辦，祕書僅須提供基本資料和文件供旅行社參考辦理。

③準備資料——要週全地爲主管準備好他在差旅活動中所需要使用的業務資料、文件及文具。

④請示業務處理的原則——雖然主管要差旅到外地，但公司的業務仍須照常而不宜停頓；因此，祕書要主動請示主管：當他不在時，

各種業務應作何處理，請其做個指示也好代爲行事，以免影響到公司的業務。

(2)差旅中

主管到外地差旅時，秘書除留守辦公室處理日常工作外，還應：

①聯絡或轉遞重要事件——主管差旅外地時，如有重要事情需主管親自處理，或緊急函件須親自過目時，應隨時予以聯絡或轉遞。

②摘要公司業務處理的概況——秘書應將主管外出期間，公司重要業務的處理概況，扼要摘記下來，並作有系統的整理，俾使主管回到公司後，卽能瞭解全盤狀況，以免對公司有業務中斷之感。

(3)差旅後

當主管結束差旅活動返回公司上班時，秘書應：

①將業務摘要向主管報告並呈閱——將主管外出期間所作的有關業務處理之摘要，提出書面報告，必要時應作口頭補充說明。

②替主管寫謝函——凡是主管差旅期間接受招待或叨擾過的人，秘書均須分別函謝。

③讓主管有充分休息機會——當主管差旅初返時，每因旅途勞累或時差關係，亟須充分的休息；雖是主管不在期間，公司有很多事情留待處理；秘書還是應分辨輕重緩急，儘量辭退訪客，協助主管早日恢復正常工作。**⓱**

3.會議的安排

(1)會議的意義和目的——公司、機關或某些團體，爲某種目的召集有關人員在一特定的時間地點、依既定的程序集會討論，這種活動就叫會議。會議是處理公共事務、解決公共問題最佳的方法之一。

在工商界經常召開的會有：早報、定期業務會報、主管會報及其他等。

會議必有一些結論，也就是要達到某些目的，決不可開沒有結論的會議，會議如果沒有獲致結論，只有浪費時間、人力、物力而已。

(2)祕書對主管個人資料之管理

在會議方面，祕書對主管個人資料之管理可列述如下：

● 提供將與會者名單。

● 收集與主題相關的資料及檔案，如報章、雜誌等。

● 由其他主管及單位收集關於會議的資料。

● 備妥相關的卷宗、文件等。

● 擬定主管的講稿。

● 擬定主管的發言條，以供參考。

● 研判可能會提出的臨時動議。

● 會議所需之報告及文件，先請主管過目。

● 會議後，做出記錄摘要，以利主管閱讀。

㈡資料的管理

主管所需的資料一般由祕書負責管理。資料大致可分為：一般共同使用及私人所用兩種。就管理的手續和有效運用的層面、空間而言，人人握有一份相同的資料，無疑是一種浪費。所以有些資料，只要祕書擁有乙份並妥善存放，當主管需要時，祕書立即提供，以增加效率。

祕書負責管理的資料，可分三類：1.祕書業務一般資料，2.主管個人的資料，3.祕書個人的資料。

1.祕書業務一般資料：

(1)檔案及公司內部之規定文件

公司裡的文書，應按既定的「文書保存年限表」或「文書廢棄基準」，決定其十年或五年不等的保存期限。另外，各部門也有必須保管的資料。

例如：公司內部的「股東大會通知」、「營業報告書」、「決算表」等皆是。

⑵公司裡的業務參考資料

例如各種規定、規章、業務手册、餐廳、飯店的略圖、汽車路線圖、公司簡介與董監事的資歷等。

2.主管個人的資料：

⑴主管的個人家庭資料：

●主管的身份證字號、出生年月日、籍貫、血型等

●銀行存款帳號及所使用的圖章

●汽車牌照號碼

●主管家人的生活狀況

●應繳稅單的到期日期

●主管的健康狀況

⑵主管的親朋好友資料：

●親戚的姓名及詳細資料

●好友的姓名及詳細資料

●親朋好友的來往信件存檔管理

3.秘書個人的資料：

⑴主管指示的資料：

如果主管能全部指示，那是最好不過了，但是，很少有主管會這麼做，若因失去指示，就無法蒐集資料，那真是有愧於秘書的職責。再則，反覆的口頭請示，不但很難找到合適的時間，同時，也是在浪費主管的時間。因此，仔細標好與主管有默契的暗號，或檢閱累積裝訂的月報等，都有助於工作的進行。

⑵關於主管處理的業務：

諸如，往覆書信、原始報告書；以主管的名義所發行的文書；目前，由主管經辦事宜的進度；以及委託其他部門處理的來信影印等皆是。

⑶祕書個人的蒐集

蒐集對主管的業務，具有參考價值，或上司所關心的事項的雜誌影印、剪報等，凡經上司過目，認為日後仍有利用價值者，應予以妥善保管。

再則，蒐集與主管交情頗深者的新聞、相關團體、健康和嗜好等資料，以利主管推動公關。

此外，若能將主管所經辦的業務、必須參考的經濟資料、市場動向、國外新聞、其他公司事例、世界動態以及流行趨勢等情報，正確地加以整理保管，那麼，就稱得上是能幹的祕書了。

㈢私事的管理

有時候，祕書也需要負責主管私事的管理。雖然是小事，祕書仍需要以敬業的態度來處理，以慎重小心，積極有效的方法來管理，減輕主管的負擔，增加自己工作的效率。一般常見的私事管理有：

1.稅金繳納：祕書需牢記主管應繳的稅金的日期及金額，以免過期遭罰款。常繳的稅金有地價稅、房屋稅、所得稅、營利事業所得稅等。帳單方面有電話費、瓦斯費、水費、電費等。祕書需將細節登記於日記簿中，可預先通知主管，及早做準備。

2.執照更新：如汽機車駕照的更新，公司執照及進出口執照之變更等，都應隨時密切注意。

3.接待親人：主管的親人來訪，祕書偶而負責接待，須注意禮節，使賓至如歸。

4.照顧小孩：有時祕書協助主管接送小孩上下學，妥善照料。

5.上街採購：替主管上街購物有時也是秘書額外的任務。這時可要注意帳目要清楚，並在購物時記得索取收據、發票，以爲報帳。

6.交際應酬：應客戶的要求，或者爲洽談生意，秘書也必須負責安排處理主管的交際應酬活動，以增進主管的公共關係。

三、文稿管理

㈠文書方面

1.名片、通訊地址的整理：

⑴整理名片的用具

市面上售有整理簿與整理盒兩種。整理簿是在硬紙板上，有幾個口袋，通常每頁可裝進 3～9 張名片。它具有一覽性，易於分類整理，以及一目了然的優點。

整理盒就能裝進較多張名片。裝餅乾或化粧品的空盒，若大小適中，也可做爲整理盒使用，只要附上標籤，按部首整理，亦能便於查閱。

⑵通訊錄

市面上可買到的有帳簿形式，將卡紙以活頁裝訂的方式，以及卡片方式等，其中訂成一本的帳簿形式，遠不如活頁和卡片式來得方便。

因爲，在住址變更、分類變更或分別抄錄姓名時，帳簿型式都有不便使用的缺點。另外，常見到有人自己設計格式，影印後再用硬紙夾裝訂使用，這也是可行的辦法。

⑶名片與通訊地址的整體管理方式

使用活頁式的名片簿時，可將賀年片或通知地址變更的明信片等，剪成名片一般大小；或者抄記在另一張名片上，然後放進同一口袋。此乃既簡單又方便的實例。

⑷注意名片與地址的內容

整理保管的方式，所講求的是便於使用，其實，最重要的還是內容。因昇遷所造成的職位變更、地址變更等，都應及時加以修正，讓內容常保持在最新的狀態下，這也是秘書份內的工作。**⓲**

2.商品目錄，新聞剪報，雜誌記事及其他：

不屬於普通文書的資料，礙於形狀、大小、紙質、分量的差距，整理保管起來十分不易。所幸，新型的裝訂用品層出不窮，因此，最好能經常到文具店去逛逛。

⑴附紙張的塑膠資料袋

這種活頁式的塑膠製資料袋，不但適合於裝訂打孔的文件，另外，對寫上毛筆字的宣紙或文件；形狀不規則的小型資料，以及，從雜誌剪下的長達數十頁之多的記事等，都能妥為保管收存。

⑵新聞剪報

可採用彩色硬紙夾，如附圖 9，然而，有關整理保管方面，可自由選擇採用硬紙夾的裝訂方式，或按日期排列的活頁式，只要便於使用即可。**⓳**

3.演講文稿：

主管所用過的演講文稿須要有系統地存檔以便以後參閱。最近要使用的演講稿及以後可能會用到的演講稿，也需要分別建檔。另外，秘書可以隨時隨地，蒐集相關的名人講稿，及報章雜誌資料建立檔案，以備隨時查閱。建檔管理可以用彩色硬紙夾檔案系統，如附圖 9，來處理，以增加效率。茲依項目分類如下：

⑴用過的演講文稿：

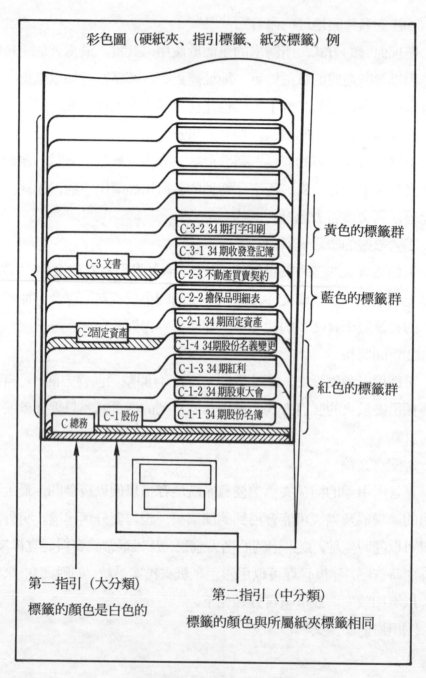

彩色圖（硬紙夾、指引標籤、紙夾標籤）例

C-3-2 34期打字印刷　　　　　黃色的標籤群
C-3-1 34期收發登記簿
C-3 文書　　C-2-3 不動產買賣契約
　　　　　　C-2-2 擔保品明細表　　　藍色的標籤群
　　　　　　C-2-1 34期固定資產
C-2固定資產　C-1-4 34期股份名義變更
　　　　　　C-1-3 34期紅利
　　　　　　C-1-2 34期股東大會　　　紅色的標籤群
C 總務　C-1 股份　C-1-1 34期股份名簿

第一指引（大分類）
標籤的顏色是白色的

第二指引（中分類）
標籤的顏色與所屬紙夾標籤相同

圖9　彩色硬紙夾檔案系統

主管講過的演講稿，可依日期、性質、內容、對象等來分類，建立檔案，以利隨時查閱。

(2)最近要用的演講文稿：

最近主管就要用的講稿，可放於較外面處，如圖9的紅色標籤群，以利主管參考。

(3)以後可能用到的演講文稿：

在不久的將來，已經排好的演講會或討論會上，主管要用的演講稿，祕書可先予擬好，放於此檔。隨時可參閱或修正。

(4)相關的名人講稿：

其他公司或其他單位有關的講稿，或者相關業務的名人講稿，可於平日，隨時建檔，以備日後擬稿參考。例如，日本經營之神松下幸之助先生及我國著名企業家王永慶先生的演講稿，皆值得建立在此檔案內。

(5)相關的報章雜誌資料：

有關業務上的報章報導或雜誌資料，如 CHINA POST, CHINA NEWS, NEW YORKER, TIME, NEWSWEEK 等，尤其是統計資料，可存放於此檔案內，可作為撰寫演講稿之「資料庫」。

4.私人信函：

主管的私人信函，亦可以用彩色硬紙夾檔案系統，如附圖9，來處理。依親戚與朋友分類，以一家庭建一個檔為原則。因為私人信函，具有隱私性；最好在檔案外面作適當的標明為妥，如「私函」、「機密文件」等，或加以鎖住，以免無關人員翻閱，以為保密。

5.錄音帶與錄影帶的整理：

除了市面上售有的收集盒之外，保管的用具，尚可利用空箱、書架和抽屜等。務必做到集中存放，絕不能散置各處，同時，需以文書

裝訂的要領加以整理。它無法和文書資料一樣，一看就知道內容，因此，標明主題、日期及資料內容，都是重要的，萬一當時忘記註明，日後要查明內容，恐怕要花不少時間。想從許多沒有標示的帶子裡，找到自己所需的內容，可不是件容易的事。

㈡裝訂的方法

秘書爲主管所蒐集的資料情報，其目的並不在聚集的多寡。而情報眞正的價值，則視有效功能而定。

因此，裝訂是件重要的工作。

裝訂的目的在於，使文書和資料能有效運用，並歸入簡易的檢索收納體系，以期主管能便於使用。⓴

1.用硬紙夾裝訂：

舊有的文書保管形式，通常採活動封面方式，夾訂在厚厚的卷宗裡。它能將相關文件訂於一冊，如附圖10，提供了不少方便；又能按日期順序安排，擺在檔案櫃裡既整齊又美觀，這些都是其不容抹煞的優點。

然而，要在厚厚的卷宗裡，找到所需資料，的確必須花不少時間，若想將有關資料取出影印，恐怕又要煞費周章，同時，携帶不便更是它的缺點。

近來，各企業在節省空間、成本的前提下，早已肯定了文章廢棄的重要性，並形成硬紙夾方式的裝訂主流，如附圖11。它是採取詳細分類，一件資料一個卷宗，這種裝訂方式，不論是廢棄或移庫收存，都能便於處理。

裝訂文書的硬紙夾，應按既定體系，垂直且整然有序地排在檔案櫃，或辦公桌的右下方抽屜裡。這種排法稱爲垂直式或書櫃式。

圖 10　舊式活動封面式卷宗　　　　　圖 11　新式硬紙夾卷宗

2.用具：

⑴硬紙夾——對折的硬紙板，可寫擡頭的地方叫做山（或稱耳朶），通常是淡褐色的，不過，也有彩色的硬紙夾，大約有七色。

⑵指引卡——這是一張厚紙板，可做爲大、中分類的表示，與硬紙夾群的區分。可採用山的位置不同的硬紙夾來取代指引卡，並做爲大（中）分類以外的雜件卷宗。

⑶裝訂金屬具——原則上，很少用金屬具來裝訂，但是，有如傳票、需按日期排訂的日報、或往覆書信等，就必須仰賴於它。

⑷彩色標籤——在上面寫好名目，然後貼在山上。按分類別而使用不同顏色的標籤，不但易於收納檢索，更能避免錯誤的發生。

3.硬紙夾的裝訂法：

⑴將硬紙夾的山，置於右邊，打開紙夾後，再把文書裝訂在右側。

⑵硬紙夾一般是 A 4 尺寸，若文件過大，可將之對折，並把折痕朝向山方予以裝訂。

⑶裝訂前，要先把文件的左肩弄齊。這時應注意到，別讓下頁的表題露出來。

⑷折疊文書時，應從背面向裡折。萬一對折不便裝訂時，可先向

裡折，然後再將上頁部分對折，讓表面保持顯然可見，如圖 12 所示。

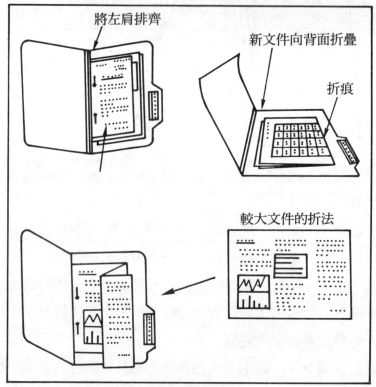

將左肩排齊

新文件向背面折疊

折痕

較大文件的折法

圖 12　硬紙夾的裝訂法

4.名目的作法：

硬紙夾的裝訂方式，由於每一紙夾內是一個主題，這極度細分化的結果，帶來收納檢索與廢棄處置的便利。然而，應盡量避免把標題寫成「○○關係文件」或「○○相關資料」等，籠統的字樣。下列爲重要的項目：

(1)主題別——務必將內容確實地表達出來。不要寫得太短或流於形式化，掌握具體的內容才是重要的。

(2)客戶別——直接寫出對方的姓名。避免用「往覆書信 A」或「往覆書信 B」來代替。

(3)形式別——與內容、客戶無關的文書，只需視其旣有形式，訂下例如：「出差報告書」、「人事部通告」、「草案書」、「規定」以及「經費傳票」等標題卽可。

(4)善用以「臨時」為名目的卷宗是重要的。有些文件，一時之間無處歸檔，若加以勉強歸類，又怕日後找尋不易，遇到這種屬於少量和暫時性的文件時，不妨將之納入以「臨時」為標題的卷宗裡。標題名稱也可改為「雜件」或「綜合」等。

5.分類保管的方法：

裝訂好的硬紙夾，應妥為保管。由於細分名目，使得卷宗增加許多，若又任其雜然而立，恐怕難收靈活運用的效果。所以，應該建立個人或課別的分類體系，並設定大項目、中項目裡，各卷宗的正確保管規則。取出的卷宗，一定要放回原處，此乃不變的鐵則。

唯有定期地依照處理資料及文稿三要領，來處理不必要文書，才能使簡化而經整理的卷宗，便於維持管理，並發揮其必要功能。

卷宗的保管，通常採用四層檔案櫃，上兩層是存放目前常用的卷宗；第三層是上一年度的文件；第四層則是上上年度以前的檔案保管。如果不能做到檔案櫃的分層處理，就算裝訂得再好，也無濟於事。千萬避免在第一層擺滿以後，就堆放在第二層，堆到層層皆滿的情形發生。

第七節　事務機器之使用

隨著科技之發達及工商業之發展，為了符合實際之需要，事務機器(office machines)不斷推陳出新，增進功能，以提高效率。事務機器的種類很多，一般公司所採用的事務機器的種類和數量，視其業務

的性質和規模的大小，而有所不同。一般常見的事務機器有打字機、錄音機、口授機、複印機、影印機、計算機、電話機、電報機、電視機、錄影機、擴音機、傳眞機、幻燈機、投影機、打卡鐘、碎紙機、文字處理機、電腦等。

　　事務機器之使用，可依下列項目來探討：

```
一、事務機器的重要性
二、事務機器使用時應注意事項
三、事務機器的保養
四、事務機器之使用分類說明
```

一、事務機器的重要性

　　辦公室工作的籌劃，是要用腦力的，然而工作本身的完成，卻要靠機器的助力。由於科技的發達，事務機器也日新月異。任何事務部門，採用新式機器的目的，在增加工作的效率，所以事務機器的置備，要合乎三個標準：

　　　㈠節省時間

　　　㈡減少經濟勞力

　　　㈢改善工作

　　這也是事務機器十分重要的原因。如果事務機器並無多大節省時間及勞力之處，那麼這機器的置備顯然並非必要，但是有些事務機器對節省時間和勞力方面並無多大利益，然而它能使工作較準確、較潔淨和較周密時，也有採用的價值和必要。子曰：「工欲善其事，必先利其器」。這句話正可以拿來說明事務機器的重要性，因爲事務機器是辦理事務的利器。

二、事務機器使用時應注意事項

使用事務機器要注意下列事項：

⑴注意安全——有些事務機器危險性大，有些危險性不大或沒有，但是使用時不留心，都可能造成災害或傷害；所以，必須注意安全。

⑵要有效使用——要注意事務機器的使用效能，如果效能不佳，應研究其原因並及時修理，或另購置新式機器以資替代。

⑶要放置在最適當的位置——所謂最適當的位置是說放置在操作者操作最方便的地方，如高度、光線、及噪音的控制等都要加以考慮。

⑷要保持清潔——事務機器的外表和內部，都要經常保持清潔，有遮蓋物的機器，使用後一定要蓋妥。

⑸要經常保養——如定期清洗、加油或調整等。

三、事務機器的保養

事務機器良好的性能，大部份要靠妥善的保養而得。保養得法，可保持優良的性能，提高工作的品質與效率，延長機器使用的年限，因事務機器的種類繁多，且有些構造十分複雜，保養時必須藉助專門技術人員。

四、事務機器之使用分類說明

事務機器種類甚多，茲依其性質歸類成以下五類：

(一)通訊機器類：電話機、電報機、傳真機等。

(二)文書業務機器類：打字機、錄音機、口授機、複印機、影印機、計算機、碎紙機等。

㈢簡報會議機器類: 電視機、錄影機、擴音機、幻燈機、放
　映機、投影機等。

㈣管理機器類: 打卡鐘等。

㈤綜合機器類: 文字處理機、電腦等。

茲分別說明如下:

㈠通訊機器類

1.電話機(TELEPHONE SETS) (如圖1)

用戶只要向電信局申請裝機並繳費後, 即已完成手續。在裝機後,
每個月須固定繳電話費。可與國外用戶長途通話, 但需另繳長途通話
費。其優點為方便、迅速, 可得立即通訊之效果。其業務可分(1)一般
業務(2)特別業務二種:

　(1)一般業務:

　A.依地區來分有: ①市區電話、②國內
長途電話及③國外長途電話。

　B.長途電話分為:

①直撥電話: 直接撥號入對方用戶話機。

②叫號電話(station to station)。

③叫人電話(person to person)。

　(2)特別業務:

圖1　電話機

①話中插接: 當您正使用電話通話中, 還能知道是否有電話打進
來, 您可以請對方稍候換通話的對象, 不會漏失重要電話, 以一對二,
應付自如。

②指定轉接: 辦公室或家裡無人時, 只要事先將電話設定轉接到
另一支電話去, 您就不必擔心唱空城計, 又可預防宵小闖空門。

　　③勿干擾：無論您在工作、會議、靜思、睡覺或其他任何您不希望受電話干擾的時候，只要設定「勿干擾」，寧靜就屬於您。

　　④按時叫醒：電話能按照您設定的時間，準時響鈴。若您一時沒有接聽，五分鐘後它會再提醒您一次，悅耳動聽，不像鬧鐘吵個不停。

　　⑤簡速撥號：以「二位數字」組，替代常用的一些電話號碼，儲存在電話裡。打這些電話時，只要按二碼，就能接通，既方便又省時。

　　⑥三方通話：不在同一個地方的三個人，可利用電話舉行三方會議，討論問題、研究功課、接洽商務、擺龍門陣。三線電話，大家一起來。

　　2.電報機(TELEX)（如圖2）

　　電報機又稱電報交換機及電傳打字機，由英文 TELEPRINTER EXCHANGE 或 TELETYPEWRITER EXCHANGE 縮寫而來。與國際電報往來較多的用戶，爲了收發電報的便利，在自己的辦公室裡利用預先裝備的電報交換機和國外裝有同樣設備的用戶，經由國際

圖2　電腦式電報交換機

電信局電路之聯繫，便能立即接通線路，直接用書面來交換有關商業上或私人文件，這種業務叫做「國際電報交換業務」。

需要利用 TELEX 的用戶，要事先向國際電信局申請裝設專線和啓止式電報交換機，由國際電信局列入交換用戶並編列號碼後，即可直接或經掛號手續與國外 TELEX 用戶直接通報，當然國外用戶也可和國內用戶直接通報。

目前，一般稍具規模的商業機構，都裝有這種設備以備與裝有同設備之各國商業往來客戶通報，迅速交易。

3.傳眞機(FAX)（如圖3)

凡利用電波訊號或光電效應（電視原理）傳遞文字、符號、影像的，都叫做電報。很明顯地，電報交換機是依據電波訊號來傳遞電文；而傳眞機則是依賴光電效應來傳送符號、文字、及影像的。

傳眞機又稱電報傳眞機或電話傳眞機。傳眞機英文叫 FAX 是FACSIMILE TRANSMITTER 之縮寫。

資訊的傳遞是辦公室工作中重要的一環，傳眞機是用來傳送影像資訊的重要設備之一，它已漸漸取代電報交換機(TELEX)、電話及郵寄的方式。是一種更快速、可靠及經濟的簡便通信方法。因而，傳眞機在現代化企業機構中廣受歡迎。

在傳眞機尚未發展以前，最常用的傳送訊息方式有電報交換機(TELEX)、電話和郵寄等，但是都沒有傳眞機所具有的正確性、即時性及原有性等優點。所以無論在國內或國外，傳眞機現已經很普遍。各公司或私人，皆設置傳眞機，以收經濟、迅速、傳眞之效用。

傳眞機與電報交換機(TELEX)性質之比較：

性質比較	傳眞機(FAX)	電報交換機(TELEX)

1.傳送速度	每分鐘可達 1050～2100 字		每分鐘可傳 150—375 字。
2.信賴度	可將任何資料直接原樣傳送		操作員或電訊干擾可能發生錯誤。(根據統計每 2000～3000 字發生一個字之錯誤)。
3.作業環境	不需電報室，傳送時無噪音		一般需電報室，傳送時有噪音。
4.經濟性	易學，不需專人操作		需要專人操作。
5.再現性	傳送圖形及任何文字		傳送資料需譯成英文才能傳送。
6.記錄	有記錄可保留		有記錄可保留。
7.即時性	任何資料可即時傳送		需製成發報紙帶或編輯電文才能發報。

　　此外，傳眞機的功能，除了傳眞機與傳眞機間的資訊傳遞外，最終一定與辦公室自動化的電腦連結，成爲其週邊設備的一部份，使電腦所接收的任何資料可直接在傳眞機上顯現，或經由傳眞機輸送出去，如此資訊的傳遞將步入更迅速、正確、廣泛的境界。❷

圖 3　傳眞機(FAX)

◎傳眞機操作程序詳圖：

銀幕顯示	操作程序	說明
1. 12／25／92　　　08：22 (平時銀幕顯示時間，日、月、年等)	1.擬稿	先在信紙上擬稿；手寫、打字、圖形、圖表皆可。

2. DOCUMENT READY	2.裝紙	正面朝下，便於掃描器 (scanner)掃描。
3. TEL 0021 215 3595343 　　　　國際冠碼 　　　　美國國碼 　　　　城市區域號碼 　　　　收報人號碼	3.撥號	直接在鍵上打出號碼，依下列順序打出： 1.國際冠碼—002 2.國家代碼—01 3.城市區域號碼—215 4.收報人號碼—3595343 　（與直撥電話同）
4. DIALING（正撥號中）	4.發報 (START)	撥號完畢，直接按發報鍵 (START。)
5. TRANSMIT（發報中）		●號碼正確，對方路線通，即刻傳送。 ●如果號碼不對，會顯出 CHECK AND DIAL（查後再撥）。 ●如果對方佔線，會顯出 REDIAL（稍後再撥）。
6. TRANSMITTING OK（發報完畢）		
7. 12／25／92　　08：23 　（回復平時狀況）	5.歸檔	把文稿歸檔。

⊙傳真機的撥號方式如國際／國內電話。國際傳真機撥號順序爲：

國際冠碼(002)＋國碼＋區域號碼＋用戶傳真號碼

◎傳真機操作程序簡圖：

擬稿	→	裝紙	→	撥號	→	發報 START	→	歸檔
1		2		3		4		5

◎傳眞機功能分解圖：

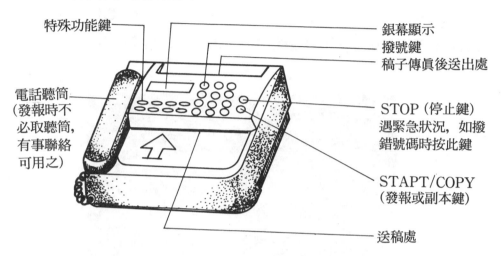

特殊功能鍵

銀幕顯示
撥號鍵
稿子傳眞後送出處

電話聽筒
（發報時不
必取聽筒，
有事聯絡
可用之）

STOP（停止鍵）
遇緊急狀況，如撥
錯號碼時按此鍵

STAPT/COPY
（發報或副本鍵）

送稿處

㈡文書業務機器類

1.打字機(TYPEWRITERS)：（如圖4）

打字機主要的效用在其準確迅速、整齊美觀、省時省力。可用於
書信寫作、表格製作、及作爲電腦操作之基本技能等。打字機的種類
可分爲(1)手提式(2)標準型(3)電動打字機(4)電子式打字機等。現今打字

圖4　電子式打字機

機的業務已漸由電腦來取代。

2.錄音機(TAPE RECORDERS) (如圖5)

錄音機的功能主要在錄音與放音。一般可用來做會議錄音及主管錄音口授等，漸漸取代了口授機(dictaphone)，用途漸廣。

圖5　錄音機

3.口授機(DICTAPHONES) (如圖6)

口授(dictation)即是聽寫；在商業上是指主管口述要點由秘書記下以爲擬稿發文之依據。口授有二種：㉒

(1)直接口授(direct dictation)：主管直接說，由秘書用筆記下。用於一般較例行的業務。

(2)機器口授(machine dictation)：

主管將口授的要點，用口授機錄下，以便於秘書擬稿。口授機是在辦公室中用以錄話供以後打字等用途的錄音機。㉓口授機用於業務較重的工作，或需要花較多時間的事務，或當主管出差時用之。其主要的功能在準確性及增加效率。口授時，秘書可以不在場，而去從事

更重要或緊急之事；等事後，再來專心處理口授機所錄之業務。

圖6 口授機

4.複印機：（DUPLICATORS）（如圖7）

可印公司機構的宣傳資料：文宣及直接郵寄（D／M）*函件等。可使用電子掃描製版或臘紙複印。新式複印機速度甚快，每分鐘約可印出150張，增加效率。

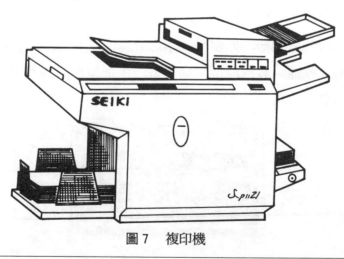

圖7 複印機

*D／M(Direct Mail)：直接郵寄，廣告宣傳的一種方式。寄廣告資料、文宣等給特定的對象，以促銷業務。

5.影印機(COPIERS)（如圖 8）

各種文件之複製及存檔尤需要影印機之服務。新式影印機功能尤其多，除了效果優美外，可以自動分頁，對於大量的文件或報告之製作，可得省時便利之效。

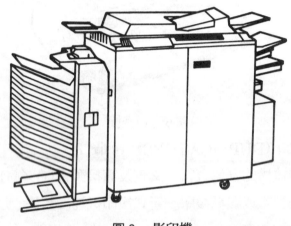

圖 8 影印機

6.計算機(CALCULATORS)（如圖 9）

一般辦公室業務，如價格成本之計算，及會計之運作等皆需要計算機。型式多種，有袖珍型、桌上型、手提型等，因其場合及特殊功能用途而異。

圖 9 計算機

7.碎紙機(SHREDDERS)（如圖 10）

公司機構文件，日積月累，日漸繁多。除了要做好檔案管理外，

尚需要除舊佈新。對於要淘汰的文件，有些仍具有機密性，保密尤其重要，這時就需要碎紙機，以處理不需要，易洩密的文稿、信件、文宣資料等。

圖 10　碎紙機

㈢簡報會議機器類

1.電視機(TELEVISION SETS)（如圖 11)

簡報時，可以電視機為主或為輔皆可。使用時，可先以電視錄影機錄製錄影帶，於簡報時播出。如人數眾多，亦可分置多部電視機或用大型電視機，以增加視覺效果。

圖 11　電視機

2.錄影機(VCR: VIDEO CASSETTE RECORDERS)（如圖

12)

與電視機配合使用，增加簡報之效用。可錄影或放影兩用。如錄製外景，則需要電視錄影機(TV Camera)。錄影機功用甚廣，除作簡報業務外，另可與電視機搭配作業務廣告宣傳或作員工職前、在職訓練教學之用。

圖 12　錄影機

3.擴音機(MICROPHONES)（如圖 13）

簡報或會議中，音響效果非常重要，不能太小聲也不能太大聲。尤其大型的簡報及會議更需要良好的擴音機，以增進演講者與聽衆間之溝通，發揮簡報及會議之功能。

圖 13　擴音機

4.幻燈機／放映機(SLIDE／CINEMA PROJECTORS)（如圖

14)

　　如爲增加視覺效果，或人數衆多之聽衆，則可用幻燈機或放映機。前面可放個銀幕，或白色牆壁亦可，幻燈機及放映機需放於後面，由後往前放映。音感及視感皆佳，頗爲大型機構所採用。

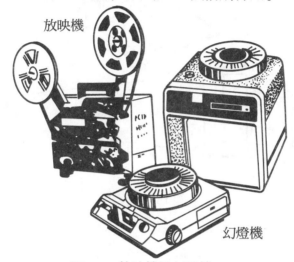

放映機

幻燈機

圖 14　　放映機及幻燈機

5.投影機(OVERHEAD PROJECTORS)（如圖 15）

　　投影機即是能把準備好的稿子，投射在前面銀幕上。稿子可以任何形式爲之，但一般爲了美觀與方便起見，皆先把綱要或圖表列印在投影片上（用影印機可製成）。到演講展示時，一張放上，一張取下，井井有條，才不會東翻西找，亂成一團。投影機對於一般業務展示、示範、講演皆有其功用。

㈣管理機器類

1.打卡鐘(PUNCHING CLOCKS)（如圖 16）

　　一般公司機構爲了管理員工的出勤情況，皆設有打卡鐘，以記錄出席的情況，包括上班時間及下班時間等。打卡鐘所記錄的出勤狀況可作爲陞遷、核薪、考核等管理方面之參考。

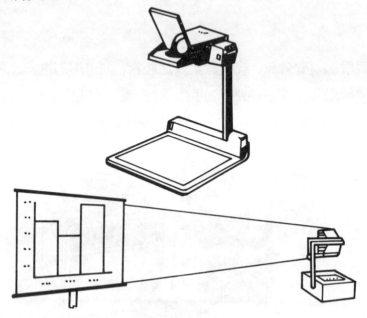

圖 15　投影機

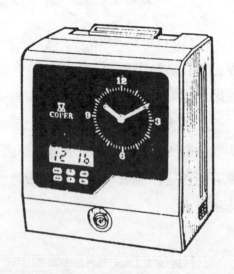

圖 16　打卡鐘

㈤綜合機器類

1.文字處理機（WORD PROCESSORS）（如圖 17）

電子打字機是最基本的文字處理機。電子打字機外表似標準電動打字機，另外附加額外的字鍵供文字處理用途。❷文字處理機之發明，對祕書角色的影響最大，它不僅是辦公室自動化的一環，也使得祕書的工作減少許多不必要的重覆工作，以提高效率。❷

(1)文字處理機之硬體：

文字處理機主要構成部份為——工作站(Work Station)，包括微處理機(Electric Module)、顯示螢光幕(Display Module)、字鍵盤(Keyboard Module)、磁碟機(Diskette Unit)、及列表機(Printer)。列表機可接三或四台工作站共同使用。

圖 17　文字處理機

(2)文字處理機之優點：

①螢光幕的顯像，操作者不需程式設計或專門人才，只要有打字

基礎，即可容易學會操作。

②可配合辦公室自動化與其他資訊設備連線使用。

③具備文字處理(WP, Word Processing)與資料處理(DP, Data Processing)的雙重功能。

④可利用多種程式軟體配合多項功能之使用。

(3)文字處理機之功能：

①檔案之儲存。

②編輯之功能。

③排版之功能。

④印表之功能。

⑤數值之計算。

⑥繪圖。

⑦資料處理功能。

⑧資訊之溝通，與電腦連線或 TELEX 電報交換機連線使用。

茲例舉四項功能說明如下：

①檔案之儲存：存檔(Filing)

文字處理機並非可免除存檔，而是可改變存檔的方式。它可節省空間，因在它的磁碟裏，可儲存超過 100 頁的文稿，免除紙張儲存的不便。把一磁碟上的資料，拷貝到另一磁碟，其間只花幾秒鐘。一旦拷貝完妥，秘書可在新的磁碟上執行指令，或由列表機印出新拷貝的文稿。

②編輯之功能：合併(Merge)

在編輯方面，秘書可利用文字處理的省時「合併」功能。秘書先把甲文件固定不變的部份輸入，然後輸入要變更的新資料乙。由此，甲乙便可合併成一份新的文件。

　　例如，同樣的信要發給 50 個顧客。秘書只要打一次信的稿子，然後把 50 位顧客的名字地址，打在另一文檔上。在列印時，文字處理機即可把 50 位顧客的信列印出。

　　③排版之功能：自動排版（Reformat）

　　文字處理機可以自動排版，茲列舉如下：

●右邊對齊：自動將信件或文件，調成右邊對齊，以增加美觀。

●自動編頁：自動加頁碼。

●自動拆字：文稿打至一行最後一字，未完而需拆字時，本功能會依照規則來拆字。如 suit-able 等。

●插字：加字或加符號，版面會自動調整。

●找字或更換字：把某特定的字找出，或以某字更換之。㉖

　　④列表之功能：列印表格，信封及標籤在印有名字、地址，及其他資料的名單檔案上，文字處理機，可在表格、信封及標籤上，列印出名字及地址，而省略其他不用之細節，以符合個別需要。

　　⑷文字處理機之種類：

　　①獨立式之文字處理機：

　　如果辦公室的工作大部分為文字處理（WP），只有少部分為資料處理（DP），則最好採用專用之文字處理機，因為其螢光幕解析度較電腦為高，印出字體類似打字機，且操作舒適與方便。

　　②一般電腦附有文字處理功能：

　　如果辦公室工作大部分為資料處理而小部分為文字處理，則一套標準的資料處理電腦可以兼負起文字處理之任務，不過操作人員必須熟習電腦之操作程式，才能有效地利用在文字處理作業上。當然，其工作效率比專用之文字處理機是稍有差別的。

　　⑸文字處理機將來之展望：

①在此資訊充分發展之時代，辦公室自動化是必然之趨勢，而文字處理機是自動化中不可少之一環。

②由於辦公室之工作人員處理大量文字而增加之人事費，勢必使用效率高之文字處理機之設備，減少人事費支出。

③文字處理機發展與其他資訊設備連線，使用途更爲廣泛而方便。

2.電腦(COMPUTERS) (如圖 18)

電腦用途甚廣，爲主管及秘書所常用。經由套裝軟體之使用，電腦可作爲約會日程表、備忘錄檔案、電話通信錄及其他等。

圖 18 電腦

(1)約會日程表(Appointment Calendar)：

秘書可利用電腦，爲一個部門及其業務人員，建立一約會日程表。例如，要在某時安排一個會議，秘書不僅可查看主管設在電腦中的日程表，並且可查查那些準備參與會議人員的日程表，看看是否有空。查看工作可在家裏的終端機爲之，亦可以在公司爲之，非常方便。

(2)備忘錄檔案(Reminder File)：

任務、需做之事、預定事務等皆可儲存於電腦中，並能自動地顯示以表明重要會議，截止日期，或本日、本週之活動。

⑶電話通訊錄(Address and Telephone Directory)主管常聯絡的各類最新資料：人名、地址、電話號碼及其他等，皆可輸入電腦，隨時可輸出備用。

⑷電話信息記錄(Phone Message Log)

電話可以用電腦記錄,細查及答覆；電話信息亦可藉電腦轉給他人。

⑸電子信箱(Electronic Mail)

主管可用經聯線的終端機發送及接收信息。只要按下一個功能鍵，信息即可送出。在收信者的工作站螢幕上，會顯示出信息已收到，並可列印出。如果收信人未登記在此系統內，信息要在收信人登記後才能輸入。

⑹報告(Reports)

報告如果包含統計數據，秘書或主管可使用電腦，在極短的時間內，處理此資料便成文章或圖表。例如，主管必須提出一個報告計劃未來五年的收入。首先，主管須預估營業額，固定開支，銀行利率，原料成本，例行業務等，並做好表格及統計表，送到主計長處。但是，主計長認為例行業務應定為80%，而非所提的75%。主管因此只須在電腦上，按個鍵，把75%改成80%，文件中相關的部份即完全自動調整。

套裝軟體功用很大，可以藉圖表及文字來做預算，營運及利潤規劃，業務評估，損益表，現金流動規劃，支出報表，成本分析等，可顯現在螢幕上或在列表機上，以黑白或彩色方式印出。只要插入套裝磁碟，並跟著螢幕上顯現的說明去做即可。㉗

由此可見電腦的用途是很廣泛的。

第八節　檔案及資料之管理

任何一家公司機構，不論是否有設置檔案部門或專門人員負責他們的檔案及資料之管理，其相關人員在處理檔案及資料業務時，都會遇到檔案及資料之管理上的問題。尤其現今各公司機構之檔案資料，由於業務上之需要，變得愈來愈複雜、愈瑣碎，有系統而科學化之檔案及資料管理是刻不容緩的。

本節可依下列十二項來依序討論：

```
一、檔案管理之典故及意義
二、檔案管理的功用
三、檔案管理的種類
四、檔案管理的制度
五、檔案管理的步驟
六、檔案管理的原則
七、檔案歸檔的原則
八、西文檔案管理
九、中文檔案管理
十、企業存檔資料之範圍
十一、資料管理
十二、秘書與檔案資料管理
```

一、檔案管理之典故及意義

㈠典故

　　我國古代邊外文書多寫在木片上，往來傳遞的叫做「牌子」，存貯年久的叫做「檔子」，檔爲器物上的橫木，因爲它積累多貫皮條掛在壁上，好像檔的原故。今天書寫在紙上的文字也叫牌子或檔子。我國古代文書也有的寫在絹帛上，可以捲起來放置，這種官式文書叫做案卷。時至今日，我們就將存置的官式文書合稱爲檔案。

　　根據英國甄克生（H. Genkinson）著的《檔案管理》（*A Manual of Archives Administration*）一書，說：「檔案（Archives）一詞，原指文書放置的地方，今用以指文書本身。所謂檔案，其意義包括頗廣，凡公文書經保管庋藏以備參考者；報章雜誌對公務的記載經剪貼存置者；私人或團體文件涉及公務歸存者；及文書經保存於檔案室者，都可稱爲檔案。」因此簡單地說，檔案就是已處理完竣經整理加以保管、留備調卷參考的公文書。❷⑧

　　㈡意義

　　檔案管理是一般行政工作人員應該了解之知識，更是從事祕書工作者必備的條件。在行政工作中，存檔是安排和保存資料及文件的安全和管理制度化的過程，有了制度化的管理，應用檔案時才能正確、簡易，而能迅速的提取需要的文件或資料。因此規模較大，組織完善機關或企業則成立單獨部門，由專門人員管理，規模較小的機關或企業，也聘請一位或是由文書工作人員兼管檔案事務。

　　所謂檔案乃是指政府機關，人民團體，公司行號及個人，因處理公衆事務而產生之文字記錄或實物，經過科學的管理，予以整理、分類、立案、編目等手續，使成爲有組織，有系統，既便於保管又利於查驗之資料。

　　檔案之保存，是將歷年同類的文件資料彙集一起，另一方面可做爲施政之憑據，史料採擇之根據，更具有研究學術之參考價值。❷⑨

二、檔案管理的功用

檔案管理的功用，是盡人皆知的事，其重要性可分下列幾點來敍述：

㈠處理業務的參考

一個機關或公司的檔案，可以供業務承辦人員在處理業務時作爲瞭解案情及立意遣詞的參考或援引，以期在業務處理上不會發生矛盾分歧的現象，回覆信件也才不致於重覆，而貽人笑柄。

㈡可作爲法令的依據

一個機關或公司業務的計劃與施行，必定要牽涉到許多國家的法令或公司本身的規章或會議的決議。而法令、規章、會議記錄，都是公司檔案的一種，所以檔案可作爲法令的依據。

㈢可作爲瞭解機關或公司歷史的參考

介紹一個機關或公司的概況，必須要敍述其沿革，以見其發展的軌跡與成就，而要眞切地瞭解其沿革，惟有參考其檔案，以獲得正確的資料。

㈣可作爲研究時的參考

一個機關或公司檔案，是研究時最直接、最正確的原始資料。撰寫與公司有關的學術報告或業務報告時，檔案可提供最佳參考。

㈤工作成績表現之認定

不論工作當時是如何之辛勤或是結果如何的成功，若不能將資料保存完整，則不僅當時無資料可以評斷其工作成績，就是後人也不能自其資料了解其成就。

㈥保密的功用

一個機關或公司的檔案，其中必定有些是秘密性的，如果檔案的

管理妥善完美，就能達到保密的功用，否則管理失當，甚至發生丟失檔案等情事，因而洩露了公司的秘密，使公司的業務遭遇到重大的障礙或損害。**⑳**

三、檔案管理的種類

各機關團體組織稍具規模者,都設檔案室專門機構集中管理檔案,檔案的管理可以分爲三類:

㈠臨時檔案：案件尚未結案，仍需繼續辦理，或是在行政上需隨時參考之檔案，應放入臨時檔案夾，暫不歸檔。

㈡中央檔案：已結案之文件，但仍時有所需，因此存於中央檔案室留備各幕僚機構共同應用之檔案。

㈢永久檔案：中央檔案處理後，年限屆滿，而無保存價值者，應先送會原承辦單位，再簽由機關首長核定銷毀，具有永久保存價值者，得移爲永久檔案。

檔案整理時應按類、綱、目、節分類，並將所接收之檔案編製收發文號碼及分類目錄卡，整理後之檔案應按臨時性或永久性分別裝訂成活頁册或書册，並注意防護與保養。**㉛**

四、檔案管理的制度

㈠集中管理制：

將機構中全部案卷集中一處，由專業檔案管理人員統一管理，英美兩國均採用之，我國政府機構亦大都採用此制度。

㈡分散管理制：

將案卷分由各業務及幕僚單位各別管理，可以隨時取閱運用，查考方便，一般公私營企業機構大都採用之。

(三)混合管理制：

混合制是採集中與分散二種方法之優點而實施之管檔方法，主要是行政權集中，而檔案則分別存放，也就是仍設一檔案行政單位，不常調用及舊案則集中管理，而常用或當年之案卷則由各單位之檔案部門自行管理，以求彈性管理檔案，我國公家大機構如省政府、內政部等皆採用之。㉜

五、檔案管理的步驟

(一)點收與整理：

(1)點收：檔案室收到總收發之歸檔文件，應即加以清點，檢查文件是否齊全，附件之有無，不必歸檔者即退還，點收後之文件應予以捆紮，此後這些文件即由檔案室負完全責任。

(2)整理：文件經清點後，應加以整理，使整齊劃一，同一事由的收發文應將其集為一個單元，破損文件將其修補完善，儘量使文件整理成統一大小。

(3)登記：檔案在收到總收發室時都有點收及登記的手續，因此送到檔案室時，此步驟可以簡化，避免重複工作，浪費時間及精力。

(二)分類：

為了使檔案之記憶、檢查、保管及調卷之方便，檔案應有適當的分類。檔案之分類得視各機關之性質而有不同，一般較進步之方法，乃是以文件之內容為分類標準，並且配合機關之行政目的、機關組織，以達到機關業務之需要。

(三)立案：

(1)立案：亦可稱編案，將性質相同，類號相同之文件予以集中，給予適當的名稱，藉以顯示檔案之內容，以便於管理及應用。

⑵歸檔：將新的性質、類號相同之歸檔文件，歸入前已立案之案卷內，使整個案卷便於查考。歸件時應仔細的檢查前案及其目錄，不可隨便併入，歸錯卷夾，將來若有使用而調卷時，發生困難。

㈣編目：

將檔案組成種種目錄，以便可隨時查考檔案之內容，檔案之目錄應簡明扼要，周詳齊備。

檔案目錄可以採卡片式和書本式，在目錄卡上應有檔碼、案名、收發文號、事由、附件、立案日期、件數、案名登記號碼、移轉銷毀、備考等項目。

㈤裝訂：

歸檔整理後之文件，應裝訂成冊，以便長久保存，及方便管理應用。臨時檔案最好採用活動裝訂，永久檔案則裝訂成書本式，永久保存。

㈥典藏：

⑴典藏：即經裝訂後案卷則依案號順序存放於案架或案櫃內，以便保管並利於隨時調用。一般來說，中國機關大都將案卷直立存放，而西方國家則橫式存放。

⑵調卷：調卷實際上包括查卷、調卷、還卷三種步驟，檔案管理的目的，就是在於供給應用，因此在需要調卷查考時，應達到迅速、正確爲原則，以增加行政工作之效率。

檔案之調閱應訂借檔規則，備有調檔單、延期續借單、催還單、檔卡、限期表等以便調卷人共同遵行。

借調檔案，非本單位主管之業務，借卷時需會簽主辦單位，非本機關調卷，應以公文方式處理，借調案卷非經簽准不得複印或影印。

⑶清點：檔案之保存隨著時間的增長，數量越積越多，同時由於

經常的調用，日久難免有遺失損毀等情形，因此檔案應定期按卡片分類目錄對照清點。如果發現有遺失或損毀情形，應立即設法彌補，編目如果發現錯誤，應就此機會更正，時效已過之檔案抽出，報請核准銷毀。

⑷防護：檔案室最好有專建之房舍，空氣應流通、乾燥，並應達到保密、防霉、防火、防蟲、防污、防敵襲、防破損之目的。

茲將檔案管理之步驟，畫流程圖如下：

六、檔案管理的原則

理想的檔案管理原則是：正確、簡明、經濟及富有彈性，茲分別簡述如下：

㈠正確──良好的檔案管理，是希望能做到想調閱某一檔案時，就能迅速地找到，因此檔案的分類及存放要正確，取用後歸檔也要正確地放回原處，不可紊亂。

㈡簡明──檔案管理須力求簡單明瞭，其分類也要簡明，放置的位置及使用的方法，讓公司裏的有關人員都能清楚與瞭解，使主管或其他同事也隨時可取用參考。

㈢經濟──檔案管理人員的多寡，視實際需要而定，不宜太多，以節省開支；檔案所占的位置愈小愈好，以免浪費空間，因此檔案要確定保存年限，適時的銷毀以便清理已失時效者。

㈣富有彈性——檔案在分類上立案上要富有彈性，以適應業務的擴充或臨時的變動。如以人事的檔案爲例，若機關或公司規模小，人事十分單純，分類就不必太精細，而公司擴充人員增加後便須詳細劃分，分爲任用、訓練、考核、薪資、升遷、請假、退休、辭職等類。注意需富有彈性，以便靈活運用。

七、檔案歸檔的原則

㈠完整性：

一件公文歸檔，依時間日期依序排列，使其具完整性，以利日後日閱。

㈡一卷一案：

一卷一宗，井井有條，一目了然，增加處理公文的效率。

㈢分案與合併

可視情形將內容繁雜，涉數事之文卷分案處理，另立案名，以配合管理之需要。另外，可以將類似的案件合爲一案，以節省空間，又易查閱。

㈣文件分存單之利用：

涉及二件以上事件之文卷，若歸其中一案，可能將來查閱不易，所以可以利用分存單存另一案卷，註明原件存放處，可以互相查考。分存單上應有日期、案名、事由，原文存放處、本單存放處等。但是若資料簡單，可以利用影本存放，註明原文存放處即可，不失爲方便省時之方法。(見以下檔案分存單格式圖例)

八、西文檔案管理[33]

外文檔案一般都是採用立式序列管理方法，也就是將文件放在西

檔案分存單				
收文日期			收文字號	
來文日期			來文字號	
發文日期			發文字號	
來(受)文者				
事由				
原文存放處	案名		檔號	
本單存放處	案名		檔號	

圖例：檔案分存單之格式

式卷宗內, 直立的或是卷宗口向上的排列在檔案櫃的各種類導卡之後, 這種檔案存儲方法, 歸檔方便, 調卷迅速, 併案分案也不致影響其他文件, 管理使用起來都頗方便。目前一般企業由於業務多半與外文有關, 因此常採用西文檔案管理方式, 整理檔案。

(一)西式檔案管理歸檔方法：

1.字順歸檔法(Alphabetic Filing Systems)：(如下附圖)

字順歸檔法是最基本的管檔方法, 也是最常用的一種歸檔方法, 字順歸檔是將歸檔文件以其個人姓名, 企業或機關的名稱和地址, 根據英文字母的先後順序排列, 將文件歸入適當字母順序的檔案夾中。是一種最方便的西式檔案管理方法。

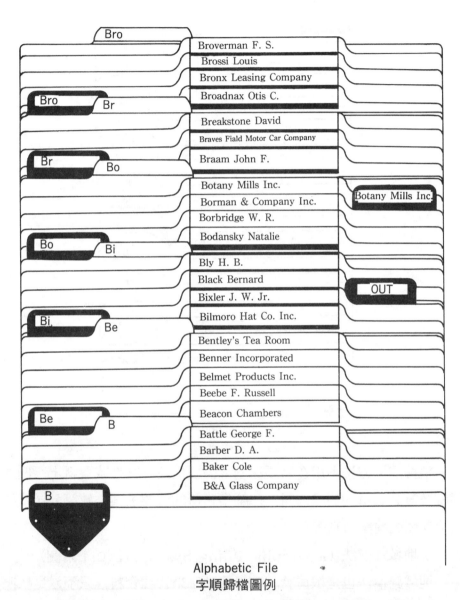

Alphabetic File
字順歸檔圖例

2.數字歸檔法(Numeric Filing Systems)：(如下附圖)

數字歸檔法是一種間接管檔方法，在文件歸檔前，先要將檔案分類，分別編上數字號碼。然後根據號碼，歸檔時先找到檔案號碼，然後根據號碼找到該號碼之檔案櫃中之檔案夾，再將文件歸入。

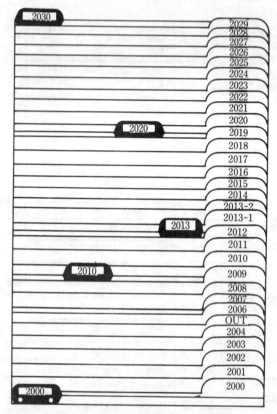

Numeric Correspondence File
數字歸檔圖例

這種歸檔方法多用在需要保密或需要信任的文件或資料上，例如醫院及醫師診所的病歷資料，律師事務所的法律檔案，建築公司或建築事務所的建築資料等等。

3.地域歸檔法（Geographic Filing Systems）：（如下附圖）

地域歸檔法也是根據英文字母的順序來管理資料，只不過是按照地域名字的英文字母順序排列，而不是個人或企業的名字的字母順序而已。

地域歸檔法多用在銷售業務，郵購商店，公用事業，出版社或是其他公司按地域分佈，或是在各地有分公司的機構等。

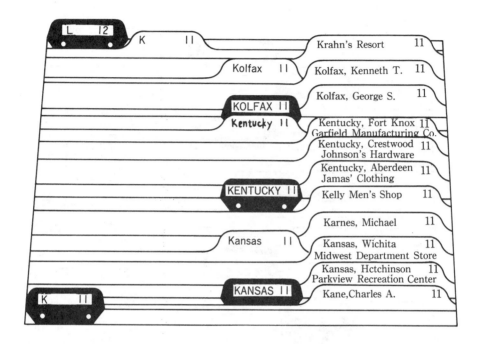

Geographic Filing in an Alphabetic Systems
地域歸檔法圖例

4. 主題歸檔法(Subject Filing Systems)：（如下附圖）

　　主題歸檔法是以事務的主題的名稱歸檔，而不是像字順歸檔法以人或公司的名字或是地域歸檔法以地區的名字來做歸檔的依據。

　　主題歸檔方法多用於經營生產、供銷、原料、廣告等行業。

　　以上四種檔案管理的方法，各有其特點。各公司機構可依本身的性質及個案的情況來決定是採用何種檔案管理法。

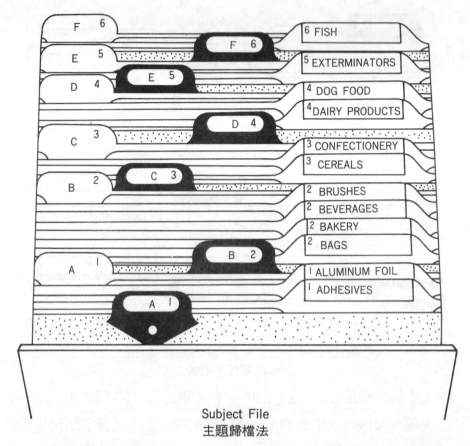

Subject File
主題歸檔法

(二)歸檔之步驟:

1.檢查:

檢查是歸檔之第一個步驟, 也是最重要的工作, 特別是大規模檔案之設置, 尤須於歸檔前檢查信件是否結案, 有無處理完畢的標誌, 有處理完畢的標誌才可以有權歸檔, 否則應退回原承辦人, 處理完畢後才能歸檔。通常檢查工作僅對收文信件之歸檔檢查, 發文信件之副本可不必檢查, 直接歸檔。

2.索引:

索引就是將文件給予適當的名稱、主題或其他標目, 以便歸入適

當的檔案內，有五種決定標目的方式:

　　a.來文的頭銜。

　　b.發文給對方的姓名或機構的名稱、地址。

　　c.來文的署名人。

　　d.來文或發文中所討論的主題。

　　e.來文或發文中機構地域的名字。

　　文件之索引標目之決定要以尋找檔案方便爲原則，若文件涉及數個標目，則應將文件歸入最常用的檔案中，而以影印本或文件互見單放入其他涉及的檔案中，則在利用此文件時，不論查那個有關的檔案夾，都可知道此文件在何檔案中可以找到。

　　3.鈎標:

　　索引是決定文件在何標目下歸檔，而鈎標是將確定的標目註明或指示出來，因此索引和鈎標在歸檔步驟中是一件事。

　　鈎標通常有三種方法:

　　a.在文件中有索引的標目或名稱，就以彩色筆在下劃一條線。

　　b.假如決定的標目在文件中沒有，也沒有出現在信中任何地方，則將標目寫在文件之右上角，做爲鈎標。

　　c.如文件之標目決定，也劃好了線，但是這文件也涉及其他標目，則在文件中有關的標目下，也用彩色筆劃一條線，但是在後面做一「×」記號，則本文件雖歸入頭一個標目下，但是在另一個標目的檔案中放份影印本或是文件互見單，則尋找檔案時會便利許多。(如下圖文件互見單例)

文件互見單(Cross-Reference Sheet)例：

UNIFORM ENTERPRISES, INC.
1112 LIN SHEN N. RD.
TAIPEI, TAIWAN
R. O. C.

Tel: (02) 5011111   Telex: 11358 Uniform   Fax: (02) 5011112

Date: August 15, 19..

Mr. Richard Brown
TEALEAVES CORPORATION
1040 Riverside Ave.
Cincinnati, Ohio 45221
U. S. A.

Dear Mr. Brown,

We have notified our representative, Mr. James Lee, in
Cincinnati to contact your office. You may have talked
with Mr. Lee on previous occasions because he has been
in the tea business in the Cincinnati area for many
years.

As you are interested in establishing franchise ties
with us, Mr. Lee is authorized to discuss the details
with you.

We appreciate your interest and look forward to hearing
of any result which may come up.

Sincerely yours,

Tony Lin
Managing Director

TL:wg
cc Mr. James Lee

CROSS-REFERENCE SHEET

Name or Subject _____Mr. James Lee_____

Date of Item _____August 15, 19--_____

Regarding _____Contact to be made with
Tealeaves Corporation in
Cincinnati_____

SEE

Name or Subject _____Tealeaves Corporation_____

Authorized by _____Tony Lin_____ Date _August 15, 19--_

4.分類：

標目鉤出以後，就要將文件按字順或號碼順序排列，整理後放在預備歸檔的架子上，這個手續一方面可以節省歸檔時間，在將檔案放入檔案架時，可以很快的找到應行歸入的檔案架中，另一方面，假如檔案尚未排入檔案架，但是臨時需要運用，也可以很容易的自分類好的卷宗中找到所需文件。

5.歸檔：

將所有分類好的文件，找到其應該歸入名稱的檔案夾中，才算完成歸檔的步驟。歸檔時要注意核對新歸入的案件名稱和原來的名稱是否相符，新歸入時間近的檔案應放在檔案夾的前面，同時歸入檔案應注意不要將文件遺失或是弄縐，最重要的歸入一件新文件一定要在目錄簿中註明歸入的時間和件數，借調文件也要使用調卷單，以免文件

遺失。

西文檔案管理的步驟如下圖：

中文檔案管理的步驟與上圖對照如下：

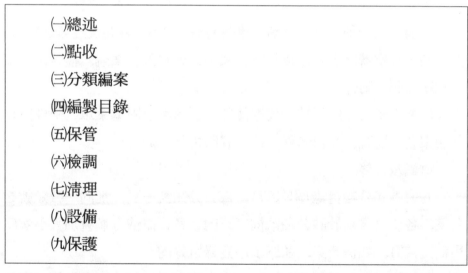

九、中文檔案管理

中文檔案管理的主要依據指針是我國行政院秘書處主編的事務管理手冊—文書處理、檔案管理。❸

中文檔案管理之主要項目為：

㈠總述

㈡點收

㈢分類編案

㈣編製目錄

㈤保管

㈥檢調

㈦清理

㈧設備

㈨保護

㈠總　述

　　各機關應設置檔案管理單位或人員，建立檔案統一管理制度，以統一方法管理檔案。檔案管理負責人員應隨時進修。各機關對所屬檔案管理單位應多予檢查，以求溝通觀念與統一作法。

　　㈡點　收

　　清點文件，完整者才可收下；不齊者，補全。歸檔文件須與歸檔表登載相符。

　　㈢分類編案

　　1.檔案分類表，應以杜威十進分類法編製之，通常以類、綱、目、節爲度，如仍不敷用，得在節之後另以小數點補充，各級項目均按分類號大小次序排列。（如附件一）

　　2.一件檔案可分入兩類以上者，應分入較適當之項目內，並在有關之案卷內放置分存單（附件二）或以影（複）印本分存於相關檔案內，以資參照。

　　3.分類號加案次號合稱爲檔號，該檔號代表一案之號碼。

　　4.檔案應分別以文書性質、機關名稱、地域、時間及姓名爲案名，對於同一分類號之各案，以年號、案名、分類號、案號、檔號及檔案之順序編製（附件三）。

　　5.編案時各機關得按業務繁簡需要在檔案上附編案單（附件四），註明案名、檔號、類目名稱，俟入卷時再行除去。

　　㈣編製目錄

　　1.書本式分類目錄（附件五），每一分類號一頁，凡同一分類號之各案，各依次書寫於該分類號同一頁內。各頁概依分類號別大小次序用活頁裝訂，如係新案，並應依序登錄目錄內。

　　2.卡片式分類目錄（附件六），應一案一卡，每一案在最初立案時編製之，按分類號大小次序排列。

3.分存單、抄件、或影（複）本之分存檔案，如無前案者，亦應作新案登入分類目錄內。

㈤保　管

1.檔案應根據案件辦理先後，由上而下依次彙訂，每卷首頁置目次表於檔案夾內，卷脊標明檔號、案名及保存年限。裝訂妥善，嚴密保管。

2.裝訂檔案，須整齊劃一，其厚度爲三公分爲原則。

㈥檢　調

1.借調檔案以與承辦單位業務有關者爲限。

2.借調檔案須寫調案單(附件七)，以一案一單爲原則，由調案人填寫年度、收發文號及來（受）文機關，案由，並經業務主管簽章後，送檔案管理單位調取。

3.檔案借出時，應將所調檔案及調案人服務單位、姓名、借出日期登記於調案紀錄卡(附件八)，並將紀錄卡放置原卷夾袋內，以便隨時查催。

㈦清　理

檔案區分爲永久保存、定期保存兩種，就其內容價值確定存廢標準。如機構設立，改隸，裁撤及國界、邊界、行政區域劃分及變更地名等重要案件爲永久保存；其他爲定期保存，依其重要性，有保存長短之分。

㈧設　備

檔案管理設備概分爲庫房、架櫃、作業工具、應用表卡等四種，檔案庫房宜與其他建築物隔離，地勢宜高亢，排水系統通暢，並儘量裝置鐵門鐵窗及防盜、防護等設施。庫房內應經常保持乾燥並加強其通風設備。

㈨保　護

庫房內濕度應保持百分之三十度至五十度，如濕度過高得備除濕設備調節之。並隨時注意維護與安全問題。

本中文檔案管理之項目可歸納入前述中文檔案管理的步驟內如下圖：

中文檔案管理之步驟：

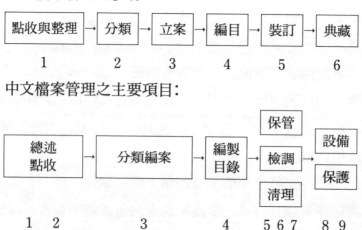

中文檔案管理之主要項目：

附件一　檔案分類表
500 主計類

510　　預　算 …………………………………………………………（綱）

511　　　歲　入 …………………………………………………………（目）

512　　　歲　出 …………………………………………………………（目）

513　　　預算分配 ………………………………………………………（目）

514　　　追加預算 ………………………………………………………（目）

515　　　追減預算 ………………………………………………………（目）

516　　　專案預算 ………………………………………………………（目）

520　　概　算 …………………………………………………………（綱）

521　　　歲　入 …………………………………………………………（目）

522　　　歲　出 …………………………………………………………（目）

530　　決　算 …………………………………………………………（綱）

531　　　歲　入 …………………………………………………………（目）

532　　　歲　出 …………………………………………………………（目）

550　　支付款項 ………………………………………………………（綱）

551　　　經費及臨時費預付 …………………………………………（目）

551-1　預　備　金………………………………………………………（節）

551-2　週　轉　金………………………………………………………（節）

附件二　檔案分存單

檔案分存單（全銜）

收文	來文	發文	來（受）文者	主旨	原文存放處	
日期	日期	日期			案名	檔號
年	年	年				
月	月	月				
日	日	日			本單存放處	
收文字號（ ）	來文字號（ ）	發文字號（ ）			案名	檔號
字	字	字				
號	號	號				

20.5cm

14.5cm

附件三 檔案之編製範例

1.同一分類號之各案，係以文書性質細分者，即根據各案之性質，分別以簡單概括之名詞爲案名，並以立案先後爲案次號，例如：

310.1 文書手册一項，細分案名爲「編訂文書手册案」，並係七十二年新生之第一案。

　　範　例：

(1)年號——72

(2)案名——編訂文書手册

(3)分類號——310.1

(4)案次號——1

(5)檔　號——$\dfrac{310.1}{1}$

2.同一分類號之各案，係以機關名稱細分者，即將機關名稱冠於案名之前。例如：

210 行政院所屬各機關組織職掌一項細分案名爲「內政部組織職掌案」。

　　範　例：

(1)案名——內政部組織職掌案。

(2)分類號——210

(3)案次號——3

(4)檔　號——$\dfrac{210}{3}$

編 案 單						
備 註	日 期	本 案 起	款 目	參 照	名 稱	類 目	檔 號	案 名

附件四　編案單

16cm

10.5cm

書 本 式 分 類 目 錄

分類號　　　類目　類　綱　目　　↑4.6cm↓

檔號 2公分	1.5公分 案名 4.5公分	起止日期 2公分	卷數 1公分	件數 1.5公分	移轉或銷燬 2公分	備註 2公分

2cm

2cm ↕

21cm

裝　訂　線

29.7cm

↕4cm

附件五　書本式分類目錄

卡 片 式 分 類 目 錄

附件六　卡片式分類目錄

檔　號		（案　　名）
保 存 年 限		（起訖日期）
		（卷　　數）
		（件　　數）
		（銷燬日期）

說明：

一、本卡片適用於編製卡式分類目錄及人名目錄。

二、本卡用150磅模造紙單面印製使用。

範　　例

68 $\frac{620.1}{8010}$		金門戰地政務計畫案
保 存 五 年		68.2.1起68.8.30止
		1、2、3、4
		210件附件15件
		73、10、1奉准銷燬

附件七　調案單

（全銜）　調　案　單

檔　　　　號	來（受）文者
收　文　號	
來　文　字　號	主　　旨
發　文　字　號	
備　　註	
數　　量	

一、每單只限借一案或一卷或一件。

二、借用檔案應於十五日歸還。

三、本單於還檔時索回以清手續。

業務主管：　　　　　　　簽章

借檔人：　　　　　　　　簽章

如非本管案件
應會主辦單位　主管　　蓋章

年　　月　　日具借

說明：本單之規格由各機關自行規定使用

調　案　紀　錄　卡

附件八　調案紀錄卡

檔　號				
案　名				

借　檔　人	單　　位	借　　期	還　　期	備　　註

說明：

本卡一案一張正反兩面用一五〇磅模造紙印製。

十、企業存檔資料之範圍

企業的檔案管理是針對企業機構的大小及需要來決定存檔資料的範圍, 何種資料有存檔的價值和保存的必要, 何者無存證價值可以銷毀, 都要以企業之情況, 及對企業有全盤瞭解才能取捨。一般企業的存檔資料其範圍大致如下:

㈠商業往來文書: 如來文、發文副本、內部公文、電報交換(TELEX)及傳眞(FAX)等。

㈡財務存檔資料: 支票、帳簿、財產目錄、報價單、統計及會計資料等。

㈢銷售單據類: 售貨發票、購貨定單、運費帳單、提貨單、裝載收據等。

㈣重要文件類: 法律文件及商業交易契約等。

㈤重要圖表類: 各種設計圖、地圖及統計圖等。

㈥企業有關之參考資料: 各種報告、演講稿及貿易雜誌等參考資料。

㈦報章、雜誌之剪報資料: 重要的報章、雜誌, 隨時做剪報存檔的工作。

㈧記錄要件: 股票記錄、銷貨記錄、人事檔案、圖書目錄及郵件目錄等。

㈨會議資料: 會議記錄、議程、會議報告及其他相關資料等。

㈩電腦資料: 電腦磁帶、磁碟、卡片及顯微膠片(Microfilm)等。

十一、資料管理

㈠什麼叫資料? 有什麼重要性?

資料是指有價值的、有意義的知識材料，包括書類資料及非書類資料。非書類資料又分爲兩種：

1.是印刷資料，如定期刊物、公報、圖片、圖表等。

2.是非印刷資料，如幻燈片、錄音帶、電影片、透明圖片、縮影資料、唱片、電視錄影帶等。

資料是人類生活經驗的記錄。詳證得失、擷取精英、創新知識等，都需要資料。然而資料價值的程度，因公司的性質以及各人的需要而不同。資料可供政策決定的依據以及處理業務的參考，並爲研究、寫作或演講等資料的來源。

㈡提供資料必須注意事項：

1.要配合公司的性質和目的——各家公司有不同的性質和目的，所需的資料也有不同，譬如說紡織公司所需要的資料，當然和紡織業有密切的關係；鋼鐵公司所需的資料,也必定和本身的鋼鐵業務相關，否則即使資料本身很具價值，對公司來說却派不上用場。

2.資料要正確可靠——資料最好能夠搜集到最原始的，原始資料正確可靠，最具研究價值。如非原始文件，可以利用影印收集保存，假使要傳抄轉錄，應特別注意其正確性，不可誤抄誤用，以訛傳訛。

3.越近越新的資料越具價值——科學發達，日新月異，各行各業不斷進展，知識也不斷創新，因而越新的資料越具有參考價值，尤其是統計資料更是如此。

4.資料要保持完整——資料以完整爲貴，有些斷簡殘編的資料，雖彌足珍貴，但總有殘缺不全的遺憾。

㈢資料的管理及整理：

資料的管理原則，是制度化和經濟化。所謂制度化。就是遵循一定的程序和法則，使每一件資料都有一適切而完整的體系；所謂經濟

化，就是只要利用極少的人力和時間，甚至於財力，就能使資料呈現在需用者的面前，使每一件資料都產生供應知識的最大效能。茲就資料整理的步驟，簡要說明如下：

1.蒐集——廣從各報刊雜誌書籍中蒐集，除非確知主管希望運用某些資料，最好先把所搜集的各種資料列表呈閱，由他決定這些資料的價值再作一取捨。平日閱讀報章雜誌，不要走馬看花，要隨時準備筆記簿，摘錄重要資料。大篇的資料，抄起來十分費事，而圖片根本無法抄錄，可把重要的剪下來貼在筆記本上，註明來源及日期。如果能夠影印一份，是最好不過的了。

2.分類——依照資料的內容來分類，把性質相同或相近的資料放在一起，分類時仍像檔案分類一樣，先編好分類表，每類資料都給予一個號碼，以便查閱參考。

3.保存和應用——如同保存檔案一樣，要注意資料的整齊清潔，卷宗標示清楚，放在妥善的位置，以便隨時取用，並須注意防蟲、防潮、防火、防鼠，且要隨時加以應用，供其發揮資料的價值與功能。

4.清理——過時的資料，無永久保存的價值，如果堆積太多，不但浪費空間，而且管理也甚費力費時，可轉到儲藏室或銷毀。㉟

(四)資料的整理步驟：

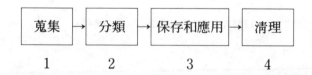

蒐集 → 分類 → 保存和應用 → 清理
1　　　2　　　　3　　　　4

十二、秘書與檔案資料管理

由於工商業發達後，檔案資料管理業務日形繁重。秘書尤須以系統化、科學化的方法來處理檔案資料管理業務。

在公司裡，收文都有一定的手續，大的機構設有總收發部門；小的機構也有專人負責收發文，其責任是將所有收文函件分類，並分送各有關的部門或個人。寫了個人姓名的信件，收發單位是不能拆閱的。作爲主管的秘書，當收發負責人將主管有關信件送到後，除了公事信件或印刷品，秘書可以馬上拆閱外，其他寫了主管姓名的信件，若是秘書已獲得主管信任或授權，則可以拆閱，但是若是主管親啓函（Personal），則絕對應該由主管親自拆閱。

另外，秘書必須隨時處理不必要存檔的印刷品、通知、宣傳品等，以免造成雜亂不堪；如此，才能算是有效率的檔案資料管理。㊱

附　註

❶鄧東濱，《怎樣開好會議》，臺北：長河，民國七十九年，pp.51-68

❷王志剛，《管理學導論》，臺北：華泰，民國七十二年，p.43

❸同上，p.176

❹同❶ pp.56-58

❺徐筑琴，《秘書理論與實務》，臺北：文笙，民國七十八年，pp.119-120

❻同❶，pp.58-63

❼同上，p.63

❽同上，p.62

❾《國民禮儀範例》，內政部，民國八十年，pp.18-43

❿同❶，pp.65-66

⓫同❺，pp.116-117

⓬同❶，pp.67-68

⓭夏目通利編，陳宜譯，《企業秘書》，臺北：臺北國際商學，民國七十七年，pp.160-161

⓮黃俊郎，《應用文》，臺北：東大，民國七十九年，pp.293-307

⑮同⑬，pp.133-135

⑯王全祿，《女祕書實務》，臺北：三民，民國七十一年，pp.111-119

⑰同上，pp.116-118

⑱同⑬，pp.144-147

⑲同上

⑳同上，pp.139-143

㉑徐筑琴，《祕書理論與實務》，臺北：文笙，民國七十八年，pp.93-94

㉒ Beamer, Hanna, Popham, *Effective Secretarial Practices,* Cincinnati： South-Western Publishing Company, 1962, p.121

㉓《牛津高級英英英漢雙解辭典》，臺北：東華，民國八十年，p.297

㉔ Emmett N. Mcfarland, *Secretarial Procedures,* Reston：Prentice -Hall,1985, p.33

㉕同❺，pp.36-37

㉖同㉔，pp.36-38

㉗同上，pp.38-40

㉘陳義明，《現代女祕書實務》，臺北：鄧式，民國六十六年，pp.127-128

㉙同❺，p.39

㉚同㉘，p.128-129

㉛同❺，p.39

㉜同❺，pp.40-41

㉝同❺，pp 44-55

㉞行政院秘書處，《事務管理手冊—文書處理，檔案管理》，臺北：三民，民國七十九年，pp.153-185

㉟同㉘，pp.144-146

㊱同❺ pp.65-66

本章摘要(續)

會議的管理與安排可分爲七個部份：㈠會議的定義，㈡會議的目的，㈢會議的管理，㈣會議的種類，㈤會議的安排，㈥會議文書，㈦會議管理與安排的關係。主管個人資料及文稿之管理所需遵守的要領有三：㈠爭取時效㈡便於取拿㈢去蕪存菁。主管個人資料管理方面包括：㈠日程的管理，㈡資料的管理，及㈢私事的管理。主管文稿管理方面包括：㈠文書方面，㈡裝訂的方法等。事務機器之使用分四個部份：㈠事務機器的重要性，㈡事務機器使用時應注意事項，㈢事務機器的保養，㈣事務機器之使用分類說明。事務機器依其性質歸類成五項：㈠通訊機器類：如電話機等，㈡文書業務機器類：如打字機等，㈢簡報會議機器類：如電視機等，㈣管理機器類：如打卡鐘等，㈤綜合機器類：如電腦等。檔案及資料之管理，即是將文件資料，經過點收與整理、分類、立案、編目、裝訂及典藏等六步驟，加以整理與保管，留備調卷參考之用。

檔案及資料之管理涵蓋十二項目：㈠檔案管理之典故及意義，㈡檔案管理的功用，㈢檔案管理的種類，㈣檔案管理的制度，㈤檔案管理的步驟，㈥檔案管理的原則，㈦檔案歸檔之原則，㈧西文檔案管理，㈨中文檔案管理，㈩企業存檔資料之範圍，㈪資料管理，㈫秘書與檔案資料管理。檔案及資料管理之主要功用在：㈠處理業務的參考，㈡可作爲法令的依據，㈢可作爲瞭解機關或公司歷史的參考，㈣可作爲研究時的參考，㈤工作成績表現之認定及，㈥保密的功用等六項。

習題六 (續)

一、是非題：

（　）1.一般管理者所公認的較理想與會人數是 20 到 25 人之間。

（　）2.提供資訊類的會場佈置方式以馬蹄型的排法爲最佳。

（　）3.解決問題類的會議，最理想的安排是讓每一位與會者均環繞桌子而坐。

（　）4.中餐座次安排，二桌排列法，第一席在進門的左邊。

（　）5.秘書的會議後工作主要爲飲料餐點的安排。

（　）6.寄發感謝函是秘書在會議後的主要工作之一。

（　）7.當主管結束差旅活動，返回公司上班時，秘書應向主管報告業務摘要。

（　）8.投影機是屬於通訊機器類。

（　）9.文字處理機可使秘書減少許多不必要的重覆工作，以提高行政效率。

（　）10.檔案管理就是處理文件、公文書等，加以保管，留備調卷參考之用。

二、選擇題：

（　）1.會議前秘書的準備工作是①會議記錄②議程之擬定③寄發感謝函。

（　）2.會議中秘書的任務是①會議通知之派發②遺忘物品的處理③傳言，接聽電話。

（　）3.會議會場佈置，如以不設桌子的戲院式安排適合①提供資訊類②解決問題類③培訓會議類會議。

（　）4.Ｖ字型的會議桌安排適合①提供資訊類②解決問題類③培訓會議類會議。

（　）5.中餐座次安排，三桌排列爲一字形時，進門最右邊是①第一席②第二席③第三席。

（　）6.西餐座次安排，只有一位主人時，陪位在①主人右邊②主人左邊③主人對面。

（　）7.屬於簡報會議機器類的是①傳眞機②口授機③幻燈機。

（　）8.傳眞機除了與傳眞機傳遞資訊外，最終一定會與①電腦②電報交換機（TELEX)③投影機連結。

（　）9.製作約會日程表是屬於①文字處理機②電腦③傳眞機的功能。

（　）10.檔案管理的第二步驟是①分類②立案③編目。

三、填充：

1.一般會場佈置可分爲三類：＿＿＿＿＿＿，＿＿＿＿＿＿，＿＿＿＿＿＿。

2.處理資料及文稿的三要領爲：＿＿＿＿＿＿，＿＿＿＿＿＿，＿＿＿＿＿＿。

3.事務機器的置備所需的三個標準爲：＿＿＿＿＿＿，＿＿＿＿＿＿，及＿＿＿＿＿＿。

4.檔案管理的步驟有六：＿＿＿＿＿＿，＿＿＿＿＿＿，＿＿＿＿＿＿，＿＿＿＿＿＿，＿＿＿＿＿＿，及＿＿＿＿＿＿。

5.檔案管理的原則有四：＿＿＿＿＿＿，＿＿＿＿＿＿，＿＿＿＿＿＿，及＿＿＿＿＿＿。

四、解釋名詞：

1.口授機(Dictaphones)

2.D／M

3.墨飛法則(Murphy's Laws)

4. R & D Department

5.電子信箱(Electronic Mail)

五、問答題：

1.秘書在會議之後，需處理那些工作？

2.文字處理機之硬體包括那些部份？其優點爲何？

3.電腦的主要功能爲何？你對電腦以後的展望看法如何？

4.傳眞機的功能爲何？試擬一傳眞機操作程序圖。

5.常用的事務機器可分爲那幾類？每類各舉例說明之。

6.檔案管理的功用爲何？

7.西文檔案管理歸檔方法有那幾種？試說明之。

第七章　公共關係

公共關係(Public Relation)是一門研究關於大衆與大衆間互動所發生作用及溝通協調的學問。它與人際關係(Personal Relation)不同之處在於人際關係是強調人與人間互動所發生作用及協調。比較下，公共關係涵蓋較廣也較遠。

本章分三節來探討：

一、公共關係概說
二、企業與公共關係
三、秘書與公共關係

第一節　公共關係概説

公共關係的起源是，人們因社會、政治、經濟、文化、種族等因素的需要而組成各種團體及事業。每種團體事業都不能脫離其他團體事業，需要互相交往，才能繁榮；必須接近羣衆，才有發展。

在中國歷史傳統有關公共關係者，最早爲周公制禮作樂，逐漸構成中國幾千年傳統的倫理道德，孕育了現代的公共關係❶。

近卅年來，由於科學與技術的快速發展，使得現代的生活變得極爲複雜。電子電腦的發明及應用，使人們能在同一時間處理各種不同的事件。並且，可以在極少的人力下擴展其業務。人們變得異常忙碌，

而人所接觸者，也僅限於工作、機器、以及操作上相關的人。

　　這種忙碌的現象，無可避免的將造成人與人的接觸及交往傾向於「職業化」或「物質化」的現象，而不是過去生活於「文化式」的人類了。人們感情的交流也趨向「技術性」；有些專門的術語或是特殊的隱語，更是只有少部分同樣圈子裡的人才能了解。這種情形在世界商業中心的各大城市中，如紐約、東京等，表現得最爲明顯。

　　由於這種情形，生活在大都市的人都偏向「無人格」的趨勢，他們害怕參與他們所不能認同的事務中，他們固執地與他們所認識的及所信賴的人生活在一起，並逗留在自己感覺安全及被認爲受尊重的群體組織中。因而在整個世界上、國家中、社會裡，這些大團體中形成無數個小集團。由於這些小集團的形成，使得人們在語言上，在觀念上，在思想上的交流更形困難，也許雖然用着相同的文字，但却有着不同的意思，善意的言辭和忠告，也許常被解釋錯誤，這些都非常容易造成彼此的誤會和衝突。因此如何能夠使大眾的思想言行溝通無礙，有賴某些專門的學問予以引導、協調，方能促進社會的祥和與進步。

　　公共關係就是解決「溝通」上某些問題的方法❷。

　　公共關係之淵源如下圖：

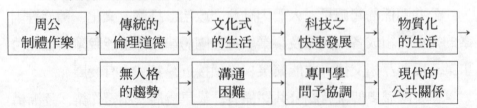

　　本節依下列項目來討論：

一、何謂公共關係

　　公共關係就是「公誼」。「公誼」即代表人人良好的關係。公共關係是一種管理工具、一種傳播工具及一種行銷工具。公共關係就是採用雙向溝通的方式，使某人或某公司的需求及興趣，能與特定大眾的需求及興趣，互相配合、溝通。為達到此溝通的目標，通常透過大眾傳播媒體或個人親身接觸的方式為之。❸

　　協調是自由社會人類進步的一種動力，公共關係乃是講求人性的尊嚴，採用科學的民主式來協調社會關係的一種知識，也就是社會工程學，是研究人羣關係的工程學。是建立善言，使事業和大眾維持良好的關係。是以公眾利益為前提，以諒解信任為目標，以配合協調為手段，以服務羣眾為方針，以事業發展為目的。

　　公共關係代表民主的精神，也提示科學的方法。是研究整個人類社會活動關係的科學，是綜合性的社會科學。

備忘錄
公共關係可摘要如下：

公共關係1.講求　人性的尊嚴

　　　　2.方法　科學民主式

　　　　3.又稱　社會工程學

　　　　4.前提　公衆利益

　　　　5.目標　諒解信任

　　　　6.手段　配合協調

　　　　7.方針　服務群衆

　　　　8.目的　事業發展

　　　　9.對象　人類社會活動

　　　10.總結　綜合性的社會科學

二、何謂公共關係學

所謂公共關係學，就是講求與公衆保持和促進良好關係的學問。它也是以爭取公衆善意和公衆瞭解爲目標的專門學問。

三、公共關係的定義

公共關係的定義嚴格說，尚無定論。茲舉具代表性的二主要來源如下：

㈠《韋氏國際辭典》（*Webster's New International Dictionary*）爲公共關係所下的定義如下：

1.促進個人、企業、機構與其他個人、羣衆或社區民衆之友好關係；採用之辦法爲：分發宣傳品，增進彼此瞭解，重視羣衆反應等等。

2.⑴個人或團體，獲得羣衆瞭解及友好關係之情況及程度。

　⑵爲了建立良好關係所運用之技巧。

3.(1)發展相互瞭解及友好的一種藝術或科學。

　(2)從事此項工作之專業人員。

　　以上的定義是公共關係定義中較爲完備的一個。因爲它依序包括：1.一個團體機構和其他團體羣衆之間的關係。2.這種關係的品質，卽好的或壞的公共關係。3.這種關係的活動。4.公共關係爲一門學問。5.從事這種關係工作之人員。其內容甚爲週詳，而且切合公共關係的內涵。

　　(二)公共關係著名學者希代爾(J. C. Seidle)說：

　　公共關係是一個繼續不斷的過程。在此過程中，管理部門對外設法爭取顧客及社會各界的諒解與信任；對內不斷自我檢討及糾正。

　　公共關係是一種管理哲學，在所有決策和行動上，都以公衆的利益爲前提，此項原則應釐訂於政策中，向社會大衆闡揚，以獲得諒解及信譽。

四、公共關係的功能

　　由公共關係定義，可以顯出公共關係的功能有分析、計劃、組織、協調、執行等五項。茲說明如下：

　　(一)分析

　　分析一個機構的政策及目標，分析這個機構與所有羣衆之間的關係，包括員工、顧客、經銷商、股東、財政金融界、政府、新聞界，並應不斷的研究，以保持這種分析資料不致於陳舊。

　　(二)計劃

　　擬訂各種行動的計劃，以達成目標，在此計劃中，需要採用各種公共關係的技巧，並對羣衆從事傳播。

　　(三)組織

是指設計一套辦法，使各項公關活動彼此協調、配合。使公共關係的結構建立起一套工作與職權的關係。使各項公關的工作可以按計劃執行及協調。

㈣協調

公共關係最主要的功能就是協調，藉着對內及對外的意見溝通，達到協調上下、溝通左右的目的。

㈤執行

執行公共關係計劃，是利用所有對內對外的各種途徑從事傳播，以爭取羣衆之了解，並促使其採取於我有利之行動。

以上五項功能之關係可畫圖如下：

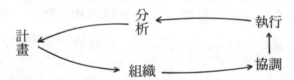

五、推行公共關係的要素

推行公共關係的要素有三：

㈠服務大衆的利益：

美國流行的名言：

一個企業的存在與發展，是依靠大衆，決定於大衆，及爲大衆利益而服務。

㈡保持經常與良好的聯繫：

公共關係是爲減少人類矛盾和調整人類關係，應運而生的，其宗旨爲考慮他人立場，建立良好的聯繫。

㈢培養良好的道德與態度：

社會人士視公司員工爲公司的代表，公共關係是公司集體活動的

表現，代表公司的名譽。爲了公司的名譽，公共關係即在加強培養公司員工良好的道德與態度。

六、推行良好公共關係的基本條件

推行良好公共關係的基本條件爲：

㈠建立充分而有益團體的標準。

㈡員工團體共同參與所面臨的問題。

㈢領導者和部屬要並肩合作。

㈣所有員工要虛懷若谷、從善如流。

㈤擁有健全的回饋系統。

爲達成良好的公共關係，員工團體需有以下的態度與修養：

A.態度方面：

㈠認識自己　對自己要有平實、客觀的看法，瞭解自己，檢討自己，才能獲得別人的信任，建立良好的公共關係。

㈡對別人要有信心　相互信任是良好公共關係的基礎。

㈢與同仁打成一片　公共關係所需者乃縮短人際關係，使員工打成一片，增進溝通。

㈣具備同理心　「同理心」就是要「設身處地，易地而想」的意思。凡事要能考慮他人立場，然後以對方的立場來着想，即是「己所不欲，勿施於人。」

㈤加強溝通頻率　縮短人際間距離的做法是要增加溝通頻率，經常與人來往才會互相接納與相互諒解。因此增加溝通頻率乃是促進相互了解的手段。

㈥尋找回饋　一個人所做所爲，在別人眼中的看法和自己的看法經常會不一致。自己喜歡的事別人未必喜歡，爲了縮短兩者之間的距

離和糾正自己的觀念，就得虛心地多方去尋找回饋，以獲得正確的資訊❺。

B.修養方面：

㈠性格：從事公共關係者，對大眾的事物一定要熱心，沒有熱心絕無收穫。要以熱誠去感染、去說服、去教誨全體員工對工作的信心。

㈡品德：公共關係人員重要的道德條件是高尚的品德，他必須行為良好、品格端正、態度謙遜、誠實無欺、實事求是。

㈢智慧：善用個人的智慧，去與大眾接觸、聯繫、溝通。

㈣學識及經驗：公共關係人員所應付的乃是整個的社會，以及經常變動的複雜因素，因此若有適當的學識做基礎，吸收各方面的學術知識，加上豐富的工作經驗，從事此項工作將會方便而容易得多。

㈤領導能力：任何事業的成功，都必須有強而有力的領導者。沒有統御能力，則根本無法推動工作。公共關係人員，尤需具備領導能力，才能帶動公共關係活動，順利地推動公共關係業務。❻

第二節　企業與公共關係

企業與公共關係之間關係密切。企業界需要公共關係來增強其事業；公共關係則提供企業界回饋社會的管道。企業界需與公共關係相配合，並善用它，才能相得益彰。由此，可見公共關係對企業界的重要。

與企業界有關的大眾對象可分為對內員工，對外股東，對外顧客，對社會團體，對教育界，對政府，對新聞界等。本節依下列項目討論之：

A、概念篇

　一、公共關係對企業的決策

　二、公共關係與意見溝通

B、技巧篇

　三、公共關係與行銷

　四、公共關係與廣告

　五、公共關係與調查研究

　六、公共關係與大眾傳播

　七、公共關係與企業形象

C、對象篇

　八、對內員工的關係

　九、對外的股東關係

　十、對外的顧客關係

　圭、對社會團體的關係

　圭、對教育界的關係

　圭、對政府的關係

　齿、對新聞界的關係

D、展望篇

　圭、公共關係的未來展望

A.概念篇

一、公共關係對企業的決策

1.近代公共關係已提昇至策略規劃的層次：

　　近來越來越多成功的企業，對於公共關係的力量都刮目相看。世界各地，企業高級主管們都逐漸體認到，外界對企業的認知足以左右公司重大經營策略的成敗。現在有許多公共關係人員得以參與內部高層會議並與決策者保持密切的聯繫。

　　2.公共關係人員能為公司樹立新形象，並漸居要位：

　　西德歐寶汽車（Opel Co.,通用公司的子公司）公共關係負責人兼董事漢斯‧蓋博（Hens Kaiber）曾經說過：

　　十年前，公共關係被視為「卑陋」的工作，但是在現代生活中由於政府、企業界、環境以及社會大眾間的互動關係已經變得極端複雜，公共關係可以使一個公司成功，也可以使它失敗。在很多大公司裏，公共關係人員，由於責任之增加，漸居要位。❼

二、公共關係與意見溝通

　　在人際交往的過程中，最重要是能與對方雙向溝通，公共關係就是建立在雙向溝通的基礎上。

　　㈠意見溝通的意義

　　「溝通」一詞起源於拉丁文"Communis"，原意為共同分享交換意見之謂。

　　意見溝通是人與人之間，彼此傳達思想、觀念或訊息的過程；也是人們透過符號或工具，有意識或無意識地影響他人認知的動態過程。換言之，經由意見溝通的過程，人們希望能達到分享訊息的目的。

　　㈡意見溝通的種類

　　按照人際間意見溝通的對象和流動的方向，可見意見溝通分成三類：有下行溝通、上行溝通與平行溝通。

　　1.下行溝通（downward communication）

　　下行溝通是把意見溝通的訊息，由上層傳達給下層。通常在組織中，主管對部屬指揮做事常屬下行溝通的方式。如指示、下達命令、改進方法、採集資料等。

　　我們從事公共關係人員面對同仁及客戶時，應該儘量避免使用下行溝通的方式。若常使用下行意見溝通，則容易引起對方反感，造成溝通障礙，無法達成任務，應該改用婉轉的平行溝通方式來進行就容易完成任務。

　　2.上行溝通（upward communication）

　　上行溝通的對象正好與下行溝通相反，上行意見溝通是下級人員以報告或建議等方式，對上級反映其意見。理想的意見溝通方式，不是僅有上行溝通或只有下行溝通方式，而是下行溝通與上行溝通並存，整個社會構成意見溝通的循環系統，成為有效的意見溝通體系。

　　平常在機構組織中，上行溝通容易被忽視，由於主管頤指氣使，員工不常主動地對上級主管提供意見，所以常設置意見反應箱等管道來改進溝通的方法，然而在一般公司及機構中並未發揮多大的效果。公共關係人員如能溫和謙恭地對外及對內都採取上行溝通的方式，就能產生有效的意見溝通，而圓滿達成任務。

　　3.平行溝通（horizontal communication）

　　一般來說，平行溝通流行於同儕朋友之中，或地位相當的人中，是組織內處於同一層級，各單位之間或個體間的意見溝通。最常見者為組織內同階層工作人員的橫向聯繫，平行溝通常以辦理公共關係或其他非正式溝通的姿態進行，較有利於協調，進退比較方便。

　　例如當電信局擴充裝置電話線路時，必須重新埋設管道，常會侵犯到地主的權益，他們就會告發電信局，侵佔地主的土地所有權。此時可由公共關係人員出面處理，派遣對地政事務熟悉的業務稽查或對

外公共關係代表，透過地政事務所的協調，及透過工務局或建設局的平行溝通，更經由地方士紳或地主的親友採用旁敲側擊的迂迴方式進行溝通，常能化險爲夷，避免一場風波發生。

㈢意見溝通的障礙和克服方法

人與人間的意見溝通，常因內在的心理因素或外在的環境因素的影響，而引起溝通困難，而構成溝通的障礙（barriers of communication）。意見溝通的障礙和克服方法如下：

1.身分地位上的障礙

人因地位與身分的不同，對相同的問題就有不同的看法，對於意見溝通就有懸殊的差距，而造成溝通上的障礙。

2.地理上的障礙

來自不同地理位置的人，對事情的看法就可能不一致，而造成溝通的困難。

3.語意上的障礙

語意上的障礙常造成意見溝通的嚴重問題，俗語說：「會錯了意」，即是此意。

例如說：「你這個人眞有辦法」，這句話的意義可表示讚揚，也可以表示諷刺，此乃完全聽其音調來決定。

因此，爲了克服這些困難，我們應保持一個開闊寬大的心胸，改進運用語言之技巧，平心靜氣地推敲對方實際的含意，才可了解別人之陳述，儘量使用簡短和清晰的辭彙，及用反問法確定對方的意思，才能減少語意上的障礙。

4.專業上的障礙

各行各業，隔行如隔山，各有其專業術語。一個行業所用的專業術語，對別行業就會構成溝通的障礙。❽

B.技巧篇

企業界的公共關係是必須講求技巧的。一般而言，企業界所常用的公共關係技巧可分行銷、廣告、調查研究、與大眾傳播等方面。企業界須善於利用公共關係技巧才能提高商譽與知名度；公眾團體也才能對其產生信心與愛護性。企業界的公共關係與技巧之間之關係如下圖：

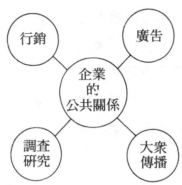

三、公共關係與行銷

公共關係實行的對象是人，人在經濟社會中是生產者也是消費者，其充當的角色是多元而且複雜的。人的慾望、觀念常會隨環境而改變。因此，公共關係人員應了解整個經濟社會的產品行銷理念及路徑，對社會經濟動向及成本有深刻的體認，進而實施市場調查分析，所得的資料訊息才不致離譜或無效。

㈠公共關係行銷計劃

在一九七○年代，人們開始瞭解，公共關係對商品行銷很有幫助。在七○年代以前，行銷者一直注意到他們的商品是否確實合乎顧客的需求，訂價是否有競爭性，發行面是否寬廣，以及促銷廣告活動是否

做得普遍。

公共關係的行銷計劃必需好好規劃出公司的目標、策略，以及促銷與銷售的方法。公共關係作行銷的工具可以實現下列幾項目標：

1.協助打開公司及產品之知名度。

2.協助新產品或改良產品上市。

3.協助延長產品的生命週期。例如利用公共關係資料從事產品廣告及促銷工作。

4.以少數費用找尋新市場或擴大舊市場。

5.爲產品及公司建立有利的形象。

使用正確的公共關係提供傳播方法實在物美而價廉，但可惜得很，十之八九的新產品都未能善加利用，此種失敗的成本，數以億計。因此，企業應多利用公共關係的行銷功能。

㈡公共關係行銷活動

有許多公共關係的活動可供行銷之用，如產品報導、抽印文章、參加商展，及聘請公共關係發言人等方式。

1.產品的報導

由報紙、雜誌及廣播、電視對產品的報導都隱含著支持此產品的意味。

2.抽印文章

公司若收到報章雜誌，上面刊登有關該公司的產品報導文章時，就應該抽印發送以增加產品報導的效果。

3.參加商展

參加商展可使公司產品展示在大眾面前，以提高大眾對產品的認識，並提昇公司知名度。

㈢顧客導向的公共關係

公共關係可以從消費者保護主義立場從事行銷。發展營養食譜、出版消費者通訊、遊說有利消費者之立法，都能有助於公司產品之行銷。如果顧客信任一個公司，這種信心會變成購買該公司產品的行爲。

一個小型企業剛剛開始的時候，公共關係可行銷這個公司。只要用一點公共關係的小技巧，就可以協助行銷公司的產品和公司本身，對於小型企業使用下列原則頗有幫助：

1.發佈消息　一個小型企業應利用免費的媒體報導其公司，當地媒體多半樂於採用一家新公司、新產品、新人事、新地點等消息，企業家可利用此來打知名度。

2.編寫宣傳小冊　不管公司多麼小，總應該編寫一份簡易小手冊，說明你公司的產品、價格，以及你公司的經營哲學等，這種簡易小冊可達宣傳效果。

3.以郵遞行銷　將簡易宣傳小冊編印完成之後，可以郵寄給顧客，提供服務。

4.參加社團活動　企業家應參加當地商會或扶輪社等，只要肯花一點時間，和地方人士熟悉並不困難，一個小企業家勤於參與地方公共事務是很有價值的。

5.善用廣告　對一個小企業而言，廣告有很大的助益。在電話簿上登分類廣告可能效果不錯，因爲這也算是地方性的媒體。❾

四、公共關係與廣告

公共關係的廣告即是以創造公司形象爲目的而非推銷產品的廣告。其他如企業廣告、形象廣告、公共服務廣告等，皆有異曲同工之效。這些廣告通常用作宣佈公司名稱的改變、管理階層人事更動、公司合併，及其他有關公司形象之增進等。一九七○年以後這種廣告形

式逐漸普遍。

㈠廣告的重要性

一般廣告是推廣產品與服務，宣傳產品的特點，是說服人們購買的最常用辦法。有時，公司還可以購買發言機會，提出公司的觀點，利用廣告達到促進公共關係之目的。

㈡形象廣告的興起

一九七〇年代企業界在遭遇多種壓力之下，廣告界出現了新的面貌，非推銷產品性的廣告越來越普遍，其中有些是基於社會公益的廣告。例如社會責任、公平雇用、協助少數民族等的形象廣告。

㈢公共關係廣告

希爾(Hill)為公共關係廣告提供下列原則：

1.措詞要坦白、公正、誠實。

2.用對方慣用的語言，說明要單刀直入。

3.不要高舉或貶低任何人。

4.用簡單的字句說明事實眞象，使家庭主婦也能瞭解，並相信你所說的。

5.一則廣告只說一件事，內容切忌冗長。

6.少用數字，多用圖片，可舉簡單的日常事例。

㈣公共關係廣告的未來展望

未來公司所遭遇的壓力將越來越大，如政府的管制政策、消費者保護主義、被他人控訴等，大公司尤其如此。公司需要找到一個可以講話的場所，非產品推銷廣告尤其將繼續為人所重視。

此外有許多公司逐漸關心到自由企業制度、資本形成，以及經濟成長與環境維護二者孰重，以及其他許多問題，他們將利用廣告來表示這方面的意見。❿

五、公共關係與調查研究

公共關係人員，要對整體市場動態達成結論，必須要有市場調查的分析技術。由於統計學的應用和電腦的普遍使用，致使市場調查或民意調查工作飛快地發展，有了這些工具促使公共關係管理功能更爲健全，調查的信度及效度因而提高。

㈠意見調查研究

標準的意見調查工作，包括對外的市場調查及對公司內部的調查在內，必須包括四項主要因素：

1.選樣：所選的目標對象，必須對想調查的全體大眾有代表性。又稱抽樣，可分隨機抽樣法(probability sampling)、區域抽樣法(area sampling)，及配額抽樣法(quota sampling)等。

2.問卷：必須能引導適當資訊，且不會發生偏見反應。

3.訪問：其方式以獲得無偏見答案爲原則。

4.分析：須能提供可靠依據，以便推薦行動。

以上四項主要因素之關係可由下圖看出：

選樣　→　問卷　→　訪問　→　分析

㈡衡量調查結果

將一家公司製造出來的訊息和其所得到的媒體宣傳內容相比較，然後由電腦分析求得媒體對該公司形象的正面與反面描述的情形。

㈢民意調查研究

民意測驗可找出正確的消息、錯誤的消息與堅定態度之間的關係，可以分離刺激的因素，也可以發掘動機。聰明的公共關係人員利用調查來防止問題的發生，且可以改進公共關係和傳播的技術。❶

六、公共關係與大眾傳播

公共關係的專業人員沒有不重視大眾傳播的，所謂公共關係，顧名思義，就是要與公眾發生關係。

與公眾發生關係的途徑很多，譬如開會、演講，可以聚集數十百人；發傳單、貼海報，可以讓數百千人看到；用擴音器廣播可以讓數百千人聽到，舉行展覽或表演可以吸引數千人；出版刊物或書籍可以發行數千百本，這些都有利於公共關係，也各有其特殊用途。但在今日社會中，欲求與廣大的羣眾建立良好的關係，則唯有依靠大眾傳播的媒體。

大眾傳播媒體乃是專門爲個體（包括個人、團體、政府機構、工商企業）與社會大眾相互接觸、傳遞訊息而成立的企業。任何單位均可利用大眾傳播媒體以傳達訊息，因此用作公共關係之工具最爲適當。因其具有下列特性：

1.普　遍

大眾傳播媒體無論報紙、廣播、電視已成爲家家戶戶必備，人人必看的精神生活食糧。不論城市鄉鎮，不論各行各業，不論男女老幼，皆受大眾傳播媒體之影響。

2.迅　速

由於工業及交通、通訊之進步及科學技術之發展，今日之大眾傳播媒體都以最迅速之方式向大眾提供訊息。

3.眞　實

各大眾傳播媒體爲維持其信譽，對於訊息之處理，皆力求眞實。從而獲得讀者或聽眾、觀眾的信心，因此其影響力也特別深遠。

4.評　論

對於重要之訊息，大衆傳播媒體常由其資深記者、主筆或約聘專家作分析或評論，這在報紙中尤受重視，廣播、電視亦常於新聞報導中播入，此項評論尤能發揮領導輿論的作用。❷

七、公共關係與企業形象

企業形象的建立有賴於公共關係功能的發揮。公共關係是一項管理職能，它能評估公衆的態度，使個人或組織的有關政策及制度，能爲大衆利益著想。

㈠企業形象的評估

一個人或一個羣體對某一標的物的整套信念，謂之形象（image）。評估組織的形象，可用一項衡量的方法，用以測度各類公衆對該組織的形象。這項衡量包括兩個部份：一部份爲衡量組織的「知名度及美譽度」（visibility-favorability），另一部分則爲衡量企業形象的實質構成要素。

圖一中：A 爲組織知名度及美譽度的示例，是對五家管理顧問公司的衡量結果。其中位於象限 I 的兩家管理顧問公司，均享有極高的美譽。特別是公司 1，知名度高，且又有極高的美譽。位於象限 II 的公司 3，美譽甚高，但卻不太爲人所知。因此公司 3 的行銷需要，應爲提高知名度，以使知道該公司爲一家優秀管理顧問公司的人數增多。象限 III 的公司 4，獲致的好評不及前述三家公司；幸而對該公司印象不佳的人數也較少。因此公司 4 應保持其低姿態，力求改變其本身的管理顧問服務，俾能引起更多人的好感。倘能爭取好感，則應再行步入象限 II；然後象限 II 再作較多的宣傳。最後，只有象限 IV 的公司 5 情勢最劣；不但一般認爲公司 5 是一家甚差的服務提供者，而且知之者

甚衆。這情勢使該公司降低其已享有的知名度，由此，可看出一家公司的形象及其在公共關係上應採取的策略。

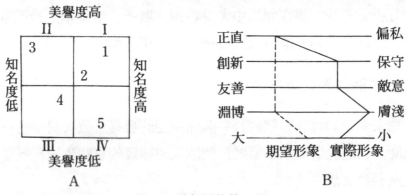

圖一　形象評估的工具

形象分析的另一部份，是衡量企業形象的實質構成。所謂「風評差異分析」(semantic differential)，即爲此項衡量的可用工具之一。參閱圖一 B 的圖示。風評差異分析，是先行認定對組織的風評中較爲重要的屬性；並將各項風評屬性分別以高低兩面的極端形容詞表示之。然後進行調查，請受訪人就各項風評屬性一一給予評分。調查研究人員根據評分所獲平均，乃在各屬性的評分標尺上繪成一點；然後連接各點，即爲該組織的形象圖。

茲以圖一 I 的公司爲例：該公司的風評形象如附圖一 B 所示的實線。由圖可知該公司經公衆評爲頗爲正直；但是卻嫌其偏於保守、敵意、膚淺，及規模過小。該公司從此必然深悉本身的缺點，可能影響其成長力和獲利力。

㈡企業形象的選擇和規劃

其次進一步的任務，組織應決定其本身希望建立怎樣的形象。決定本身期望的形象時，應注意求其切合實際，而不可好高鶩遠。

假定該公司期望達成的組織形象，如圖一 B 中的虛線所示。該公

司對本身所享有「正直」程度已表滿意；惟願能改善者，是應有較高度的創新、淵博、友善及規模較大的形象。對於這幾項形象的屬性，該公司不妨分別訂出不同的「權數」（weight），以示輕重之別。該公司尚不妨對不同類型的公眾，分別培養其所期望的不同形象。

進至此一階段後，公司卽擬訂一項行銷計劃，俾使其組織的實際形象逐漸移轉至期望形象的位置，以建立新的企業形象。

㈢企業形象的加強

加強企業形象的方法如下：

1.企業界首先應建立顧客的信心。

2.設立消費者諮詢電話，聽取消費者的意見。

3.籌辦消費者座談會，邀請消費者參與產品的開發。

4.舉辦和參與社會的公益活動，如義賣、募捐等活動。

5.提高社會責任，及接受善意的批評，並徹底改進。

綜上所提諸項，企業形象若能建立在「信心」、「誠心」、「愛心」和「責任心」的基礎上，必能被消費者和社會大眾所接納並賦予正面的肯定。❸

C.對象篇

企業界的公共關係對象可分爲對內員工，對外的股東，對外的顧客，對社會團體，對教育界，對政府，及對新聞界等。其關係可由下圖看出：

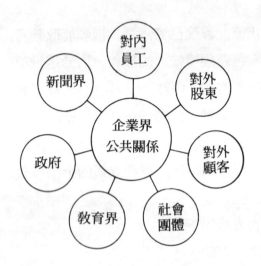

八、對內員工的關係

對內有良好的員工關係，才能建立良好的外界關係，外界關係爲公共關係之主流。所以說，對內的員工關係爲對外公共關係之基礎。亦即「良好的公共關係來自公司自己內部」。

要有良好的員工關係，必須建立健全的人事政策及完善的溝通管道。茲分別說明如下：

㈠健全的人事政策：

1.尊重員工人格

⑴實施合理的工作時間　每個員工的體力和負荷都有限度，若是超過負荷或逾時的工作都易造成員工疲勞甚或疾病，所以實施合理的工作時間就是尊重員工人格的第一步要點。

⑵尊重員工之意見　人類生而平等，雖有職務工作高低性質不同，但基本上每人都有表達意見和看法之自由。尊重員工之意見，才能化解各種障礙。

2.公平的待遇

公平合理的待遇是良好人事政策的基礎，按照心理學家馬斯洛（A. H. Maslow)的需求層次理論中的第一階層，即爲滿足員工溫飽的需求，所謂「衣食足然後知榮辱」，一個人若三餐不繼，則自尊、工作滿足及成就感等皆不重要。公平的待遇，才能激勵員工向上奮發之心。

3.良好的工作環境

公司與企業的良好工作環境，亦爲員工對內關係的基礎，有了良好的工作環境，員工對於公司才有向心力和歸屬感。

4.工作必須有保障

好的健全的人事制度，首要因素就是工作必須有保障，除了待遇公允，有良好的工作環境之外，最重要的還是工作必須有保障，員工才能安心努力工作。

5.加強福利措施

企業與公司更應注意加強福利措施,以維持與員工更良好的關係。一般言之，公司的福利措施如下：⑴保險制度⑵撫卹制度⑶補助津貼⑷優待辦法⑸托兒所及幼稚園⑹餐飲供應⑺醫療服務⑻康樂活動等。

6.升遷與晉級

要激發員工的潛能和促使員工工作的熱忱，最重要的途徑，就是使員工有順暢的升遷管道和普遍晉級的機會，如何作到使每位員工都有工作的熱忱和晉昇的機會,就有賴於公平的升遷和晉級的人事制度。

㈡完善的溝通管理：

1.聯繫員工

公司的活動及政策，必須眞誠地使員工瞭解事實，以求積極合作。其報導方式可採個人接觸，利用大眾傳播媒介，談話、演說及各種印刷品、展覽與廣播等，使員工感覺其爲公司之一分子，從而共同爲公

司之發展而努力。

2.回饋系統

與員工的聯繫工作必須有往復的回饋系統，昔日由上到下的發佈命令的方式，目前已不適用，因爲它忽略了員工的意見，而他們對所奉行的命令卻希望能參加些意見。員工們的建議時常會產生出更健全的管理政策和方法。可成立申訴及建議制度，並允許員工代表參與重要政策會議之討論。

九、對外的股東關係

良好的股東關係，以對股東的利益而言，是擬定健全的財政政策，保持與股東間的往復聯繫，以期獲得他們的瞭解與信賴，提高他們對所有權的自尊感，並可爭取他們的合作以促進公司事業的發展。

㈠股東關係的重要性

1.輿論的工具：

股東人數龐大，他們可以發表自己的意見，也可以使他們的意見在地方上或全國性的各階層發生力量，所以說，股東們是創造輿論的一種工具。

2.財源：

另一方面，股東的力量又是一種「財源」，一切營業都會有困難的時候，面臨這種困難的時期，友好而有同情心的股東們，就成爲公司最有價值的一種財產。

㈡股東聯繫的基本原則

公司與股東必須經常保持聯繫，倘若遵行下列原則，便可與股東採取有效的聯繫。

1.向股東所提出的報告，必須簡明、容易瞭解、不用專門術語。

2.對股東的聯繫必須繼續不斷。

3.採取一套引人入勝的廣告技術，來爭取股東讀者們的興趣。

4.管理部門與股東間的私人接觸，是良好股東關係的主要條件。

5.為獲得股東的信賴，管理當局必須把公司兩方面的情形——無論好的或是壞的——都報導給他們。

㈢股東聯繫的方法

與股東們通信及編寫公司年度報告書是與股東聯繫最重要的工具。茲敍述如下：

1.與股東們通信

信函在股東關係上是很重要的，一封友好的而且由公司經理或某一重要部門主管簽署的信函，最受股東歡迎。

多與股東通信聯絡，在作年度報告時，可用特別形式的信函，通知股東們有關公司的進展情況，不管生意好壞，都應該據實以告。

2.編製年度報告書

不論是一種印刷精美的五十頁或者更厚的小冊子，或是一種單頁的報告單，年度報告書已成為企業公司方面的一項重要資料，可供股東們參考。

3.印刷品及電化教育方法

以印刷品及電化教育方法向股東報導公司情形也很有效。

4.採用座談會方式或私人接觸

股東座談會或個人接觸的主要方法如下：1.股東年會，2.股東地區會議，3.開放公司或參觀工廠，4.個別接見。用印刷品與股東保持聯繫，雖然極關重要，但它永遠無法代替私人接觸的方法，因為私人接觸可以建立起管理部門與股東間有效的往復聯繫。⓯

十、對外的顧客關係

良好的顧客關係，應當考慮消費者的利益，並採取健全的管理政策爲他們服務，並須解釋公司的政策使他們瞭解公司的產品、政策及有關的財務及經濟問題。

㈠顧客關係的重要性

顧客關係可以決定公司的營業額。因此，在商業界中最重要的人物乃是當時的顧客與未來的顧客。所以，顧客的關係是企業組織裏整個公共關係計劃中的體制內最爲重要的活動之一。

㈡顧客關係的策略

對顧客關係的策略應包括下列各點：

1.專人負責及員工訓練

良好的顧客關係，乃是企業公司中每位員工的責任。公司中每位職工及管理人員的言行，都可以影響顧客對公司的態度，所以必須提供優良的員工訓練。

2.對顧客報導公司的情形

可報導關於公司的沿革，管理人員陣容，公司工廠規模，勞資關係，財務業務狀況，運銷方法等，以建立良好的形象。

3.對顧客報導產品情形

報導產品特性、原料、製造程序、服務供應情形等，以增加顧客信心。

4.研究顧客的意見

顧客對一般企業及某些特別公司的態度，乃是樹立健全顧客政策及設計顧客關係計劃的最重要基礎。通用汽車公司在若干年來一直設有一個主顧意見調查部，從事於決定顧客們對汽車設計、色彩、附屬

物及其他形態的愛好。其目的在獲得顧客對公司產品、服務或公司政策的意見，以謀改進。

　　5.顧客計劃的擬定

　　公司所擬定的計劃，包括調查、採取行動解決問題，及與顧客聯繫合作的問題，以建立良好的顧客關係。❻

十一、對社會團體的關係

　　在多元化的社會組織中，公共關係扮演了溝通各階層的角色。無論對於公民營企業，及非營利機構，包括社會福利團體、民眾團體、慈善團體、宗教團體及科學團體等都賦有不同的功能。所以，各企業公司機構必須把握其特色，建立對社會團體的良好關係，使充分發揮其功能。❼

十二、對教育界的關係

　　教育界中，各級學校造就了不同層次的人才。這些人才是企業界最龐大而重要的社會大眾資源。由此可見教育界公共關係的重要。

　　教育家和企業從業人員，已經瞭解企業界與學校密切合作的價值。從教育家的觀點來看，近代的教學方法強調實習與經驗，而不能全賴教科書，這樣便加強了企業與教育界的密切關係。若干教師都借重企業來協助近代教學——電影、模型、展覽、電化教育工具——使學習中增加實用主義及興趣。教師們都喜歡參觀企業機構，使學生們瞭解企業的管理情形；企業人士也被邀請到學校裡演講企業問題。先進的教師們設法以更多的企業資料加入教材之中，並且從事研究社會及經濟問題。

　　在另一方面，企業機構也較以往更積極與學校密切合作，提供適

合於近代教育所需要的教材，預備演說人，設立獎學金，邀請教師學生參觀工廠及辦公室，與學校當局合作推行區域計劃，使企業界人士對學校問題充分瞭解，得以擬定公共關係策略規劃並執行之，以達建立良好教育界公共關係之目標。❸

教育界關係本來應該屬於公共關係部門的責任，該部位於高級管理階層，可以受到特別重視。在公共關係部內，家政、顧客服務、廣告及推銷等特別服務，可以配合起來成爲有效的教育界關係計劃。

十三、對政府的關係

由於工商業的發達，業務的頻繁，大多數的企業，對政府關係，日益增長。在一個競爭的經濟環境中，企業界相信，他們比政府官員們更能把各種資源作最佳的運用。然而，政府的法規無所不在，從稅捐、國防開支、金融政策等，均可隨時看到政府對工商企業的影響。

㈠良好政府關係的要點

政府管理輔助企業的措施逐漸加強。因此，企業界必須採取下列的重要步驟，以保證良好的政府關係：

1.企業界必須清晰瞭解各級政府施政實況及職務。

2.企業人士必須經常探聽建議中的立法、新頒法令、條例、稅捐、關稅、競爭規範及政府對企業服務方面的規定。

3.企業公關管理人員，必須熟知各級政府的任務，及行政、立法與司法部門的工作。

4.企業界必須與立法人員合作制訂影響企業的建設性立法與條例，建立對政府的良好關係。

㈡政府關係維持的方法

政府關係維持的方法有下列幾項：

1.與政府機關及人員常接觸並增進彼此的溝通。

2.觀察和搜集立法與管理機構影響選民事務的動態。

3.鼓勵選民參與政府各階層的事務。

4.影響對選區經濟或選民的作業有密切關係的立法。

5.促使負責立法的議會代表對選區各種機構的活動和作業有更多的認識和了解。

以上的方法可採用私人訪問、舉行餐會、展覽會、發表會、演講會，或開放公司、工廠招待政府人士參觀等方式行之，使其對企業之操作、問題，有所瞭解。❿

十四、對新聞界的關係

新聞界是一種重要的社會大眾，它與大部份公眾取得聯繫，其中包括顧客、職工、鄰居、政府、教育界及股東。新聞界大眾包括報社記者、新聞供應社、期刊的編輯、出版人及作家，以及電臺、電視臺及聯播網的新聞編輯及評論員。

㈠良好新聞界關係的要點

良好的新聞界關係要點有二：

1.私人友誼關係：

由公司報導人員或管理人員與編輯、記者或播音員間的私人友誼關係所造成，較有長久性。

2.富於興趣的新聞資料：

安得生・亞吉公共關係事務所（Anderson and Yatzy）的麥卡肯（Lawrence McGracken）曾經調查新聞界對企業新聞的態度,結果發現新聞編輯對下列十二項特別感到興趣：

1.新產品的發明，當能銷到新市場，形成有利的擴展，或造成工

人技術訓練的革新。

2.工廠擴展，解釋擴展的情形及對就業問題所產生的影響。

3.對職工政策的新規定。

4.管理人員的擢升及調動。

5.新安全技術的改善。

6.推銷計劃的規定。

7.公司盈虧及營業報告，或公司當前情勢的報導。

8.新式機器的使用，及其影響就業、增加生產、減低成本，或其他變化的情形。

9.有關生產停止或減低的消息。

10.公司的舞會或野餐會。

11.工業安全上的意外事件。

12.服務期間悠久職員之退休。

所以良好新聞關係聯繫的關鍵就可以適時地提供內容正確的這些資料給新聞界，使報社及新聞雜誌得以刊登，間接更促使本公司的傳播媒體更為發達、有效。

㈡與新聞界的聯繫辦法

與新聞界聯繫辦法如下：

1.經常舉行記者招待會

公司召開記者招待會，是為了把極重要的事件報導給當地的所有報紙，在記者招待會上所發表的新聞，必須是充分證實可靠的消息來源。

2.撰寫新聞稿

公司或非營利機構與新聞界聯繫時最常運用的媒體是新聞稿，送交報紙雜誌及電臺發表或廣播。新聞稿是敘述某一公司中對大眾有興

趣的新聞；新聞稿必須有新聞價值、有時間性、簡潔而有趣，才能獲得報紙的採用。

3.擬撰特寫與特稿

各公司及各機構公共關係部門所擬撰的特寫及特稿，乃是與編輯及發行人聯繫的重要方法。

公司方面必須與編輯作私人接觸，以決定他們對特寫材料的需要。若干全國性報紙都在各大城市設有特派員，經常採訪特寫材料，並予當地作家以撰寫出極好的宣傳故事。若干公司時常邀請雜誌作家參加特別事項或工廠視察，結果可以產生出許多特寫。

4.舉行新聞預展

新聞預展活動，近來日益盛行，在宣揚新型產品、新工廠開工及展覽產品時，這是獲致報紙及廣播評論員合作的主要方式。

5.報人與管理人員的聚餐會

在報人與管理部門人員的聚餐會中，使當地的報紙編輯、作家及電臺報告員，與工廠管理人員及公共關係人員聚首一堂，可以促進企業界與新聞界之間的瞭解。此項餐會，可以由某一公司或非營利機構單獨舉行，或與幾個工業機構聯合舉行。

6.增訂新聞書籍或新聞印刷品

新聞書籍或新聞印刷品，包括油印或印刷的新聞稿、特寫及參考資料，一般是討論某一個特別事項。這項材料，一般由公司或非營利機構的新聞組負責編擬，分發給各報紙編輯、雜誌作家及新聞廣播員，使他們明瞭全部實況，然後加以選擇以適合他們的題材及版面。⓴

D.展望篇

十五、公共關係的未來展望

公共關係的未來充滿著希望。國內自從政府解嚴之後，政治的改革及社會型態的轉變，刺激公共關係的行業高速成長。一般企業已體認公共關係的重要，除了公司體制內成立公共關係部門外，或委託外界公關顧問公司代理公共關係的業務，使整個公關市場如旭日東昇一般，前途光明燦爛。

㈠公共關係專業公司前途似錦

公共關係專業公司發展迅速，前途似錦。對於公共關係專業公司的功能，茲舉二例如下：

⑴在全世界咖啡奶品市場中，有很高佔有率的雀巢奶粉公司，自從七年前起，開始向非洲未開發國家，大量傾銷嬰兒奶粉，由於沒有教育消費者，被聯合國的世界衛生組織視爲有違組織規定，要求雀巢公司加以改善。

雀巢公司先以不合作的態度應付，導致世界衛生組織出動全體義工，在美國發起抵制雀巢公司產品的行動。雀巢奶粉在美國的市場很小，但另一項很重要的產品雀巢咖啡，卻有很龐大的銷售網，受這事件的影響，雀巢公司的咖啡銷售量，一下子掉了五十個百分點。

直到雀巢公司發現事態嚴重，才動用公共關係公司出面處理來自各方面的壓力，並接受聯合國世界衛生組織的要求，重新建立雀巢公司在美國的各種關係管道。兩年前開始銷售雀巢公司的咖啡，在美國的銷售量才逐漸回升。

⑵美國克萊斯勒(Chrysler)汽車公司的總裁李・艾柯卡(Lee

Iaco-cca），前些時日出版了一本自傳式的書《反敗爲勝》，在美國的銷售狀況非常良好，自推出以來，高居《紐約時報》書評，非文學類書籍排行榜榜首達數月之久。

由於這本書的成功，不僅使李‧艾柯卡的個人形象建立的極爲完美，對克萊斯勒公司來說，知名度和營業額都是提高不只一倍以上。

此書整個的構想、策劃及推出，全是由克萊斯勒公司所委託的公共關係公司一手導演出來的，可以算是美國近年來最成功的公共關係案例之一。

由以上二例子，可以看出公共關係專業公司之功能及其重要性，並可以預知它的發展潛力是很大的。

㈡公共關係未來的新展望

1.企業形象的加強

企業形象的範圍包括產品的形象、服務的形象和組織的形象等。故企業公共關係的範圍，不僅限於生產者和消費者之間，或廠商與購買者之間的關係，更包括了企業組織和整個社會之間的關係，所以企業公共關係的使命，一方面是經濟性的，而另一方面是社會性的，它不只包括產品的交易過程，而且是社會進步的推動者。所以說，企業形象的加強對經濟上及社會上都會有所助益。

2.重視公共關係專業教育

由於目前國內公共關係正迅速發展,公共關係公司發展蔚爲潮流，然而各大企業需求公關人才益爲殷切，常有供不應求之感，故積極培育公關專業人才，發展公共關係之專業教育實爲目前當務之急。

3.增強公共關係的社會功能

公共關係專業人員的主要任務在於瞭解社會群眾集合體的需求，並調整機構的作業，以符合並滿足社會的需要，以克盡各機構的社會

功能。

公關人員應從三種方向來促進社會功能：

⑴公共關係人員應強調支持群衆，因而促使各機構改善其自己的行爲。

⑵公共關係能從群衆的觀點，指出群衆的利益所在。

⑶公共關係人員運用其傳播才能，對社會各階層各地區報導，以正確消息代替誤會，以事實眞相代替曲解。

如能依此三方向來做,公共關係人員必能增強並發揮其社會功能。

4.多元化發展的公關型態

目前是轉型期的社會,任何商業者都不得不脫離埋頭苦幹的時代，而注重與大衆進行良好溝通的公關時代。除各公司內部紛紛設立專責的公關部門之外，專業的公關公司，正成爲市場上大爲看好的行業。

在社會趨勢要求下，公關公司將發展極速。在這種高度樂觀的預測下，可以發覺公關市場正開始加速擴大，朝多元化型態發展。

㈢我國公共關係的新方向

隨著我國經濟的飛速進步，公關的需要亦與日俱增，不但國營事業需要公關活動,民間企業更重視公關活動；而且不但事業需要公關，以利其產品進入市場；政府亦需要公關，以利其與民間之溝通及政策之順利推行。

九〇年代將是多變的、多樣的。舊倫理、舊秩序的解體，固然帶來了失序混亂的危機；但新倫理、新秩序的重建，卻也造就了更多可以表現的機會。我國由於現實需要，在社會多變的開放中，政治民主浪潮衝擊，發揮相互溝通，促進社會和諧安定和經濟更求發展，在在促使在此新的年代公共關係將趨向於新的方向。

我國公共關係發展的新方向如下六項：

1.公關的研究發展

現時我國工業建廠、環保、公害等問題如何有效處理，有賴公共關係的溝通、協調、合作等基礎上。所以，對於公共關係，亦不能不加強研究與發展，而其理論、方法、運作，不得不隨時隨地對不同的對象做有效調整、靈活運用。今後公共關係的研究與發展，必將愈來愈重要。

2.尊重人權

我國現在也同樣重視人權，尤其對殘障、老人、兒童等，多予以適當的安撫、保障。尊重人權，正是今日政府或企業開拓公共關係的新方向。

3.投資公關活動

現代企業主應建立一種觀念，即進行公關活動是一種投資，和製造業必須購買生產設備，貿易業必須開發新客戶是同樣重要。做好公共關係將會吸引更多消費者眼光、擴大市場、爭取更多消費者的信賴與支持，並提昇企業員工士氣等。

4.建立信譽形象

過去工商製造業者產品做好，價廉物美；服務業者在其業務範圍內滿足顧客要求，合於水準即獲得利潤。但時至今日，價廉物美、服務週到，是起碼必備條件；更要建立信譽，注重社會道德責任，才能維繫企業良好的形象。

5.以公關解決問題

我國政府解嚴後兩年來政治改革及社會型態轉變，更由於環保意識擡頭，公害問題等層出不窮，允許員工可在公司內成立工會，勞資糾紛的發生，促使企業界重視「危機處理」，以公關來處理問題。因而公共關係高速成長，建立溝通管道、重視員工意見的表達，而達以公

關解決問題的目的。

6.國際化及專業化

由於社會環境的變化，許多人開始不滿現狀；人人希望「好，還要更好」的願望。中小企業往國外延伸，趨向國際化、跨國企業的發展。而大企業則多角化發展，由製造業而服務業，乃至金融、資訊、自動化、工商服務、環保等，發展了許多新的企業發展空間，形成蓬勃朝氣。而企業界相繼委聘公關公司進行公關業務，公關專業是服務業中的服務業，現我國外商或本國專業的公關公司逐漸已如雨後春筍般相繼設立，更可擴大公關活動，將逐漸走向國際化專業化的趨勢和方向。㉑

第三節　秘書與公共關係

企業與公共關係之關係密切。企業之決策者則為各級主管，而各級主管之最主要輔助者則為秘書。換言之，秘書等於是間接地維持企業本身與對內員工、對外股東、對外顧客、對社會團體、對教育界、對政府、及對新聞界等之間的公共關係。由此可見，秘書對於公司企業及一般機構公共關係推行的重要。

本節依下列要點來討論：

一、秘書是公共關係的溝通橋樑
二、秘書的公共關係訓練
三、秘書在公共關係中的角色
四、秘書個人的公共關係
　　A.對同事

B.對主管

C.對國內訪客

D.對國外訪客

五、秘書如何爲主管做好公共關係

一、秘書是公共關係的溝通橋樑

秘書在平常的業務中，需代表主管面對員工、股東、顧客、社會團體、教育界、政府單位，及新聞界等。當秘書必須跟這些人或單位接洽事務時，秘書一方面需把主管的意思表達出來，或代表主管講話；在另一方面，則必須把這些人或單位所表達的意見轉給主管或相關的人員知悉。這一來一往的溝通中，秘書無形中便扮演著溝通橋樑的角色。

二、秘書的公共關係訓練

世界各國都設有專門機構訓練高水準的公共關係人才，以適應日益增加的需要。而作爲現代秘書，又是公共關係工作網中的一份子，更應對公共關係的運用，具備適當的知識和了解，並隨時接受在職公關訓練，才能有效地協助主管建立良好的公共關係，使秘書工作更能發揮其功能，使秘書更能勝任愉快。㉒

三、秘書在公共關係中的角色

秘書在公共關係任務中擔任的角色有下列三種：

㈠主管的一部份：

秘書是主管的一部份，因此主管的決定在公共關係計劃執行時，

由於計劃本身目標和內容的程度不同，秘書或多或少佔有一份重要的職務。

㈡消息的提供者，新聞的發佈者，資料的收集者：

此外，秘書可以提供較可靠的資料與消息來源，而且公共關係的活動，諸如消息的提供，新聞的發佈，資料的收集，宣傳品的出版，雜誌、年報的出刊，攝影、幻燈片、影片的製作，展覽、市場情報的整理，貿易商展等等，這些活動無可避免的，秘書勢必參與一部份的工作，發揮其在公共關係中所扮演角色的功能。

㈢溝通的橋樑：

在公共關係工作網中，秘書在溝通主管與其從屬意見時，所扮演的角色，即是溝通的橋樑。

四、秘書個人的公共關係

㈠對同事

秘書除了主管之外，關係最密切的人該是公司裡的同事了。能夠和主管融洽相處，而不能和同事和樂相處的秘書，並不是一個優秀的秘書；一個優秀的秘書，不但要深得主管的器重，也要深得同事的敬重。那麼要怎樣和同事相處呢？

1.瞭解同事：秘書要儘量去瞭解公司裡全部同事的家庭背景、生活狀況、工作習慣、個性、興趣、需要、愛好、憎惡，以及他們的才能，然後才能應付得宜。

2.與同事合作：合作是保持辦公室和諧與效率的重要因素，與同事協調合作，才可避免許多無謂的煩惱和困擾。

3.對同事一視同仁：秘書處事要十分公正，毫不徇私，對待所有的同事，應一視同仁，絕不可厚此薄彼，橫生許多無謂的紛爭，影響

同事間的工作情緒。

4.注意和欣賞同事的優點：注意同事的優點並要加以欣賞、讚美，絕對不可有嫉妒之心；至於對同事的缺點，不可隨便加以批評或宣揚。

5.做好主管與同事的意見溝通：秘書有職責宣達主管的意旨給全體同事瞭解，也有責任把同事的工作情形和表現，報告給主管知道。但要據實報導，不可根據片面之辭或自己的偏見，千萬不要讓個人的愛惡影響客觀的立場。

6.不必過於重視同仁的嫉妒：秘書在公司裡擔任要職，難免會引起若干同事的嫉妒，對於部份同事的嫉妒和懷恨，不必過於重視，更不可因而影響工作情緒。❷

㈡對主管

1.秘書在主管心目中的地位：秘書在主管的商業生活中，扮演一個相當重要的角色，是主管的顧問和助理，也是主管的耳目。

2.秘書應瞭解主管：秘書是主管的左右手，他／她的責任是替主管工作，爲其分憂分勞，減少無謂的干擾，一切以主管爲中心，主管如果能獲得一位優秀秘書的幫助，就能如虎添翼，公司的業務更能精進。

秘書要和主管合作良好，首先必須瞭解主管，惟有能摸透主管脾胃的秘書，才能無往不利。秘書要瞭解主管什麼呢？要瞭解主管的1.工作習慣、2.生活習慣、3.愛好、4.憎惡、5.個性，要摸透他的思想行爲和工作方式。當他精神飽滿、心情愉快時，可以安排一些需要決斷和創造力的事務，讓他在此時處理，一些需要他同意的新計劃向他請示；當他情緒低落時，不要漠不關心，但也不能受他影響而自己也心緒不寧。要瞭解主管在業務上的需要，隨時滿足他的需要，儘量減少他的焦躁和煩惱。要儘量迎合主管的愛好，如果他喜歡用三號鉛筆，

就不要把二號鉛筆放在他桌面上；如果他喜歡玫瑰，就不要在辦公室內擺菊花。

其次要滿足主管的自負心理。每個人都喜歡得到他應得的讚美和恭維，主管也不例外。應該當面稱讚他，明白地表示多麼敬佩他的才華，以提高他的工作情緒。譬如對他說：「這會議你主持得非常成功」，或說：「你對這封信所作的答覆的確好極了」等等，他一定會樂不可支。大多數的企業家，都有強烈的自負心理，千萬不能在言行間損傷他的自負心理。

㈢對國內訪客

一家公司，每天必定有許多形形色色的賓客來訪。這些賓客可能是客戶、推銷商、地方仕紳、政府機構人員、新聞記者、有關企業的負責人、主管個人的親朋好友等等。

來訪問主管的賓客，通常要先由秘書安排引導；如果主管不在的時候，接待賓客的工作就完全落在秘書的身上，這時秘書的責任更重大。所以，秘書在接待賓客時，她的機智、應變、態度、表情、談吐禮貌等，都要特別注意。如此，秘書才能為主管做好公共關係。

㈣對國外訪客

對於國外訪客，秘書必須注意下列事項：

1.甄別來訪的外國訪客：秘書先辨別來訪外國訪客的(1)一般特性(2)來訪的目的(3)身分及其公司信譽。

(1)一般特性：每一個國家都有自己的國情、社會環境、歷史文化、風土習俗、生活背景，基於這種種因素，不同國籍的人，各有其不同的特性，譬如說：英國客戶顯然有紳士氣派，比較厚重；美國客戶比較豪爽、友善等。

(2)來訪的目的：外國訪客來訪的目的各不相同，有的在採購商品；

有的在比較貨品的價格；有的來瞭解我們公司的情況；也有的只是來觀光的。瞭解其訪問目的，才能把握談話的重點，使賓主盡歡。

(3)身分及其公司的信譽：外國訪客之中，其身分、地位、聲望及其公司的大小、信譽的好壞，都有很大的差別，對這些都要加以正確的認識，才能應對得宜。

2.接待來訪的外國訪客——有些外國貿易商是在他們本國直接打越洋電報來公司連繫的，當接到他們的電報之後，要隨即按電報中的說明進行安排外客的行程，妥善為他們訂飯店房間，安排與他們接觸。

五、秘書如何為主管做好公共關係

為主管做好公共關係是秘書重要的任務之一。主管的公共關係對象，包括他的部屬、上司、同事、親友、顧客、供應者、記者、銀行界、政府官員及公司所在地的要人等，秘書應協助主管和上述各種人建立良好的關係，因為這些人對主管事業的成敗，都具有相當密切的關係。要為主管做好公共關係，須要注意下述要項：

㈠搜集資料：首先應瞭解與主管有關的人及其活動，如留意主管經常交往的人的(1)姓名、(2)嗜好、(3)家庭狀況、(4)生日、(5)異動情形、(6)主管所參加的社團活動、(7)以及附近機關團體的慶典活動等，均應加以注意，做有系統的記錄，並隨時依實際情況加以更正。

㈡適時採取行動：對公共關係的密切人物或機關團體，有了詳細的資料之後，其次就是每逢他們有婚喪喜慶時，應及時提醒主管，或主動為主管做適當的應酬。因為主管在繁忙中，往往會忘記了這些細節。應酬的方式，譬如：送花、送禮金禮物、打電話或寫信慰問、祝賀、親自登府致意、敬邀參觀等等。

㈢客觀、超然的態度：從事公共關係的目的，在於建立或增進大

眾對主管或公司良好的印象和信譽。因此秘書協助主管從事此種交際活動時，必須遵守一個原則，就是必須秉持客觀、超然的態度，盡力完成任務。❷

<h2 style="text-align:center">附　　註</h2>

❶王德馨‧俞成業，《公共關係》，民國七十九年，p.3

❷徐筑琴，《秘書理論與實務》，臺北：文笙，民國七十八年，pp.125－126

❸袁自玉，《公共關係》，臺北：前程企管，民國七十九年，p.17

❹同❶，pp.7－11

❺同❶，pp.19－21

❻同❷，pp.128－130

❼同❶，pp.23－30

❽同上，pp.39－48

❾同上，pp.49－54

❿同上，pp.55－61

⓫同上，pp.63－69

⓬同上，pp.71－77

⓭同上，pp.79－84

⓮同上，pp.87－97

⓯同上，pp.100－107

⓰同上，pp.109－118

⓱同上，pp.119－126

⓲同上，pp.127－132

⓳同上，pp.133－136

⓴同上，pp.137－144

㉑同上，pp.331－345

❷同❷，pp.132

❷陳義明，《現代女秘書實務》，臺北：鄧氏，民國六十六年，pp.65－68

❷同上，pp.69－73

本章摘要

公共關係是研究大眾與大眾互動所發生作用及協調的學問。它的定義爲一、一個團體機構和其他團體群眾之間的關係，二、這種關係的品質，三、這種關係的活動，四、它爲一門學問，五、從事這種關係的工作人員。它的功能有五：分析、計劃、組織、協調與執行。推行公共關係的要素有三：一、服務大眾的利益，二、保持經常與良好的聯繫，三、培養良好的道德與態度。推行良好公共關係的基本條件有五：一、建立充分而有益團體的標準，二、員工團體共同參與所面臨的問題，三、領導者和部屬要並肩合作，四、所有員工要虛懷若谷、從善如流，五、擁有健全的回饋系統。

企業與公共關係密切。企業界需要公共關係來增強其事業；公共關係則提供企業界回饋社會的管道。在企業界，公共關係已漸受到重視。公共關係人員得以參與內部高階層會議並與決策者保持密切的聯繫。公共關係可運用的技巧可分爲在一、行銷，二、廣告，三、調查研究，四、大眾傳播等方面。

企業公共關係的對象有一、對內員工，二、對外的股東，三、對外的顧客，四、對社會團體，五、對教育界，六、對政府，七、對新聞界等七項。公共關係以後發展的展望將會趨向：一、企業形象的加強，二、重視公共關係專業教育，三、增強公共關係的社會功能，四、多元化發展的公關型態。秘書與公共關係之間關係密切。秘書是公共

關係的溝通橋樑。秘書在公共關係中所扮演的角色，是主管的一部份，消息的提供者，新聞的發佈者，資料的收集者，及溝通的橋樑等。秘書個人的公共關係可分爲一、對同事，二、對主管，三、對國內訪客，四、對國外訪客等。秘書要爲主管做好公共關係，需注意一、搜集資料，二、適時採取行動及三、客觀、超然的態度。

習題七

一、是非題：

（　）1.公共關係就是「公誼」。「公誼」即代表人人良好的關係。

（　）2.公共關係與人際關係意思完全一樣。

（　）3.公共關係是以公眾利益爲前提。

（　）4.美國流行的名言：一個企業的存在與發展是依靠大眾。

（　）5.公共關係是一種美德，個人是人格，機構是信譽。

（　）6.企業公共關係人員對社會經濟動向及成本有深刻的體認，才能有助於行銷。

（　）7.以創造公司形象爲目的的廣告，在一九七〇年以前就很普遍。

（　）8.今日社會，欲與廣大群眾建立良好的關係，唯有靠眾多的推銷員了。

（　）9.公司內部如果沒有良好的員工關係，想建立良好的外界關係幾乎不可能。

（　）10.在公共關係工作網中，溝通主管與其從屬意見時，秘書扮演著溝通橋樑的角色。

二、選擇題：

（　）1.公共關係的前提是①人性的尊嚴②公眾利益③科學民主。

（　）2.公共關係的手段是①配合協調②服務群眾③事業發展。

（　）3.下列何者非公共關係之功能：①分析②計劃③行銷。

（　）4.近代公共關係已提昇至①策略規劃②管理研究③組織分化的層次。

（　）5.現代公共關係人員已①漸居要位②漸居次位③漸漸沒落。

（　）6.指示、命令等是屬於①上行溝通②下行溝通③平行溝通。

（　）7.建議、報告等是屬於①上行溝通②下行溝通③平行溝通。

（　）8.企業公共關係對內的對象為①股東②顧客③公司員工。

（　）9.編製年度報告主要的聯繫對象是①股東②顧客③政府。

（　）10.企業與政府關係維持的方法是①常接觸多溝通②常展覽多銷售③常演
　　　講多表達。

三、填充：

1.依據《韋氏國際辭典》，公共關係的定義有五，其要點為：＿＿＿＿＿，＿＿＿＿
　＿＿，＿＿＿＿＿，＿＿＿＿＿，及＿＿＿＿。

2.公共關係的功能有五項為：＿＿＿＿＿，＿＿＿＿＿，＿＿＿＿＿，＿＿＿＿
　＿，及＿＿＿＿。

3.推行公共關係的要素有三項：＿＿＿＿＿，＿＿＿＿＿，＿＿＿＿。

4.意見溝通的種類有三類：＿＿＿＿＿，＿＿＿＿＿，＿＿＿＿。

5.企業公共關係可運用的技巧可分為四方面，為：＿＿＿＿＿，＿＿＿＿＿，＿
　＿＿＿＿，及＿＿＿＿。

6.企業界的公共關係對象可分為七方面：＿＿＿＿＿，＿＿＿＿＿，＿＿＿＿，
　＿＿＿＿＿，＿＿＿＿＿，＿＿＿＿＿，＿＿＿＿。

四、解釋名詞：

　　1.尋找回饋

　　2.下行溝通

　　3.溝通障礙

　　4.形象廣告

　　5.選樣

　　6.企業形象

　　7.顧客關係

　　8.新聞界

五、問答題：

1. 何謂公共關係？

2. 公共關係的定義爲何？

3. 公共關係對企業界的重要性爲何？

4. 大衆傳播媒體有那些特性？試說明之。

5. 試說明公共關係與企業形象間的關係？

6. 公共關係的未來展望如何？

7. 秘書在公共關係中的角色爲何？

8. 秘書如何爲主管做好公共關係？

第八章　秘書與禮儀

　　中國為禮儀之邦。禮儀是人們生活的規範，也是人際關係的準繩。十餘年來，我國經濟成長快速，國民所得提高，出國旅遊、考察、留學、探親者絡繹不絕。因而，國內外人士交往日漸頻繁，對國內外禮儀知識之需求日漸增強，禮儀已變成現代人必須研習的課題。

　　秘書，由於其業務性質所需，時常代表主管或協助主管處理業務，接待外賓，及交際應酬等。當與人接觸時，就必須用到禮儀。這時，秘書就等於是公司機構的「禮賓司司長」。秘書的談吐、應對、一舉一動，皆代表著公司機構。所以，秘書除了本身須具有充分的禮儀知識外，應能確實實踐，並對於工作上有關禮儀事項，亦應能靈活運用。秘書的好禮儀也確能創出公司機構良好的「形象」；反之亦然。由此可見，秘書與禮儀關係密切。

　　本章依下列二項目來討論：

一、個人禮儀之培養
二、秘書工作上之禮儀

第一節　個人禮儀之培養

　　個人禮儀之培養，強調個人言行舉止之培育與涵養，使合乎禮儀之規範。本節包括下列細節：

一、說話的藝術

二、日常的禮儀

三、敬禮與答禮

四、食的禮儀

五、衣的禮儀

六、住的禮儀

七、行的禮儀

八、育的禮儀

九、樂的禮儀

以上九項細節，其各節之間的關係如下圖：

說話的藝術放於中間，因它與個人關係最密切。在廣義來說，即是溝通的藝術。中間一層包括日常的禮儀及敬禮與答禮，此爲日常生活上，較爲偏重個人方面的禮儀。最外層，爲食、衣、住、行、育、樂，這些是個人參與社會活動所必須注意的禮儀。三層禮儀構成一整體，互爲關聯；個人如能熟悉各層禮儀，並確實身體力行，必能左右逢源，受人愛戴。

現依序說明如下：

一、說話的藝術

　　語言、文字、動作，都是傳達思想的工具，而其中以語言的使用量最大。有一項統計說，一般的美國人，平均每天要花一個鐘頭來打電話。一天有廿四小時，除去睡覺，還有十六小時，這清醒的十六小時當中，就要講上一個小時的電話；換句話說，每天至少有十六分之一的時間，不靠文字，不靠動作，只藉著「純說話」來表達心裏的想法。而其他十五小時裏，又多半是語文、動作並用。「說話」在人的一生中佔了多數的時間；由此可見，「說話」在「數量」上的重要。

　　在「質量」上，說話亦是很重要的。正如大洋上的水，它可以把船隻承載往來於兩岸，也可以翻做巨浪，裂槳摧帆。同樣的，良好的談吐可以助人成功，蹩脚的談吐也可以令人聲望掃地。夫妻的感情，工作飯碗的爭取與維繫，人際關係的搭建，人生理想的拓展等，都和說話有關。「一言興國」「一語喪邦」的史例，層出不窮，可以為證。

　　由於說話跟人的關係密切，在另一方面，說話也為人建立自己的形象。從談話中，我們可以看出一個人的學識與修養。有些是抑揚頓挫型；有些是平淡無奇型。有些是比手畫脚型；有些是口沫橫飛型。有些是溫文儒雅型；有些是大放厥辭型等，不一而足。由此可見，說話會使人產生難以磨滅的印象；因此，無論是從政或從事工商業的人士，不能不注意說話的藝術和禮儀。

　　古人有訓：「駟不及舌。」意指一言既出，駟馬難追，故不能不愼言。尤其現在人與人之間密切來往的社會，我們更應該認清自己的角色和立場，把握分際，多利用自己的智慧，將藝術融於說話中。如果一個人固執己見，常意氣用事，得理不饒人，甚至口無遮攔，那麼不論做什麼事，必定淪於失敗，卽使在家裏，也會不容於親人。許多嫌

隙，常起於失理之言，常云：「贈人以言，重於珠玉，傷人以言，甚於
劍戟。」因此，說話不能不三思，最好能講究藝術。

人與人之間的對話，要能取悅於人，不傷和氣，必須具備下列原
則：❶

㈠說話要誠懇：

古諺：「精誠所至，金石爲開。」即是說，人只要內心眞誠懇摯，
將可克服任何困難。君子之言，信而有徵，要能取信於人，贏得人家
的好感，必須言出眞誠坦白。

誠能感人，如果說話不誠實，不如不說。「多言而不當，不如其寡」，
「輕諾必寡信」。故知，說話缺乏誠懇，必不能得信於人；說話誠懇，
必能使頑石點頭，金石爲開。

例如，李秘書把報告寫好後交給王經理。王經理頭也不擡起來，
無表情地說：「做得不錯，繼續努力。」誰能相信這是一句恭維話呢？
或許王經理認爲秘書的報告寫得很好，想稱讚一下，但他卻沒有實際
表達出來。其原因，即是說話缺少誠懇。如果是要讚美別人，應是眼
睛看著對方，並面露笑容，才能達到溝通的目的。❷

由此可見，說話誠懇的重要。

㈡態度要謙虛：

「滿招損，謙受益」，確爲至理名言。說話不可盛氣凌人，驕傲狂
妄，必須謙虛爲懷，和顏悅色。尤其在西洋社會裏，說話談吐，很講
究謙虛。對於一件事理的表達，除論斷是非場合，得率直表達，可用
「當然」、「不必」、「不需要」等果斷用詞外，一般場合，總是謙虛的
使用：

「我想……」

「如果我沒有錯的話……」

「我覺得……」

「我怕……」

「好像……」

「似乎……」

這些用詞，讓人聽來，會有很隨和客氣的感覺，而且對談話的論點，留下轉圜的空間，且有彈性，不會走入絕路，失去妥協的餘地。

有時，就是自己的道理甚明，也不必理直氣壯；最好能婉言相告，寬厚中不失尊嚴。如何拿揑得體，有待個人的修養和歷練。虛懷若谷，無論在國內或海外，都是較易受人尊敬與接受的。

㈢聲音要適度：

聲音可以使人對你產生極美好的幻覺，也可以使人產生最惡劣的錯覺。它能在你疲倦時，讓別人感到你仍「精力旺盛」，能在你七十多歲時，還使人覺得你仍「年輕」。但千萬小心，別在你精神充沛之際讓人感到「疲乏」，強壯時讓人覺得「虛弱」，成功時令人感到「挫敗」，當你依然年輕，竟令人感覺你「老了」！ ❸

聲音的量，不能太高，也不能太低。同時速度不能太快，也不能太慢。每個字必須發音清楚，同時所要表達的事情，要簡單的說出來。因此，當一個人從事公洽或私下談話時，必須持重穩定，心定神至，自然能夠侃侃而談，條理分明，使聲音適度地表達出來。

㈣說話要客觀：

說話要冷靜的思考，並運用獨立判斷。不能太武斷，卽使一個人的口才再好，如果強詞奪理，不但不會被人接受，反而會引起人家的討厭。尤其我們必須要注意，一個人喜形於色時，必言多而失信；當一個人怒火攻心時，言多必失禮。因此一個人在說話時，應儘量避免情緒化，要懂得克制，善用智慧，鎮定的應對及客觀的表達。❹

㈤發掘話題：

　　當友好相聚，久別重逢，自然會無所不談，談而不盡。但作爲一個現代人，無論從事何種行業，應酬往來，已不可避免，在一個眾多陌生人的場合，面對許多初次相識，或雖識而交往不深的客人，總不能孤立自己，應該合羣樂羣，和人交往。這時候除了自我介紹外，應該機智的去發掘談話的題目。固然談談天氣也可以，但那是俗不可耐的事，不如談談引起大家所關注的海內外大事，股票的起落，或者是文學、藝術、音樂、體育，引起大家關注的環境污染、傳染病，乃至令人恐懼的愛死病等，普遍地會引起人家的興趣和共鳴。

　　預先準備一些談話興奮劑──一些容易引起興趣及討論的話題。報紙上的書評、影評，一則地方新聞，或一篇有趣的軼聞都能生效，而帶動生動的談話。

　　不過談話要深入，必須平時多加留意，只有具備豐富的知識，才能使一個人落落大方的因應，並能侃侃而談，無論爭取人家的友誼或處理事情，才會如魚得水，無往而不利。

　　如果發現要使對方開口暢談十分困難，可以用下列句子來開頭：

　　「爲什麼會……？」

　　「你認爲如何才能……？」

　　「依你的看法是……？」

　　「你怎麼會剛巧……？」

　　「你如何解釋……？」

　　「你能否舉例說明……？」

　　「如何（How），什麼（What），爲何（Why）」，是問話的三寶。❺

㈥避免跟人爭執：

　　「在談話中，」散文家約瑟夫·阿迪生說：「善良的天性要比機智

更令人愉快。」只要本意善良，討論也就等於談話。相反的，憤怒的爭執，激烈的攻擊他方，熱烈的衛護自己，却正是良好談吐的大敵。

信念與成見的差別在於：信念不必動怒便可闡述清楚。中國人有句俗諺說：「先吼者失利」。並非說發怒的人看法就一定錯，而是他完全不知如何表達自己的意見。說話的金科玉律是：運用無法否認的事實及溫和的聲音，試著別招人厭煩或令人沈默，而去設法說服。

避免跟人爭執，不要話裏帶刺，存心諷刺對方；或攻訐人家的短處，傷人自尊，而引起反擊，導致口角，甚而動粗，這些都要避免。

㈦要有幽默感：

一個有幽默感的人，碰到尷尬的場合，或者是僵持的局面，往往用一句幽默的話，便能化解困局，並贏得人家的好感。例如，有一次外交部為招待款宴來華慶賀總統就職國賓的宴會，席設圓山飯店的草坪上，未料宴會前下雨；因此宴會臨時改在金龍廳內舉行，與宴賓客多有不耐。等到大家坐定，當時的禮賓司司長夏功權大使上臺致意。聽他打開話匣，他說：「今晚的宴會原本設在宜人的露天草坪，但是天公不作美，下了不該下的雨，很抱歉臨時將宴會改在這個廳舉行，準備不週，請多原諒，明天你們會有一位新的禮賓司長了！」他的言外之意是他會被撤職了。眾多賓客無不為這幽默而羣起鼓掌，原先的怨言，也頓時消散，宴會遂在融洽的氣氛中進行。

另外，美國的雷根總統是一位很機智又幽默的總統。有一次當雷根總統在臺上演講得興高采烈時，列席坐在臺上的雷根總統夫人南茜，突然摔落後臺，群眾譁然；然而雷根總統却不慌不忙，幽幽地說：「我早就告訴妳，這一招要等我的演講不生動時才表演的。」這本來是一個很困窘，很緊張的場面，由於雷根總統的幽默，使得此插曲，變得生動、活潑、可愛。雷根總統的幽默及化解尷尬場面的功夫，很值得人

們學習。

(八)**不要失態**:

譬如對人評頭論足，或虎視眈眈的瞪住對方的眼睛，或左顧右盼，或張着嘴巴打呵欠，或拉扯對方，或迎面打噴嚏或屢屢看手錶等，都是失態的行爲。在跟人說話時，儀態要保持優雅，要和顏悅色專注地正面視人，看對方的面部。彬彬君子，溫順淑女，必然的要具備這些良好的儀態。

(九)**多讚美別人**:

適當的讚美，必然會贏得人家的好感。無論小孩、大人乃至老人，都喜歡人家讚美，不過讚美必須得體，否則流於諂媚，不但會引起人家的反感，且會讓人懷疑諂媚者的動機。而被讚美者，切不可喜形於色，須反應得體。如人家讚美你的衣服說「好漂亮」，你切不可答以:「那是進口的，很貴喲!」，必須答以「多謝你的讚美」。因爲喜形於色，刻意誇耀，說不定會給人難堪。

(十)**不詢人隱私**:

在中國的社會裏，對隱私權的尊重較爲鬆懈，但在西洋的社會中，那是人人必須注意的禮節。一般而言，諸如下面的例子，是必須避免的:

1.問人家的年齡及婚姻狀況。

2.問人家的薪水或探詢財產。

3.責問式的問人家爲何不結婚? 爲何不生小孩?

4.好奇的問人家身體的殘障或缺陷。

5.冒然的問及性的問題。

6.人家贈送禮品，冒失的問價錢多少?

7.問人家穿的衣服多少錢買的? ❻

二、日常的禮儀

(一)介紹與稱呼

人與人之間的來往，尤其是交際場合中，要彼此能認識，一般經由介紹。作為主人的，必須將賓客介紹給賓客，如果主人因客人太多，無法一一介紹，則請自行介紹是必須的，才不致有唐突冒失的情形。

1.介紹前應注意事項

(1)確定被介紹人的姓名，如果有疑問，必須先問清楚。

(2)確定被介紹人與賓客並無不睦交惡之情形，如果有不同國籍人士，須考慮被介紹人之國家是否有邦交。

(3)如客人正在交談，或在展覽場所觀賞入定，或在洗手間，或在行走中，新來者與將離去者交錯等情形下，均不宜介紹。

(4)介紹時，除女士與長者可不必起立外，被介紹雙方均應起立。

2.介紹的順序

(1)在西洋的社會，女士優先(lady first)為普遍被接受的原則，因此一般情形下，應將男士介紹給女士。但遇男士地位崇高，如元首、議長、部長、參議員、主教、大使等，則應將女士介紹給上述男士。

(2)應將低階者介紹給高階者。

(3)將年幼者介紹給年長者。

(4)將未婚者介紹給已婚者。

(5)將賓客介紹給主人。

(6)將年少女士介紹給年長或位高男士。

在一般公洽、拜訪、經商的場合，造訪者通常有禮貌的遞上自己的名片，報上自己的身份，如「我是臺塑公司的總經理，這是我的名片」，就可介紹自己。

3.介紹的範例:

(1)介紹男士給女士:

「王太太，我來替妳介紹史先生。」

「王太太，這位是史先生。」

(2)介紹低階者給高階者:

「陳經理，你認識林科長?」

「陳經理，讓我來介紹林科長。」

(3)介紹年幼者給年長者:

「爸爸，這位是白先生的公子聰明。」

「爸爸，這位是張小華。」

(4)介紹多年的好友，突然想不起名字時:

「我居然忘了你的名字，認識二十年了，信不信!」

「對不起，突然想不起你的名字，你大名是……」

(5)如果必須把一位新客留在一群初識的人群中，應告訴他們一些彼此的情況:

「羅先生剛從美國回來。」

「李先生是著名的攝影家。」❼

㈡日常應對的禮儀

1.避免問人隱私。

2.養成問好的習慣。

3.多使用「請」、「拜託」、「謝謝」、「對不起」等感性的用詞。

4.對人打招呼要有禮貌，再熟的朋友如在公共場所，不能直呼名字，宜稱呼其官銜或職稱。

5.問候寒暄時，應面帶笑容。微笑是最好的語言。但笑要有程度，不可大笑。

6.避免當面打噴嚏、打嗝、咳嗽、嘔氣、呵欠，萬一無法克制，應說對不起。

㈢日常進退的禮儀

1.進退之間，應遵守基本的禮節，即：長幼有序；職位高低有分，前後、右左有別，男女間重禮讓等。

2.走路時，前為大，後為小，右為尊，左為次，應知所先後，自擇適當的位置禮讓長者，位高者，或女士。

3.在任何場合就座時亦然，應知位有尊卑，應先瞭解自己介於何者間而就座。

4.搭乘電梯，上下樓梯，乘車，買票等，必須排隊，依序等候，切勿插隊。

5.在乘坐車船之場合，對老弱婦孺應讓座。對自己之師長及長官等，亦應讓座。

三、敬禮與答禮

敬禮的種類有立正與注目、點頭、握手、鞠躬、舉手、握手、吻手、屈膝、擁抱、親頰等。

㈠敬禮的一般原則

1.職位低者應向職位高者敬禮。

2.年幼者應向年長者敬禮。

3.資歷年歲相若者，不分先後，互相敬禮。

4.未婚女子應向已婚女子先行禮，年高德邁者除外。

5.敬禮時，不可口含香煙，儀容須端莊。

6.升降國旗或演奏國歌時，須就地佇足行注目禮或舉手禮。但收音機及電視機所播放的，則不必行敬禮。

7.在不方便的場所，如厠所、浴室、病房、理髮廳、或緊急場合，如水災、火警、空襲等，都不必行禮。

8.受禮者，應行相當的答禮。

㈡敬禮的方式

1.點頭禮，卽頷首禮

平輩友好相遇於途中，在行走中可行點頭禮，但如遇到長官或長輩，則宜立正點頭。

2.鞠躬禮

東方人多行鞠躬禮，西方則多行握手禮。鞠躬禮之行使，須立正，戴帽者須先以右手將帽子脫下，上身傾斜不宜超過三十度，眼睛注視受禮者，俟受禮者答禮後，再恢復立正姿勢。

3.握手禮和吻手禮

古代的歐洲，見面時爲表示手中並無武器而互相握手，藉以表示友好，現握手禮已通行世界。行握手禮應行注意事項如下：

⑴可輕微上下搖動，但弧度不能太大。

⑵如戴手套，須先脫去，握畢再戴上。女士之間行握手禮，則可免。

⑶與女士見面，除非女方先伸手，否則男士不宜行握手禮。

⑷握手時間不宜太久。

⑸男士之間握手，有力表示親切，但與女士握手，則用力不能太猛。

⑹有多數人在場，應依序逐一握手。

⑺遇長官或長者，不宜先伸手，除非長官或長者先伸手，不然應行鞠躬禮。

⑻主人和客人間，主人應先伸手。

⑼女士間應以年長或已婚者，先行伸手作握手禮的表示。

⑽如有手疾，或弄髒或弄濕，可聲明不行握手禮。

⊙吻手禮：屬拉丁語系的國家及歐洲（除英美以外）的國家，行吻手禮的風俗甚爲普遍。一般高層社會之婦女，尤其是貴族，遇見男士時，稍傾其上身，伸手，手指下垂，此時男士須謙恭執其手指，稍提起，吻其手背，或作輕吻狀，這就是吻手禮。行吻手禮時，應注意下列各點：

⑴女士若未先作表示，男士不能強行。

⑵吻手多作意思表示，輕吻即可。

⑶男士不可對未婚女子行吻手禮。

⑷吻手禮多在正式酬酢場合行之，在一般公共場所，或在街上，不行吻手禮。

4.擁抱禮

在拉丁美洲、中東，乃至東歐蘇聯，於男士間，或女士間相見，伸開雙手，右手高伸，搭對方左肩上方，左手向對方右掖下往背後輕輕環抱，並用手輕拍對方的背，表示重逢的喜悅和親密。於離別時，則表示珍重，稍作寒暄或道別，再鬆手復原。在拉丁美洲國家，如屬至親友好，男女之間，亦普遍行擁抱禮。

5.立正和注目禮

立正後同時注目，這是軍人於參加校閱，紀念式，或聆聽長官訓話時，常用的禮儀。立正姿勢，兩腳跟靠攏，腳尖各向外分開約四十五度，挺胸、收腹，頭伸直，下顎向內微收，兩眼向前凝視，這就是標準軍人的姿勢。但民間人士行此禮，要求並未像這樣嚴格，只要採立姿，眼睛注視即可。

6.舉手禮和扶手禮

舉手禮爲軍人及學生行禮最基本的方式。無論室內或室外，徒手戴帽或徒手不戴帽，行進中或停止間，皆可行之。

至於扶手禮，則用於文人檢閱儀隊，向回教徒弔喪致哀，或祭禮中吹安息號時採行。其禮式，爲立正姿勢，右手內舉至胸前，掌心貼在心臟部位，卽成禮，禮畢，恢復原位。

7.脫帽

脫帽雖非一禮節，但卻是禮貌的表示，下列各種場合，應行脫帽：

(1)男士進入室內時。

(2)在路上行走，對長輩或朋友致意時。

(3)在電梯中遇有女士。

(4)在電影院就座後。

(5)在路旁與女士交談。

(6)伴女友同行，遇其他男士脫帽向女友致意時。

脫帽的方式，右手舉帽稍離頭部，頭稍向前傾致意。如係硬邊高帽，可以右手執帽緣，將帽舉離頭部，將帽前緣稍下傾致意卽可。

8.拱手禮

此爲我國特有的禮節，春節賀人「恭喜發財」，一般皆雙手互握，右手掌包住左手拳頭，雙方高舉齊眉，向友人致敬，或致意，或道謝，或道賀。但只適用於國內。

9.其他

其他如英國及國協會員國間流行之屈膝禮，行禮時右腿向前屈，左退向後伸，表示敬意。遇重大慶典晉見，或總督賜宴，女士多行屈膝禮，男士則行握手禮。

在元首款宴，蒞臨或離開會場，重要集會主持之首長蒞臨和退席，乃至入坐後有尊長或來賓的蒞臨，均應起立致敬。❽

四、食的禮儀

民以食為天，在我們的日常生活中，「吃」佔了很重要的地位。
食的禮儀分下列三小項來討論

㈠認識西餐

㈡日常飲食禮儀

㈢宴客的禮儀

㈠認識西餐

中餐和西餐的不同，不但在菜餚方面調味不一，且吃法、使用餐
具、及餐桌禮儀也不一樣。因此，往往國人一旦參加洋人款待的西餐
宴會，會有無所適從之感。所以，平時多認識西餐，對食的禮儀必能
有所助益。認識西餐分三部份來介紹：1.西餐的餐具；2.西餐的主副
食；3.認識洋酒：

1.西餐的餐具

⑴杯子

在西餐的正式場合，嚴守酒杯使用的分際。飯前酒杯、用餐酒杯、
飯後酒杯、香檳酒杯、啤酒杯，及一般的水杯、果汁杯等都不同。什
麼酒要裝什麼杯子，都有一定的規則。其詳細如下圖❾：

酒杯之式樣及使用與功能說明：

1. 五味酒杯或潘趣酒杯（Punch glass）──一
點五盎斯容量。可斟酒四分之三。

2. 高腳啤酒杯（Pilsener glass）──因其式樣
別緻亦可作花式酒（Fancy drink）或玻尼西
亞酒（Polynesian drink）用杯。

3.啤酒杯(Beer mug)——酒可滿斟，乃有豪放之氣。

4.冰茶杯(Iced-tea glass)——亦可作可口可樂、果汁或秀蘭鄧波兒(Sherry Temple)用杯。註：秀蘭鄧波兒爲汽水加一點櫻桃汁的飲料，可供兒童飲用。

5.高腳水杯(Water goblet)——適用於正式午宴或晚宴。可斟冰水距杯口二分之一英寸。

6.水杯(Water tumbler)——可斟水帶冰塊距杯口二分之一英寸。爲非正式宴會之水杯。

7.大型白蘭地酒杯(Large Brandy glass)——八盎斯容量，只可斟酒四分之一。

8.小型白蘭地酒杯(Small Brandy glass)——二盎斯容量，只可斟酒四分之一。

9.老式酒杯(Old fashioned glass)——三至四點五盎斯容量，可斟酒四分之三。爲不同種類酒加冰塊用杯，如杜松子酒(Gin)、伏特加酒(Vodka)或威士忌酒(Whisky)加冰塊適用之，亦可作爲馬丁尼(Martini)或曼哈坦(Manhattan)等混合酒加冰塊用杯。

10.果汁杯(Juice glass)——三至四盎斯容量。可斟距酒杯口二分之一英寸。

(2)餐具

西餐的餐具包括有刀、叉、匙，及其他等。

①刀：在西餐中，刀爲主要進食的餐具。刮牛油，用牛油刀；吃魚，用魚刀；吃牛排，用牛排刀；吃水果，用較小的水果刀，並非一刀用到底。

②叉：叉有大小，一般吃肉類的叉子較大，吃海鮮的稍微小一點，水果、生菜沙拉用叉子，則較小。叉子用途各異，使用時要小心，才不會失禮。

③匙：喝湯用湯匙，調咖啡用咖啡匙，吃布丁及冰淇淋，用比湯匙小的甜點用匙。桌面上拿菜用的專用匙則較大。

④其他尚有糖夾、菜汁杓、派鏟、點心鏟、龍蝦鉗及各式瓷器等。

(3)刀叉的使用法

①以右手持刀，左手執叉，叉齒向下，用叉固定牛排，用刀切割，然後用叉將食物送入口中。食物宜切一塊吃一塊，每塊不宜過大，這就是所謂歐洲式的吃法。而美國式的吃法，是將食物切割後，將刀放下，右手改持叉，用右手將食物送入口，甚至叉齒向上，將食物鏟着送入口；此種方式，並非高雅，因為需要變化左右手，因此並不被一般國際禮儀學者所鼓勵。使用的方式，還是以歐洲式為宜。詳如下圖(一)、圖(二)，及圖(三)。

圖(一)歐洲式使用刀叉的方法
　　右手持刀,用食指壓住刀背；左手持叉,亦用食指壓住叉背。兩臂向內稍貼緊, 避免碰撞鄰座。
此種姿勢最優美。

圖(二)歐洲式的吃法
　　牛排切割後, 用叉子叉着緩緩送入口, 身體稍前傾, 頭不能太沉, 牛肉到口處再張口。

　　圖㈢美國式的吃法
　　　　牛排以右手持刀，左手持叉，切割後，右手將刀放
　　　　置盤子上，改用右手持叉進食。

　　②盤中的食物如需推移，以用刀推移爲宜，必要時刀叉可以易位，卽用右手叉，左手持刀，切忌轉動盤子，轉變食物堆放的方位。

　　③桌面上的食物，除麵包、長條的生菜如芹菜等，可用手取食外，所有食物，一律用叉子取食。切忌用刀子叉肉進食。

　　④食物如用叉子可以分割者，宜儘量用叉子切割，並不一定非用刀不可。

　　⑤喝湯使用湯匙。甜點可用小匙或叉。肉質較爛的水菓，切碎後用匙進食。肉質較脆多汁如李，去皮後用刀叉進食。布丁冰淇淋等用小匙。所有匙、叉及刀用畢後，要放在盤、碟上，不可置於碗內。

　　⑥刀叉取用之順序，要先用擺在餐盤最外側者。吃一道，用一副刀叉，用畢，刀叉並排放在盤中央。遇有遲疑，不妨觀察主人，主人取那種刀叉，就跟着使用。

　　⑷餐具的佈置

　　①西餐刀叉的佈置均依餐式的順序排列，有多少道菜，就擺多

少刀叉。一般正式的宴會，因菜餚比平常多，刀叉通常有三副或四副，水杯、紅酒杯、白酒杯、香檳酒杯齊全，其佈置方式如圖㈣。

圖㈣正式宴會餐具之佈置
　　上圖所示，表示宴會菜餚有湯（右側置湯匙），一道開味菜，二道主食。酒方面，有白酒、紅酒、香檳酒及雪莉酒杯。

②餐巾：西洋人用餐，餐桌上必須使用餐巾，一般家庭均用與桌布同套的餐巾，或抽紗，或刺繡，力求美觀大方，如圖㈤。

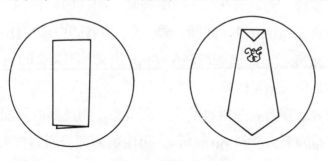

圖㈤　餐巾的佈置

餐巾可摺成各種形狀，如長方型、四方型、三角型、燭臺、小屋、帆船、扇型、皇冠型等吸引人的造形，以增加美觀，促進食慾。

2.西餐的主副食

西餐的主副食，一般以一菜、一湯、沙拉、冰淇淋、咖啡爲主。主食以牛、羊、豬、魚、蝦爲主。西餐出菜的順序已定型，如下例：

湯（或生蠔，或香瓜）（soup of oyesters or melon）

魚（fish）

主道菜（通常爲烤肉或家禽配靑菜）（entrée, or main course, usually roast meat or fowl and vegetables）

沙拉（salad）

甜點（dessert）

咖啡（coffee）

3.認識洋酒

洋酒以品味爲重，分飯前、飯中及飯後酒及鷄尾酒等四種：

⑴飯前酒（aperitifs）：又稱開胃酒，如威士忌（whisky）、杜松子酒（gin）、伏特加（vodka）、雪莉（sherry）、蘭酒（rum）等。

⑵飯中酒（table wines）：又稱席上酒，只限葡萄酒（wines）。葡萄酒中，白葡萄酒具酸味，酸去魚腥，故吃海鮮時，一定配白葡萄酒。紅葡萄酒帶苦澀，苦澀去油膩，故吃肉時，配紅葡萄酒。

⑶飯後酒（liqueurs）：此種酒濃、香、烈者如白蘭地（brandy）或康涅雅克（cognac），甜者如浮液（créme 法文，即英文的 cream）等。

⑷鷄尾酒（cocktail）

是在酒會或宴會餐前供應的調味混合酒。鷄尾酒的調配，種類繁多，如很普遍的混合飲料 punches，可由葡萄酒或烈酒、水、牛奶、茶，加白糖、檸檬汁等，有時再加香料或薄荷混合調成。

㈡日常飲食禮儀

1.國民禮儀範例規定的禮儀

內政部於民國六十八年五月二十五日修訂的國民禮儀範例，對日常飲食的禮儀，規定如下：

⑴食具須保持清潔，使用時勿使出聲。

⑵就食時，應與食桌保持適當距離，身體端正。

⑸與同席者同時進食。

⑷與同席者談話，不宜高聲。

⑸進飯食時，細嚼緩嚥，力避有聲。

⑹飯屑骨刺，勿抛擲地上。

⑺欲先離席，須向主人及同席者致歉。

⑻全桌食畢，待首席或主人起立，然後離席。

2.一般應注意的禮儀

若論飲食禮儀，國民禮儀範例規定的，甚爲簡單，實則有許多應注意的禮儀，常被忽視。茲分述如後：

⑴就座和離席

①應等長者坐定後，方可入座。

②席上如有女士，應候女士坐定，方入座。如女士座位在隔鄰，應招呼女士入座。

③拖拉座椅，手宜輕，不要有刮地板的聲音。

④餐畢，須俟男女主人離席，其他賓客始離座。

⑤離席時，應招呼隔座長者或女士，幫忙拖拉座椅。

⑥女士攜帶之手提包，宜放在背部與椅背間。

⑵使用餐巾的禮儀

①必須等到大家坐定後，才可使用餐巾。

②餐巾應攤開後，放在雙膝上端的大腿上，切勿繫入腰帶，或掛在西裝領口。

③切忌用餐巾擦拭餐具，主人會認為你嫌餐具不潔。

④不可用餐巾拿來擦鼻涕或擦臉。如身上適無手帕，宜離席到化妝室去。

⑤餐巾主要防止弄髒衣服，兼作擦嘴及手上的油漬。

⑥餐畢，宜將餐巾折好，置放餐桌上再離席。

(3)喝湯的禮儀

①喝湯要用湯匙，不宜端起碗來喝。

②喝湯的方法，湯匙由身邊向外舀出，並非由外向內。

③養成習慣，第一次舀湯宜少，先測試溫度，淺嘗。

④不要任意攪和熱湯和用口吹涼。

⑤喝湯不要出聲。

⑥湯舀起來，不能一次分幾口喝。

⑦倘湯將見底，可將湯盤用左手拇指和食指托起，向桌心，即向外傾斜，以便取湯。

⑧有時湯亦用兩側有耳的杯盛出，此種情形，可用兩手執杯耳，端起來喝。

⑨喝完湯，湯匙應擱在湯盤上或湯杯的碟子上。

(4)吃麵包的禮儀

①麵包要撕成小片吃，吃一片撕一片。不可用口咬。

②如要塗牛油，並非整片先塗，再撕下來吃，宜先撕下小片，再塗在小片上，送入口吃。

③但如果餅乾或麵包是烤熱的，是可以整片先塗牛油，再撕成小片吃。

④塗牛油要用牛油刀，如餐桌上未備牛油刀，用其他的刀子亦可。

⑤切勿將麵包浸在湯中，或浸肉汁來吃，這種吃法叫 Dunking，人見人厭。

⑥撕麵包時，碎屑應用碟子盛接，切勿弄髒餐桌。

⑦麵包切忌用刀子切割。❿

㈢宴客的禮儀

　1.宴會的種類：

　宴會的種類有午宴、晚宴、宵夜、酒會、自助餐、茶會、野餐、早餐會、遊園會、舞會、晚會等。

　2.邀請──發帖與回帖

　邀請帖的內容須包括：

　⑴宴會的目的：如公司開幕，或歡迎某人等。

　⑵主人的姓名：可以機關或個人職銜柬邀。

　⑶被邀請人之姓名：如邀請單身或夫婦，必須寫清楚。

　⑷宴會的種類：如晚宴、午宴等。

　⑸時間：必須表明清楚年、月、日，星期，上午或下午，時辰。如係酒會，則表明由幾時幾分到幾時幾分。

　⑹地點：要表示清楚，如某大飯店等。

　⑺服裝：如小晚禮服（black tie）或大禮服（white tie）等。

　⑻回帖：在請帖的左下角寫上 R.S.V.P.（敬請回音──R′epondez Síl Vous Plaît）。

邀請帖範例如下：

(A)中式

為歡宴美國聯邦參議員何林斯暨薛爾畢等一行謹訂於
中華民國七十七年八月十七日（星期三）敬備菲酌

恭候

台光

連

連方

戰瑤

謹訂

時　間：下午七時

地　點：外交部五樓

服　裝：男賓：深色西服
　　　　女賓：長旗袍或晚禮服

回帖

□陪
□謝

連部長暨夫人八月十七日晚宴

回　帖：請寄介壽路二號外交部禮賓司交際科

電　話：三六一七六七二　三一六一六五七

聯絡人：

啓

月

日

(B)西式⓫

The President of the Republic of Honduras

and Mrs. Jose Simon Azcona

request the pleasure of your company

at a reception and ceremony of decoration to

H. E. Mr. Lee Teng−hui, President of the Republic of China

on Saturday, April 15, 1989

at 19:00 hours

Regrets only

751−8737

Dress:Dark Suit or Uniform　　　　　　　　　*International Recepton Hall*

　　Lounge Dress　　　　　　　　　　　　　*First Floor, Grand Hotel*

R.S.V.P.

五、衣的禮儀

一個人的衣著，代表一個人的身分，敎養，氣質。一個國家人民的穿著，也代表著一國的文化。在國際交流日趨頻緊的今日，衣的禮儀，尤其重要。❷

㈠穿衣的基本原則：

穿衣的禮儀，有普遍遵行的原則，大致如下：

1.衣服要整齊清潔：俗語說整齊就是美觀，穿衣的基本要求就是整齊和清潔。

2.衣服裁剪要合身：只有合身，才能顯出精神和體態美。

3.衣服的款式要合時：在歐美的社會，講究時尚，雖然上層社會具保守，但多少也迎合時尙的流行。

4.衣服要配合季節：冬裝、夏裝和秋裝，要有區別。

5.穿著要與自己的年齡和身分相稱：一位花甲的女士，穿了雙十年華少女的衣服和裝扮，大家都會認爲不配和不雅。

㈡儀容和儀態

1.儀容的重要

每個人只要自己儀容端莊，穿著整齊，談吐有涵養，舉止得宜，自然會散發一個人的魅力，而讓人敬重和欣賞。儀容要注意的部分如下：

⑴頭髮

頭髮必須勤於洗，也要勤於修剪。髮久未洗，亦將產生臭味，近身聞及，會讓人卻步。不論是男士或婦女，不要追求太新奇或太醒目的髮型。

⑵臉容

同一張臉，可以變成面目可親，也可以變成面目可憎。對一般人而言，要求俊俏臉蛋或花容月貌，常不可得，但只要注意修飾，注意展現自己的魅力，也可以被人喜歡。

(3)指甲

指甲若不常修，則縫內藏垢納污，至婦女的指甲，即留長指甲，亦須常加修飾，指甲油的塗擦宜均勻，顏色的選配宜與自己的服飾或佩件配合，並非艷麗就是美觀。

2.日常儀態

我們欣賞一個人的儀態，常讚美儀表堂堂，彬彬有禮，或儀態萬千或笑容可掬。何以致之？乃由一個人儀態的展現的結果。一般日常儀態應注意者如下：

(1)身體的儀態

一個人的舉止是否大方高雅，會直接給人留下不可抹滅的印象。翩翩君子，立於人潮，行走於街，或坐於廟堂，或出入公共場所，必須站有站相，坐有坐相。這些應注意的肢體儀態，茲列述如後：

①徒步：徒步時，必須擡頭、挺胸、閉口，兩眼向前平視，表現出活力充沛，朝氣蓬勃及有勇往邁進的精神，同時切忌兩手合抱於胸前，或交叉置於背後，或兩手插於褲袋，或在冬天插於衣袖內。此外在行進中，不宜吸煙，不吃零食，不與同伴攀肩搭背，不哼歌，也不可吹口哨。❸

正確的走路要點

①身體自然挺直。

②雙腳應同一條直線的兩側平行移動。

③重心應落在前脚,並經常把重心保持在身體中央,以移動雙
　脚。

④後脚跟最好不要提起,脚尖輕輕踏出,並由脚跟先著地。

⑤小腿打直,以大腿之力邁開步伐。

⑥雙手自然地向前後擺動。(擺幅不需過大)。

⑦行走時,視線最好落在4公尺前方,這不僅可看到自己的脚
　尖,也能注意安全。

※快步行走時,步幅可以略爲縮小;而慢速行走時,步幅可自
　動加大,藉以維持平衡。

①雙脚沿著
同一直線,
平行移動。

②行走時,重心位置的圖例。

○ ╳

③行走時,重心最好放在身體中央。

②站立:站立時,不彎腰、駝背或垂頭。雙手宜自然放下,同時
要精神抖擻,不要有萎靡不振或頹喪可憐的形象。對婦女而言,所謂
亭亭玉立,可以想像一定是給人一種清新美麗,活潑可愛的感覺,絕
不是像畏縮在冷風中,或一副哭喪著臉的模樣。❶❹

正確的站立姿勢

①擡頭挺胸並自然站立。

②雙腿平行、並攏。

③腰桿挺直（則頸部就會自然伸直）。

④收下顎，別讓衣領有太多空隙。

⑤雙肩自然垂下，並做輕緩的深呼吸。

⑥五指並攏，自然垂貼在雙腿兩側。

　五指並攏時，手臂就會呈現美麗的弧度。

⑦以這種姿勢站立，重心就會從頭部落到腳底。

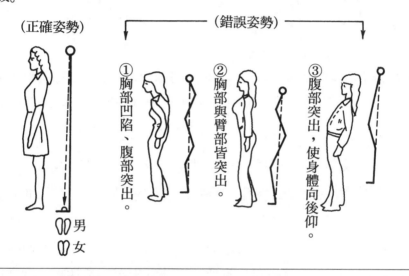

（正確姿勢）　（錯誤姿勢）

①胸部凹陷、腹部突出。

②胸部與臀部皆突出。

③腹部突出，使身體向後仰。

③就座：就座時，姿勢應端正，態度安祥。除非是很輕鬆的場合。宜少蹺腿，切忌以手敲打桌椅，不要搖膝，抖腿，更不要斜坐或斜躺。❺

坐姿的要點

①挺起胸部，保持上半身稍微向前傾的姿勢坐著。

②膝蓋與腳尖應並攏。

③雙手自然地放在膝上。

　手肘最好不要向外張開或太靠內側，手指應合攏。

　（拇指與手掌貼齊，呈現出優美的弧度）。

①不當姿勢　　　　　②標準姿勢

①跟上司交談時，儘量避免蹺起二郎　②膝蓋和腳尖都應並攏，背部勿靠貼
腿，手臂也不該放在椅子的扶手上。　椅背，約坐在椅子的⅓處，這樣就可
　　　　　　　　　　　　　　　　　　呈現優雅、端莊的坐姿了。

④與人交談：應精神集中，兩眼注視對方，聆聽人家的談話，同時表情要放鬆，多展現笑容。談話時，聲不高吭，手勿指指點點。同時切忌抓頭、摸鼻子、挖耳朵、抓背、搔頭皮、挖鼻孔、挑牙齒、擠眉、弄眼、叉腰、抓腳、整衣等令人噁心的動作。更不可當面打噴嚏、打嗝、咳嗽、呵欠，萬一忍耐不住，應急抽出手帕摀住嘴，側身為之，並道聲對不起。此外不可當著人家面前放屁或吐痰。

⑤笑：時現笑容，可獲得人家的好印象，但對於笑，卻應有分寸。見喜而笑或聞喜而笑，自可笑顏逐開，遇好聽的笑話或滑稽的事，常令人開懷大笑，或會心的一笑，或大笑而特笑，這些都是自然的流露。但是笑也要因時、因地、因事制宜。⓰

六、住的禮儀

家乃整個家庭生活的中心，居家舒適，寧靜溫馨，不但有益家裡每位成員的身心健康，且有助於整個家庭的融洽美滿。尤其，一個人

的人格養成，啓蒙自家庭，對於以後之發展甚為重要。

住的禮儀可分為：

㈠家居的禮儀
㈡作客的禮儀
㈢旅遊投宿的禮儀

㈠家居的禮儀：需注意環境衛生，家居的規矩，及鄰居相處之道。

1.注意環境衛生：住宅保持整潔，空氣流通，光線充足等。

2.家居的規矩：遵守尊卑長幼有序的規矩，養成勤勞的習慣。

3.鄰居相處之道：必須能敦親睦鄰，互相關心，互相協助，守望相助。

㈡作客的禮儀：在外作客，須與主人之家庭共處，為博取人家的喜歡和尊敬，則必須自律，尊重其家人之生活習慣。

㈢旅遊投宿的禮儀：

投宿旅館，應注意的事項如下：

1.應事先透過旅行社訂妥房間，以免向隅。

2.到達旅館時，先到櫃檯辦理住宿手續(check in)，填妥旅客登記卡，選妥房間，即可領取鎖匙進入房間。

3.下榻旅館應遵守規定。這些規定包括：

不得在房間內煮炊，如煮開水、炊飯。

不可順手牽羊，拿走煙灰缸、衣架、拖鞋、浴巾等。

不得在床上吸煙，以免吞雲吐霧之餘入睡，引起火災。

不得將採購之空袋空盒隨意棄置於地。

不得在房間內熨衣，以免引起火災。

4.切忌在外購置中餐餐點返旅館房間進食，尤其使用醬油配料佐

餐，容易污染地毯。

5.旅館均於中午十二時爲計日之換算點，如需逗留少許，應先與櫃檯講明。

6.退房時，結帳後應將鑰匙交還給櫃檯或出納(cashier)。 ❶

七、行的禮儀

行止之間，長幼有序，賓主有分，無論乘坐汽車、火車、飛機、輪船或徒步，各有禮節。社會上，則因有這些禮節，才能顯出社會祥和的一面，也促成社會上的安全與秩序。

行的禮儀可分下列二項目來說明：

㈠徒步的禮儀
㈡乘交通工具的禮儀

㈠徒步的禮儀

走路時的禮儀，必須注意下列：

1.以前爲尊，後爲卑，右邊大，左邊小爲原則。

2.三人行，如全爲男士，則以中間位爲尊，右邊次之，左邊爲末。如係一男二女行，則男士應走最左靠行車道位置。

3.多人行，以最前面爲大，依前後秩序，越後越小。

4.接近門口，男士應超前服務，開門後，讓女士先行，男士跟後。

5.經過危險區域或黑暗地帶，及上下樓梯時，男士應給婦女或老人臂助。

6.男女二人行，以男左女右爲原則。

7.二男一女同行時，女士居中。

8.正式宴會或進入歌劇院，男士先行，俾便驗票及覓座位。

9.男士應幫助女士提貴重之物，不必替女士拿皮包或撐陽傘，但下雨共撐雨傘，則係合乎禮節。

10.男士與婦女同行，不宜先示意挽手。❽

㈡乘坐交通工具的禮儀

1.小轎車

由於行車方向的不同，英國制度的國家，如英國、香港等，是靠左走；美國制度的國家，如美國、中國等，是靠右走。因此，駕駛盤的設置，英制在右，美制在左。不論駕駛座在左或在右，小轎車座位的尊卑是一樣的。❾

⑴座位的次序：

A.有司機時——

①二人：首位在右，次位在左，如下圖：

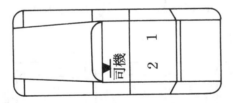

②三人：有二種坐法，如下圖：

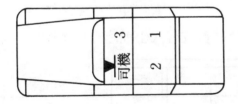
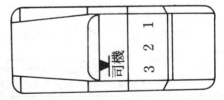

③四人：最低位者坐前座，如下圖：

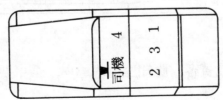

④五人：最低位者坐前排中座，如下圖：

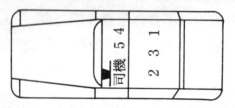

B.主人自己開車時——

①主人夫婦：有主人夫婦伴隨時，如下圖：

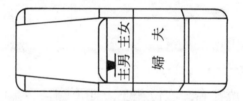

②只有主人：友人可坐前座，友人之婦則坐後座，或友人夫婦皆坐前座，如下圖：

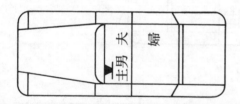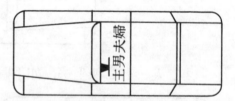

③只有主人，但有三位客人時：首位客人坐前座，如下圖：

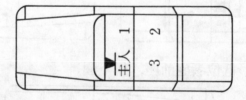

(2)上下車時：

不論爲主人或賓客，應知座位的尊卑，乘車要有序。上下車也要

依座位的大小，坐後車位者，上車時應依 321 的秩序上車，下車時則依 123 的秩序下車。國際間的通例，女賓不坐前座，除非女賓有意及堅持。

1.主人親自駕車

座客只有一人，則應陪座於主人之前座，倘不明此禮，而鑽進後座，那是失禮的事。如果同座有多人，中途坐於前座之主客已下車，則在後座之客人應下車，改坐前座。此項禮節，許多人最易疏忽。

2.吉普車

其座次如下圖，需注意上車時，後座低位應先上車，前座後上。下車時，前座先下，後座再跟著下車。

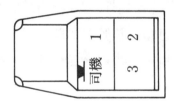

3.旅行車

以旅行車接待小團體，日見普遍。此種旅行車，一般以九人座者為主，其座位之尊卑，以司機之後座側門開啓處第一排座位為尊，後排座位次之，司機座前排座位為小，其座次如下圖：

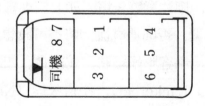

4.巴士

不論是中型或大型的巴士，以司機座後第一排，即前排為尊，後排依次為小。其座位的大小，依每排右側往左側遞減，情形如下圖：

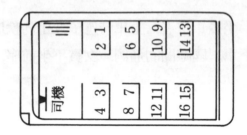

5.搭飛機

搭飛機的安全管制比較嚴，應注意事項如下：

1.航空公司於班機起飛前二日，通常會清艙查核搭乘之旅客，因此乘客應勿忘主動對位（confirm）。

2.國際航線的飛機設有頭等艙（first class）和經濟艙（economy 或 tourist），頭等艙除供應餐點外，飲料及酒類均免費，經濟艙則只供應餐點及正餐中之小酌酒類，其餘要價購。

3.行李之重量有限制，一般經濟艙每人不得超四十四磅，手攜行李亦只限一件手提箱或手提包。

4.寵物不得夾帶，必須裝籠交付空運。

5.行李中嚴禁火藥，手提行李亦不得帶武器、刀、剪刀等，如查獲應交由空服員保管。

6.搭國際班機務必於起飛一小時半以前，抵機場劃位。

7.為自己之安全，應注意警告燈，如要旅客綁緊座位帶（fasten seat belts），即應綁緊，否則遇亂流，將不可設想。

8.空服員的廣播，乘客應仔細聽，並配合。如降落前請乘客豎起座位（Put your seat backerect），不得吸煙（No smoking）等，皆為了安全，應立即照指示做。

15.上下飛機，如係團體，應讓位高者後上先下。

八、育的禮儀

育包括養育、教育及各種訓練。日常個人育的禮儀，包括了交友之道及訪問、接待和餽贈的禮儀。

㈠交友之道

交友要注意的原則如下：

1.交朋友的前提要能互益，起碼要無害。與人處而不受其益，或無益於人，又何必浪費時間。

2.有不良德行的人，不能交朋友。

㈡訪問的禮儀

1.拜訪前應注意事項：

⑴注意服裝的整齊和儀容，不宜隨便穿著前往。

⑵事先算計交通阻塞情形，不妨略提早五分鐘前到達。

⑶拜訪時擬商討的業務，談話的內容，應預作準備，行前並作檢查，如有文件乃至介紹信，應勿忘備妥攜往。

⑷對被拜訪人之背景，包括愛好、脾氣、家庭等，應設法瞭解，俾有助於談話。

2.拜訪時應注意事項：

⑴略為寒暄後應簡要說明來意。

⑵依主人的延攬就座，但應避免坐主位。

⑶倘尚有其他客人或其家屬，應與其他人亦招呼後再就座。

⑷如係業務拜訪，所談內容要點應隨時記錄備查。

⑸倘主人因另有要務或急於離開而有所示意時，應即縮短拜會時間。

㈢接待的禮儀

接待應注意的原則如下：

1.給賓客的禮遇要合適，不抑損，也不逾越。

2.接待首長主管及長者之來訪，應在門口迎接。對部屬、平輩友好之來訪，則不必過份禮遇。

㈣餽贈的禮儀

餽贈的禮儀，一般而言，必須兼顧下列原則：

1.應瞭解受禮人的嗜好和需要，如受禮人將出國深造，苦於學費不足，此時宜贈送程儀，若送水果或其他用品，則會讓人失望。

2.應瞭解習俗，如該送紅花的場合卻送白花，祝壽的場合，選「鐘」當賀禮，冒犯了讓人最忌諱的「送終」隱喻，回教人士不吃豬肉，卻送給他火腿等，皆有悖習俗。

3.禮品的份量，應與送禮的對象、場合和自己的能力相匹配，如對泛泛之交贈以厚禮，殊有失意義。

4.禮品必須具有意義和實用。

5.送金錢的場合要慎重，如送金錢給自己的業務有關的主管官署人員，將構成賄賂；部屬送錢給頂頭上司，則係巴結。故要小心為宜。

6.禮品必須加以美化包裝，在包裝前應注意撕去價錢條。

7.除自己親自面遞的禮品外，託人轉交的禮品應貼上自己的名片，或寫上自己的姓名。

8.如送花，則必須弄清花籃與花圈在意義上的區別，以及各種顏色所代表的意義。

9.如送人遠行以家電產品，則必須弄清受禮人前往國家的電壓和頻率。

10.如探病送水果或食品，則必須弄清病人是否能食用，或醫生是否允許病人吃用，否則將徒負自己的心意。

11.西洋的禮節，受禮者於收到禮品後，宜當面拆開禮品，除面謝外並宜適度讚美。

12.禮尚往來，有機會回禮應考慮上次所收禮品的份量，如收人重禮，回禮亦應相若，不能淪爲秀才人情，函電一張。❷

九、樂的禮儀

樂的禮儀包括一般的休閒，娛樂和運動應注意事項。休閒娛樂活動包含舞會、歌劇及音樂欣賞的禮儀，藝術欣賞的禮儀，及電影欣賞的禮儀等。運動的禮儀包含田徑、拳擊、柔道、摔角、國術、自由車，馬術，體操，射擊，游泳，射箭，及各式球類等。另外，由於最近出國旅遊之頻繁，觀光旅遊禮儀也列入樂的禮儀之範圍。

現依上述項目擇要說明如下：

㈠舞會的禮儀

舞會應注意的禮儀：

A.主人應注意的禮儀

1.男女主人必須招呼男女主賓至舞池邊安排好的座位，並介紹其他來賓與主賓相見。

2.男女主人應留意爲無舞伴之男賓或女賓介紹舞伴。

3.舞會中宜請友好兼作招待，免使舞會進行時，會有賓客冷落一旁。

4.一般而言，男主人必須邀請女主賓共舞至少二次，否則會失禮。

5.男主人應邀無男伴之女賓共舞，不能任無男伴之女賓冷落。

B.開舞的禮儀

1.舞會必須由男主人邀女主賓及女主人伴男主賓率先開舞，其他賓客始得入舞池跳舞。

2.如係結婚之舞會，則必須由新婚夫婦領先開舞。

3.如係一般家庭舞會又無男女主賓，則可由主人夫婦開舞，或由賓客中年長者及官階較高者開舞。

4.其他賓客必須等主人夫婦進入舞池後，始得進入舞池跳舞，不得技癢率先進入舞池。

C.邀請共舞的禮儀

1.欲邀在場之女賓共舞，必須先徵求同意，其方式並非直接向女賓請求，而是：有夫之女賓，必須徵求其夫之同意；有未婚夫之女賓，必須徵求其未婚夫之同意；陪伴父母與會之未婚女士，必須向其父徵求同意。

2.原則上，男士可請求任何在場之女賓共舞。被請求之男士，即女賓之男伴不應拒絕。

3.除非極為熟稔友好，女士不宜主動請求男士共舞。

4.如女士無意與某男士共舞，而某男士又有請求，則女士不宜直接拒絕，可托詞離開，如到走廊或花園透氣等。

5.如男女主人介紹男女雙方共舞，則任何一方均不得拒絕。

6.邀舞時，男士應俟樂隊奏起音樂，趨向舞伴前，頷首致意，獲答允後，即可伴入舞池共舞。

D.伴舞的禮儀

1.一般而言，邀得女伴進入舞池，宜讓女伴前行，男士隨後，一起進入舞池，不宜挽臂而行，除非場地寬敞，空間很大。

2.舞畢，男士應伴女伴回座，並頷首致謝。如該女伴有男伴在側，如其夫，或未婚夫，或父親，亦應向該男伴道謝。

3.一般而言，男士不必亦不應專伴一人，如其妻，或未婚妻，或是女友跳舞，但禮貌上，第一支舞曲及最後一支舞曲，應與自己之女

伴共舞。

　　4.舞曲與舞步應相符，倘自己不諳舞步，則不宜勉強邀人共舞。亦不宜我行我素，自行獨創舞步，或胡亂應付。

　　5.跳舞時，應求端莊。摟擁女伴應有分寸，不宜輕薄，更不可有性騷擾。

　　6.跳舞中切勿轉邀他人而放棄自己的舞伴。

　　㈡運動的禮儀

　　運動員需注意的禮儀如下：

　　1.所有運動比賽固比高下，分勝負，但不得將對手視為敵人。

　　2.運動員間常互換紀念品如隊旗或紀念章，收人家的紀念品，也要回贈人家。

　　3.絕對遵守裁判的執法，不得作無禮的表示。

　　4.比賽時，不得以小動作干擾對方，更不可以陷害方式謀算對方。

　　5.遇對方勝利，應予道賀。倘自己勝利，對手作道賀的表示，則應答謝。

　　6.比賽前及比賽後，勿忘相互行禮或致意，作友善的表示。

　　㈢歌劇、電影及音樂欣賞的禮儀

　　一般所要求的禮儀如下：

　　1.一人一票，憑票入場。

　　2.除兒童節目外，不得攜帶一一〇公分以下兒童進入演出場所。

　　3.非經許可，不得攜錄音機及攝影機入場。

　　4.必須準時入座，遲到觀眾須待休息時再行入座，而在節目演出中不得離席。

　　5.不得攜帶食物或飲料進入演出場所。

　　6.務必保持清潔，愛護公物。㉑

第二節　秘書工作上之禮儀

　　秘書的功能在輔佐與管理。這兩項目尤重溝通來使業務順利進行；在溝通時禮儀尤其不可忽視。禮儀有助於完滿地達成溝通的任務。秘書在工作上，尤其需具備良好的禮儀，才能在輔佐主管處理事務時，得心應手，並獲得公司機構上下同仁的尊重；在對外方面，秘書的美好禮儀可使來賓及顧客留下深刻印象，建立公司機構卓越的商譽。

　　秘書工作上的禮儀，可分下列六項目來討論：

一、服裝舉止的禮儀

二、應對的禮儀

三、待客的禮儀

四、謝賀弔慰的禮儀

五、機場接待的禮儀

六、旅館接待的禮儀

此六項秘書工作上之禮儀之間的關係，可畫圖如下：

　　由以上六項秘書工作上的禮儀，可以看出其關係安排是由內而外。

首先，秘書必須先注意自己的服裝舉止，留下第一個好印象。然後，在公司內，秘書必須面對主管、同仁及由外來的訪客、顧客等；這時秘書就必須注意應對與待客的禮儀。最後，秘書在對外的通訊禮儀，如謝賀弔慰等狀況，也須熟練，以備運用。另外，秘書到機場或旅館迎接外賓，代表主管，禮儀尤其不可忽視。

一、服裝舉止的禮儀

莎士比亞曾經說:「服飾常顯示人品，如果沈默不語，服裝與體態仍會洩露我們過去的經歷。」穿戴整潔及不修邊幅的兩種人,在性格上、人生觀、工作態度上均顯然有差別。前者較有自信、喜歡社交，也較靈活，當然也較受人歡迎了。㉒

在服裝儀容方面，可分頭髮、服飾、鞋子及化妝等項目來探討。

(一)頭髮

頭髮應保持整潔美觀，不要讓它看來油油的，散亂的。髮型對整個儀表來說，十分重要，應配合臉型，來強調其優點，掩飾其缺點，使看起來高雅而大方。

(二)服飾

俗話說:「人要衣裝，佛要金裝」，合體大方的衣服，可以形成成功的外表，表現積極樂觀的態度。

A.服裝方面的禮儀如下:

1.衣著必須整潔，合適和單純。

2.配合時令和場合。

3.顏色宜使人覺得有輕鬆調和的氣氛。

4.式樣要適合自己的體型，不要太時髦，太標新立異而成爲奇裝異服。

5.衣料以重質不重量爲原則，以耐穿不縐，可以經常清洗爲宜。

6.實用方便，易於活動爲原則。

B.飾物方面的禮儀如下：

1.飾物包括圍巾、手套、帽子、手提包、絲襪、耳環、項鍊、胸針、戒指、太陽眼鏡等。要與衣著搭配得宜。

2.體積大，閃閃發亮的胸針，叮叮噹噹的耳環，耀眼的項鍊和手鐲，都不相宜。

3.不要戴太多的珠寶，顯得珠光寶氣而流於俗氣。

4.隨時整理手提包裡的東西，不要使它成了垃圾箱。

㈢鞋子

鞋子方面的禮儀如下：

1.以適合辦公室穿著，舒服爲原則。

2.所穿的皮鞋，須與衣服顏色相配。

3.皮鞋要時常保持清潔明亮。

㈣化妝

化妝方面的禮儀如下：

1.注意保持端莊的儀容。

2.以自然、大方、清新爲原則。

3.不宜濃妝艷抹。❷

二、應對的禮儀

秘書應對的禮儀如下：

㈠必須尊重辦公室的倫理，即：職位的高低必須尊重；年齡之長幼亦宜尊重；男女同事間必須尊重和自重；同事主管的工作，必須尊重。

㈡必須尊重辦公室的規定，如：上班時間，不准聊天；進入主管的辦公室必須先敲門；辦公室必須保持肅靜。

㈢同事間的應對，公誼和私誼要有區分。於公有上下之分，於私則有友誼的深淺，要有分寸。

㈣必須處處注意禮貌。碰面寒暄，先說「早安」，或「您好」；有事請託，勿忘用「請」；接受別人服務，勿忘道謝；有不週到處，勿忘說「對不起」。

㈤對主管無論是公事垂詢，或稟報，乃至私下聊天，應持恭敬態度。

㈥談話勿高聲，以細聲爲宜，並切勿縱情大笑。

㈦養成公私分明之態度，在辦公室中不閒話家常，不縱橫古今，暢談天下大事。

㈧男女有分，不逾越，不亂情。

㈨應對間，不談他人隱私，不談公司之秘密，不幸災樂禍，挑撥離間，搬弄是非。

㈩主管有事交代時，必須注意聆聽，抓住重點；重要的事情，則須再與主管確認。

㈢公事之洽商，養成記錄之習慣，與同事商談時，記下要點，遇有會議，應有會議記錄。

㈢熟記同事之姓名，稱呼時宜以其職位稱呼，不然宜冠某先生、某小姐等。

三、待客的禮儀

秘書待客的禮儀如下：

㈠誠的原則：誠以律己，誠以待人。誠者必眞，誠者必善。所謂：

「不誠無物」,「誠則金石爲開」。虛情假意,矯情做作終非待人之道。

㈡親切的態度:態度欠親切或言語太急躁給人極惡劣的印象。一張綻開的笑靨有如冬天的陽光, 和煦地照耀在人們的臉上, 是多麼地溫暖、親切。

㈢理想的場所:讓客人有「賓至如歸」的感覺是接待客人的最高藝術。因此接見賓客的地點非常重要。公司機構裏均設有會客室或接待室, 以接待外賓。會客室及接待室, 必須佈置雅緻, 以增加親切感。

㈣妥善的安排:接待客人的主要目的, 爲了增進友誼, 讓「客人高興」, 事先可依客人的需要、興趣, 安排適當的節目:食宿、交通、參觀、訪問、觀劇、宴會、會談、購物等。㉔

四、謝賀弔慰等的禮儀

秘書工作上之禮儀, 在對外通訊方面, 包含一重要的項目, 即是謝賀弔慰的禮儀。謝賀弔慰爲致謝、祝賀、哀悼及慰問之意。由於公司與公司間的公共關係, 或公司與私人間的來往關係, 或主管自己本身的人際關係等, 都牽涉到婚喪喜慶及其他交際關係, 秘書的任務涵蓋公共關係及輔佐主管, 所以秘書須熟悉這一方面的禮儀。

由於科技的發達, 謝賀弔慰等的禮儀, 除了以親自拜訪或電話行之外, 大部份以書信、賀卡或電報傳眞(Fax)爲主。本節依下列次序舉例:

一、感謝

二、祝賀

三、哀悼

四、慰問

五、邀請

㈠感謝：

茲舉二感謝電文爲例如下：

1.感謝午宴

Lunch at the Grand Hotel was a delight for which no mere note can express my appreciation. The delicious food and the pleasant talk have left a warm glow in me. Thank you, President Lee, for such a wonderful lunch. I enjoyed every minute of it.

2.感謝幫忙

I wish to tell you how much I appreciate your introducing me to Los Angeles during my recent visit there. I really enjoyed your hospitality and am most grateful for all your courtesy.

㈡祝賀

A.賀電

1.賀巴拿馬國慶

On this auspicious occasion of national day of the Republic of Panama, I take great pleasure in extending to Your Excellency my sincerest congratulations and best wishes for your personal well-being and continuous prosperity of your nation.

2.如賀朋友壽辰，可祝朋友身體健康，萬事如意。

On this happy occasion of your birthday I have the pleasure in extending to you my warmest congratulations and best wishes for your good health and continued success.

3.如賀某總經理上任，可祝其勝任愉快，鴻圖大展。

Please accept my sincerest congratulations on your promotion as general manager and best wishes for your great success in your new position.

B.賀卡──可用卡片，書寫下列賀詞：

1.謹申賀忱: p. f. (用小寫，此兩字母係法文的 pour fêté)，於一般慶賀的場合均可適用。

2.賀結婚快樂: Best Wishes For Your Happiness

　　　　　　 Best Wishes For Your Lasting Happiness

3.賀生日: Best Wishes For Your Happy Birthday

　　　　　Many Happy Returns of the Day

4.賀畢業: Sincerest Congratulations on Your Graduation

5.情人節，願此情不渝: I Hope You Are Still My Valentine

6.賀聖誕節: Sincerest Season's Greetings

7.賀新年如意: May New Year Bring You Health and

　　　　　　 Happiness

8.賀喬遷誌喜: New Home, New Life

9.祝一路順風: Bon Voyage

㈢哀悼:

A.唁電

1.驚聞令尊逝世，無任哀悼，祈節哀順變。

I was deeply shocked and saddened to learn of the death of your father. Please accept my profound sympathy and condolences.

2.無任哀悼。

My heartfelt sympathy in your great sorrows.

B.唁卡──可用名片，書寫下列唁詞：

1.以法文的「敬悼」p. c.（即 pour condoléances）兩字，來表示敬唁。

2.衷心的哀悼 Heartfelt condolences to you.

3.深表哀忱 With deepest sympathy.

㈣慰問：

慰問電文如下例：

1.慰問朋友生病，祝其早日康復。

I learn with deep concern of your recent illness. Please accept my best wishes for an early recovery.

2.慰問地震（水災、火災）所造成人命及財產重大的損失，敬致同情之意，並祝早日復建。

I have been deeply distressed to learn of the disastrous earthquake(flood, fire)which has caused such heavy losses in life and property. Please accept my heartfelt sympathy.

㈤邀請：

A.正式邀請函如下：

1.邀參加婚宴(Formal Invitation to Reception)㉕

Mr. and Mrs. Theodore Crown

request the pleasure of your company

at the wedding reception of their daughter

Jacqueline May

and

Mr. Frederick Thomas

on Saturday, the fifteenth of January

at five o'clock

Marymount Country Club

R. S. V. P.

2.晚宴邀請函(Formal Invitation to Dinner)

The pleasure of your company is requested

at a dinner

in honor of

Thomas Gray Lawrence

President of the National Company

to be held at the

Parker House

on Wednesday the twelfth of October

at seven o'clock

R. S. V. P.

B.正受接受及回拒函

1.正式接受　(Formal Acceptances)

Mr. and Mrs. Arthur Wilson

accept with pleasure

Mr. and Mrs.Everett A. Arnold's

kind invitation to dine

on the evening of December the fifth

at 15 Pondifield Road

2.正式回拒　（Formal Regrets）

Miss Mary Appleton

regrets that she is unable to accept

Mr. and Mrs. Frank Grafton's

kind invitation for dinner

on Wednesday the fifth of March

C.非正式接受及回拒函

1.非正式接受　（Informal Acceptance）

Dear Mrs. Fox:

Mr. Holmes and I are delighted to accept your very kind invitation to dine with you on Friday, July the twelfth, at seven o'clock, and are looking forward to that evening with great pleasure.

Sincerely yours,

Elizabeth Holmes

52 West Thirteenth St.

June fifth

2.非正式回拒　（Informal Regrets）

Dear Mrs. Fox:

We are sorry that we are unable to accept your very delightful invitation for dinner on Friday,July the twelfth, as unfortunately we have another engagement for that evening.

Sincerely yours,

Elizabeth Holmes

52 West 13 th St.

July the tenth

五、機場接待禮儀

機場接待禮儀如下：

1.赴機場前，應先打電話向航空公司，尤其是國際機場查詢，班機定於幾時幾分到達，免得到了機場猶需苦候，或客人已到，且無人接待的尷尬局面。

2.如果客人係具有身分的貴賓，則可以機關之名義，申請貴賓證，進入機場內，在空橋出口處迎接。

3.桃園中正機場每一航空公司均有貴賓室，如客人係貴賓，可洽航空公司借用其貴賓室，將客人安排在貴賓室休息，候辦妥行李通關等手續。

4.任何國家的國際機場，海關及入出境查驗處，絕對禁止閒人入內。如客人非特別的貴賓而係普通的客人，迎接者僅能在出境大廳等候。

5.如客人從未謀面，應事先告知抵華入境時，是否會派人迎接及派何人迎接，如是客人自會在機場等候。

6.如迎接的係陌生的客人，不妨以紙板書寫其姓名，在出境大廳出口處舉示，供客人辨認。

7.通常較大的觀光飯店會有人員接送客人，如自己迎接之客人已訂妥某大飯店房間，可請某大飯店協助迎接。

8.如客人係貴賓且攜眷同行，可備妥花束或花環，於迎接時獻花，

迎接者宜攜眷前往迎接。

9.接到客人後,勿忘陪同客人至出境大廳臺灣銀行櫃臺兌換臺幣,俾付車資或小費等立卽需支付之費用。

10.迎接客人, 於詢問姓名, 或已認出客人後, 應自我介紹, 並致歡迎之意。於稍寒暄後, 再驅車入城。㉖

六、旅館接待禮儀

秘書代表公司或主管到貴賓所下榻的旅館, 迎接貴賓到公司洽談或參觀某地等時, 秘書需注意的禮儀如下:

1.赴旅館前, 應先打電話, 告知要去迎接的時間及見面的地點。

2.確定貴賓所住的飯店地址, 及房間號碼。

3.注意自己的服裝儀容。

4.如約見地點在飯店大廳, 到了飯店後未見到貴賓, 可由內線電話, 告知你已在大廳等他。

5.如是陌生的貴賓, 可告訴他, 你的穿著; 順便請問他的穿著, 以利辨識。

6.避免直接進入貴賓房間; 熟識朋友不在此限。

7.迎接貴賓, 應提早到, 以留下好印象。

8.迎接貴賓, 如係初次見面, 應先自我介紹, 並致歡迎之意。

附　註

❶黃貴美,《商業禮儀》, 臺北: 三民, 民國七十九年, PP.9-10

❷ Emmett N. Mcfarland, *Secretarial Procedures,* Reston: Prentice-Hall, 1985, PP. 412-413

❸ D. Sarnoff,《說話的藝術》, 楊麗瓊譯, 臺北: 遠流, 1991, P.63

❹同❶，P.11

❺同❸，P.116

❻同❶，PP.10-12

❼同❸，PP.151-152

❽同❶，PP.13-22

❾歐陽璜，《國際禮節》，臺北：幼獅，民國八十年，PP.73-74

❿同❶，PP.37-50

⓫同❶，PP.50-58

⓬同❶，PP.67-82

⓭夏日通利編，《企業秘書》，陳宜譯，臺北：臺北國際商學，民國七十七年，P.
61

⓮同上，P.59

⓯同⓭，P.64

⓰同❶，P.79-81

⓱同上，PP.90-91

⓲同上，P.26

⓳同上，PP.28-31

⓴同上，PP.95-111

㉑同上，PP.115-126

㉒同上，P.148

㉓陳義明，《現代女秘書實務》，臺北：鄧氏，民國六十六年，PP.29-34

㉔同❶，PP.133-144

㉕Lassor A. Blumenthal, The Complete Book of Personal Letter-Writing and Modern Correspondence, New York: Doubleday, 1984, P.84

㉖同❶，PP.184-185

本章摘要

　　秘書與禮儀關係密切。由於業務性質所需，秘書時常代表主管或輔佐主管處理業務，接待外賓，及交際應酬等。這時秘書就必須用到各種禮儀。秘書的禮儀可分二方面來看：一、個人禮儀之培養及二、秘書工作上之禮儀。個人禮儀，由本身之談吐開始，分九項目討論：一、說話的藝術，二、日常的禮儀，三、敬禮與答禮，四、食的禮儀，五、衣的禮儀，六、住的禮儀，七、行的禮儀，八、育的禮儀，九、樂的禮儀。說話的藝術強調說話要誠懇，態度要謙虛，聲音要適度，說話要客觀，要發掘話題，避免跟人爭執，要有幽默感，不要失態，讚美別人，不詢人隱私等。日常的禮儀包括介紹與稱呼，日常應對的禮儀，及日常進退的禮儀。敬禮與答禮，必須遵守一般原則；各國禮俗不同，須多多注意。食的禮儀分三要項：認識西餐，日常飲食禮儀，及宴客的禮儀。衣的禮儀，注重穿衣的基本原則，儀容和儀態。住的禮儀分為家居的禮儀，作客的禮儀，及旅遊投宿的禮儀。行的禮儀涵蓋徒步的禮儀及乘交通工具的禮儀。育的禮儀涉及交友之道，訪問的禮儀，接待的禮儀，及饋贈的禮儀。樂的禮儀包括一般的休閒，娛樂和運動應注意事項。另外，在秘書工作上之禮儀方面，秘書必須注意服裝舉止的禮儀，應對的禮儀，待客的禮儀，謝賀弔慰的禮儀，機場接待禮儀，及旅館接待禮儀等。其實，秘書的禮儀，不管在個人禮儀之培養方面或在秘書工作上之禮儀，都須要確實實際地去執行所訂的原則，才能使秘書的地位更受到重視；秘書的輔佐與管理的功能也才能確實地發揮出來。

習題八

一、是非題：

（　）1.中國爲禮儀之邦。禮儀是人們生活的規範，也是人際關係的準繩。

（　）2.對人評頭論足，或虎視眈眈的瞪住對方的眼睛，不會失禮。

（　）3.「如何，什麼，爲何」是問話的三寶。

（　）4.介紹的順序是將年長者介紹給年幼者。

（　）5.介紹的優先順序是將賓客介紹給主人。

（　）6.在亞非的國家，行吻手禮甚爲普遍。

（　）7.吃西餐時，以左手持刀，右手執叉，叉齒向上，固定牛排，用刀切割。

（　）8.美國式的西餐吃法是一口氣，將牛排切碎，然後放下刀，用右手持叉取食。

（　）9.男女二人行，以男右女左爲原則。

（　）10.主人親自駕車，座客只有一人，則應陪座於主人之前座，以示尊重。

二、選擇題：

（　）1.西餐的禮儀是屬於①食②住③樂的禮儀。

（　）2.饋贈的禮儀是屬於①住②育③樂的禮儀

（　）3.西餐禮儀，食物切一塊吃一塊的吃法是屬於①歐洲式②美國式③非洲式。

（　）4.西餐餐具的佈置，叉子應放於盤子的①右邊②左邊③下邊。

（　）5.屬於飯中酒的是①威士忌②葡萄酒③白蘭地。

（　）6.三人行，如全爲男士，位尊者應在①右邊②左邊③中間。

（　）7.二男一女同行時，女士應居①右邊②左邊③中間

（　）8.二人乘坐小轎車，有司機駕駛時，首位應在①前右座②後右座③後左

座。

（　）9.主人夫婦，接送友人夫婦時，女主人應坐於①前右座②後右座③後左座。

（　）10.秘書到機場迎接客人，於認出客人後，應①自我介紹，致歡迎之意②招呼司機，先送客人③帶至臺銀櫃臺，兌換臺幣。

三、填充：

1.西餐的吃法有二種：＿＿＿＿＿＿及＿＿＿＿＿。

2.問話的三寶是：＿＿＿＿＿，＿＿＿＿＿，＿＿＿＿＿。

3.西餐的出菜順序一般已定型，其次序爲：

＿＿＿＿＿，＿＿＿＿＿，＿＿＿＿＿，＿＿＿＿＿，＿＿＿＿＿，

等六項。

4.個人禮儀之培養一般包括九個項目爲：

＿＿＿＿，＿＿＿＿,＿＿＿＿，＿＿＿＿，＿＿＿＿，＿＿＿＿，＿＿＿＿，

及＿＿＿＿＿。

5.秘書工作上之禮儀一般包括六個項目爲：

＿＿＿＿＿，＿＿＿＿＿，＿＿＿＿＿，＿＿＿＿＿，＿＿＿＿＿，

及＿＿＿＿＿。

四、解釋名詞：

1.發掘話題

2.飯前酒(aperitifs)

3.住宿手續(check in)

4.辦公室的倫理

5. p.f.

五、問答題：

1.如何能增進說話的藝術？

2.敬禮的方式有那幾種？請逐一說明之。

3.宴會的種類有那些？請逐一說明之。

4.穿衣的基本原則有那些?

5.秘書的應對禮儀有那些?

六、寫作題:

1.試擬一正式的邀請宴會函。

2.試擬一非正式的接受邀請宴會函。

第九章　謀職準備

　　工商社會裏，人人皆以有職業爲理所當然的事。然而要找到一份理想的工作並非易事。有些人可立即找到能終生奉獻的工作；有些人則必須一找再找，一換再換，仍無頭緒。另外，有些人則是已做事多年，因職業的性質、工作環境、經濟因素等，而需要另謀他就，以獲得更好的展望。所以，如何找到一份理想的工作確是一個重要的問題。基本上，在尋找工作時，必須考慮到自己的學歷、經歷等，然後分析就業市場，以找出最適合自己的工作。

　　在就業市場方面，90年代秘書的需求，將比以往更爲迫切。科技的進步已帶動了辦公室的自動化；此趨勢將使秘書更專業化。

　　專業化的秘書將很容易地找到優越的工作；剛畢業的應徵者也一樣可找到合適的秘書工作，但必須不斷地接受在職訓練，以精進其技能。

　　由於秘書工作牽涉到與主管及同事間互動的關係，應徵者需考量自己的個性與能力。想想在什麼樣的公司，最適合自己的個性，最能發揮自己的能力，做最大的貢獻。

　　在考慮過這些之後，應徵者開始尋找工作機會，認識公司的性質、業務、名氣。然後準備履歷表、自傳及應徵函等，隨時可寄出。

　　謀職的下一步驟就是面談。即是，未來的雇主會見應徵者，以評量其資歷及能力。

　　最後，雇主決定看要不要錄用應徵者；或應徵者決定是否要接受

此工作。❶

這是謀職的程序。及早準備對於謀職是絕對需要的。以秘書工作來看，在各項秘書技能都有充分的準備之後，爲獲得某方面秘書的職位，就應該擬定計劃，認定目標，有步驟的去達成它。

本章依下列四大項目來討論：

一、確定目標
二、探討市場之需要
三、準備個人資料
四、面談

第一節　確定目標

謀職的第一步，即要先確定目標。在確定目標前，要先對自己有一瞭解。瞭解自己的學歷、經歷、能力、性向、個性、專長等。在瞭解自己的能力方面，下列測量表，可提供具體的答案❷：

	Above Average(中上)	Average(中)	Below Average(中下)
Relationships with Others(人際關係)			
Displays poise and self-confidence(穩重與自信)	_____	_____	_____
Demonstrates tactfulness(圓滑)	_____	_____	_____
Works cooperatively with others(合作性)	_____	_____	_____
Accepts criticisms and suggestions gracefully(接受批評與建議)	_____	_____	_____
Speaks correctly and clearly(言辭清晰)	_____	_____	_____
Has good command of the language(語言能力強)	_____	_____	_____
Appears emotionally mature(感情成熟)	_____	_____	_____

Is friendly and courteous(友善有禮)　＿＿＿＿＿　＿＿＿＿＿　＿＿＿＿＿
Demonstrates loyalty(忠心)　＿＿＿＿＿　＿＿＿＿＿　＿＿＿＿＿
Makes favorable impression(好印象)　＿＿＿＿＿　＿＿＿＿＿　＿＿＿＿＿
Makes friends easily(好交友)　＿＿＿＿＿　＿＿＿＿＿　＿＿＿＿＿
Is reliable(可靠性)　＿＿＿＿＿　＿＿＿＿＿　＿＿＿＿＿
Has a sense of humor(幽默感)　＿＿＿＿＿　＿＿＿＿＿　＿＿＿＿＿

	Above Average(中上)	Average(中)	Below Average(中下)
Intellectual Ability(智力)			
Applies common sense when solving problems(有常識)	＿＿＿＿＿	＿＿＿＿＿	＿＿＿＿＿
Identifies the important factors of a particular situation(判斷力)	＿＿＿＿＿	＿＿＿＿＿	＿＿＿＿＿
Establishes priorities(做事有優先順序)	＿＿＿＿＿	＿＿＿＿＿	＿＿＿＿＿
Analyzes a situation objectively(客觀分析)	＿＿＿＿＿	＿＿＿＿＿	＿＿＿＿＿
Grasps instructions quickly(理解力)	＿＿＿＿＿	＿＿＿＿＿	＿＿＿＿＿
Thinks systematically and logically(有系統、邏輯思考)	＿＿＿＿＿	＿＿＿＿＿	＿＿＿＿＿
Recognizes factors involved in difficult situations(解析能力)	＿＿＿＿＿	＿＿＿＿＿	＿＿＿＿＿
Solves problems with clear, decisive thinking(清晰頭腦解決問題)	＿＿＿＿＿	＿＿＿＿＿	＿＿＿＿＿
Motivation and Initiative(動力及積極性)			
Desires to accomplish objectives(想完成目標)	＿＿＿＿＿	＿＿＿＿＿	＿＿＿＿＿
Reflects enthusiasm(熱心)	＿＿＿＿＿	＿＿＿＿＿	＿＿＿＿＿
Shows ambition-has a high level of desire or drive(雄心)	＿＿＿＿＿	＿＿＿＿＿	＿＿＿＿＿
Carries out assignments with little guidance(自力完成)	＿＿＿＿＿	＿＿＿＿＿	＿＿＿＿＿
Meets deadlines(如期完成)	＿＿＿＿＿	＿＿＿＿＿	＿＿＿＿＿
Recognizes things that need to be done and completes them without having to be asked(自動自發)	＿＿＿＿＿	＿＿＿＿＿	＿＿＿＿＿
Leadership Qualities(領導力)	Above Average(中上)	Average(中)	Below Average(中下)

Assumes a leading role in group activities
(領導活動) _____ _____ _____

Gets jobs done with and through others
(同心協力) _____ _____ _____

Is honest and sincere(誠實坦誠) _____ _____ _____

Follows through with confidence, with-
out fear of making a mistake(自信不畏難) _____ _____ _____

Is asked for assistance or advice(協助別
人) _____ _____ _____

Organizes work efficiently(組織能力) _____ _____ _____

Accepts responsibility(承擔責任) _____ _____ _____

Does more than is required(接受挑戰) _____ _____ _____

Personal Qualities(個人氣質)

Appears well-groomed(儀表端莊) _____ _____ _____

Dresses appropriately(衣著整齊) _____ _____ _____

Shows energetic attitude(精力充沛) _____ _____ _____

Possesses those qualities others look for
in those they enjoy being around(易於相 _____ _____ _____
處)

　　在做完上面的測量表後，由統計出各項目中得到中上(Above Average)的多寡，可以看出自己的優點所在，並對自己的個性、性向、能力等有進一步的瞭解。這時就可以依照自己的優點及對自己個性等的瞭解，來建立自己的目標。建立目標的考慮因素有下列五點：

一、工作的性質
二、機構的行業
三、機構的規模
四、機構的地點
五、自己的資歷

一、工作的性質

秘書的工作範圍甚廣，各類秘書的工作項目，因其工作性質，時有互異。一般秘書常做的工作項目如下：

1. 接聽電話(Use of the telephone)
2. 公共關係(Work with the public)
3. 口授及傳譯(Dictation and transcription)
4. 電腦及文字處理(Computer and word processors)
5. 旅行安排(Travel arrangements)
6. 書信業務(Mail functions)
7. 會議安排(Meetings)
8. 創意工作(Creative work)
9. 通訊業務(Communication)

由前面測量表的結果，所找出的優點，來配合工作的項目，必能找到最適合自己的工作，訂下自己的目標。例如，有些人喜歡靜態工作，每天上下班，辦理文書工作；有些則喜歡比較活潑的公共關係業務，以接觸廣大的社會大眾。

二、機構的行業

各種機構的行業包羅萬象；各行各業中大部份皆設有秘書或助理，例如進出口業、旅行業、廣告業、報業、雜誌業、電腦業、報關業、運輸業、金融業、出版業、文教類、成衣業、醫藥業、建築業等。應徵者可先斟酌自己的能力與性向，選出自己適合的行業，作為自己的目標。

三、機構的規模

機構的規模大小可提供工作者不同層次的經驗、歷練與福利。有些人喜歡到大機關做一部份工作；有些則喜歡到小公司多負一些責任和多擁有一些權力。

大的辦公場所，因為事務複雜，人員也多，分工比較細，如果在這種地方工作，特別對於初學者，可以看到許多，學到許多做事的方法和處事之經驗。但是，每一個人僅是全部的一個小份子而已，有點微不足道的感覺，但是它確是維持整個機構動力不可少的一環。

另一方面，小的辦公單位可以獲得較多的工作量，無論事情大小都得幫忙，所以在各方面都有較大的任務和責任，處理事務多半要靠自己的能力和判斷，而少有前例或指示可依從，所以比較具有挑戰性及個人權力慾的滿足感❸。

由以上大小規模機構的比較，可以看出規模大小的機構，各有其特色，應徵者可依照自己的專長及優點，來訂定自己的目標，找出適合自己的機構。

四、機構的地點

機構的地點跟交通問題是相關聯的。地點近的，所花在交通問題上的時間較短；反之則較長。有些人希望工作地在住家或家鄉附近，或附近城鎮；有些人則希望在外埠工作。謀職者可依照自己的狀況，訂下自己的理想工作地點。

五、自己的資歷

謀職者需衡量自己的學歷、經歷、能力、性向、個性、專長等，

看看是否合乎公司機構的需求。各公司機構的需求，雖因各家之性質
不同，而有所互異。一般而言，公司機構所共同要求的資質及能力如
下❹：

- Ambition（雄才）
- Cooperativeness（合作性）
- Dependability（可靠性）
- Health（健康）
- Industriousness（勤勞）
- Maturity（成熟性）
- Self-respect（自尊）
- Skills（技能）

    Communication（溝通）

    Management（管理）

    Organization（組織）

    Planning（計畫）

    Technical（技術）
- Teamwork（團隊精神）
- Tenacity（耐力）
- Time management（時間控制）

　　每位謀職者，可比較自己的資歷與公司機構所要求的資歷，看看
自己的擅長是否合乎標準；然後依標準來增強或補充自己的資歷，訂
立自己的目標。

第二節 探討市場之需要

在確定目標後，應徵者就必須要去探討市場之需要。一般探討之途徑有下列五項如下：❺

一、親朋好友介紹
二、報紙
三、私人職業介紹所
四、公營職業介紹所
五、直接詢問

一、親朋好友介紹

學校的老師，由於畢業校友的關係，對於就業市場皆有最新的資料。另外，親戚朋友也能提供他們熟悉公司機構出缺的狀況，並能幫助推介。有些公司在徵聘新進人員時，喜歡經由此管道來吸收人才；因經由親戚朋友介紹的人才，一般可靠性較高。

二、報紙

報紙的分類廣告是提供就業的好來源。為爭取時效，當看到適合的徵才廣告，應立即去函，以求捷足先登。報紙分類廣告的機會一般較多，但是一定要慎重選擇，然後再去函。去函時，應附上詳細履歷，簡單自傳，及應徵函，或其他相關資料如成績單、學歷、經歷影印本等，使資料齊全，以留下深刻、美好的印象。切記不可僅寄上一張簡式履歷表即是完成求職手續；這樣會被認為是敷衍了事，做事草率，

容易失去被任用的機會。

三、私人職業介紹所

謀職者可以到私人職業介紹所去登記，並填寫表格。之後，一般都有個個別談話的項目，以瞭解謀職者之能力、個性、嗜好、理想等，以便介紹合適的工作。在介紹工作後，私人職業介紹所會收取應得的佣金。一般佣金的算法，約爲抽取第一個月薪水的百分之十到百分之二十，不一而足；所以一定在登記時，雙方就正式立約，言明在工作介紹成功後，所付佣金之比例，以免日後糾纏不清，徒增困擾。因此，記得在簽約之前，仔細閱讀並瞭解所有的條文內容，在有疑之處提出質疑，以避免有所差錯並保護自己的權利。

四、公營職業介紹所

公營職業介紹所，例如行政院青年就業輔導委員會及各縣市的國民就業輔導會等，都提供健全免費的就業輔導服務。公營職業介紹所定期公佈各公司機關職位出缺狀況的資料，以爲大眾服務。謀職者亦可至公營職業介紹所登記，填寫表格；一有就業機會，會通知前往公司機構面試，或直接前往就職。另外，公營職業介紹所也接受各公司機構，如銀行業，委託招考甄選合適人員，予以分發工作；或提供職前訓練及職業訓練等，服務完善。

一般職業介紹所需要的手續如下：

(1)個人學經歷履歷表二份。

(2)個別談話。

(3)性向測驗：了解適合那類工作。

(4)理想工作之類型。

⑸薪水要求──最低薪水之要求。

⑹能力測驗──初步了解可應徵何等級之工作。

⑺提供資料，以便準備參加求職之考試。

⑻訂立合約：保證雙方履行合約條件。

⑼保持聯繫：

──介紹所應定期地核對申請人資料，已獲得工作者應抽出。

──申請人在被介紹工作處所面談後，應回覆介紹所應徵情形。

──如果申請人以其他方式獲得工作，應通知介紹所停止其工作
申請。

至於輔導就業機構除職業介紹所外，其他尚有：

──學校的就業輔導機構。

──政府機關的就業輔導機構，通常皆採考試就業方式。

──貿易協會之類組織，可介紹到貿易機構工作。

──互助會等組織。

──秘書協會組織，透過此組織介紹秘書工作。

──其他各種職業團體，如工會、協會等。❻

五、直接詢問

　　大部分的公司都歡迎有衝勁的秘書來應徵。直接詢問可分二種：
一為用書信方式直接寫去自薦並詢看有否職位出缺；另一為親自登門
去自薦。這種直接詢問的求職方式，一般效果都不錯，因它給人一種
積極、活潑、熱忱的感覺。

　　親自登門的自薦方式，又可分二種：一為看到報紙、雜誌之廣告
之後，已知有職位出缺；二為自己先選定數個公司，未知是否有職位
缺。應徵者可攜帶個人資料，親自登門拜訪，毛遂自薦，這種方法求

職最爲迅速有效。假如一個公司需要某方面的人才，登報以後一定有很多人申請，寄信來回的時間也費時，能自己攜帶履歷親自搶先登門拜訪要快而實際得多。但也不能一概而論，有些公司機構，因作業程序的關係，要求應徵者一律通信應徵，以免增加太多直接應徵的困惱。

登門自薦拜訪，就和求職時的面試一樣，所以自己的服裝、儀容及應對和工作能力準備，都應事先加強與注意，以便留給對方一個良好印象。

另外，需注意的是，工作的機會很多，但是找事的人也不少，所以不見得發出一兩份求職信函就能發生效果，總要不斷的嚐試才能獲得成功。因此對於過去求職的記錄一定要妥爲保留，如求職資料來源、申請工作性質、申請工作之公司地址、電話號碼、公司經營性質、聯絡人之姓名職稱、申請函發郵日期、回覆情形、約談情形等等。凡此種種都要保留，以便核對求職情形，也作爲下次申請工作之參考。❼

第三節　準備個人資料

準備個人資料包括履歷表、自傳、申請工作表、申請工作函等。子曰：「工欲善其事，必先利其器。」所以，如何獲得理想的工作，必須先準備好個人的資料。

個人應準備的資料，按下列的次序說明：

㈠履歷表（Résumé）

㈡自傳（Autobiography）

㈢申請工作表（Application form）

㈣申請工作函（Application letter）

一、履歷表(Résumé)

一般謀職程序，在確定目標後，下一步即是準備個人資料。個人資料最普遍的是履歷表。它的英文名稱有 Résumé, Personal Data Sheet, Curriculum Vitae, Personal History,及 antecedents 等。

㈠履歷表應包括下列項目：

⑴個人資料(Personal Details)：

個人資料應力求詳細，包括姓名、住址、電話、出生日期、年齡、出生地點、身高、體重、健康情形、婚姻狀況、嗜好、參加社團情形、兵役狀況等。

⑵應徵職位(Job Objective)：

一家公司同時徵求二種以上的人才時，應徵者必須註明應徵職位類別，否則此項可以省略。

⑶教育背景(Education)：

包括學歷、科系、主修、副修科目名稱、學校名稱、學校地點、修業起訖日期、學位及所參加社團名稱。其他如參加公司講習或補習班補習，國外受訓等皆可列舉，唯要註明受訓、講習或補習課程名稱及修業起訖日期。書寫方式若能自最後學歷向前推寫，比較能使閱讀者馬上了解最高學歷，減少細看時間。❽

⑷經歷(Work Experience)：

現在或最近的工作寫在上面，以前的經驗依次寫在下面。各項經驗均得註明公司機關的名稱、地點、工作的性質及職位、雇主姓名、薪金、離職原因等。

⑸出版作品(Publication)：

在報章雜誌上發表的作品和申請工作性質相關者，均可列入，唯

必須註明題目、報章雜誌名稱及發表日期。如果是書籍，必須註明書名、出版日期、地點及書局名稱。

(6)獲獎記錄(Awards)：

在校內或校外，或在工作上、社會上，曾獲得的獎金、獎狀、獎牌或榮譽記錄等，均可列舉。

(7)備詢人(References)：

即推薦人或保證人，應將其姓名、住址、電話、職位及所屬機關名稱寫出來。備詢人，通常以校長、系主任、上司或有名望人士爲合適，如無適當備詢人本項可略。通常爲便於提供雇主所需的備詢人，只註明"References: will be furnished upon request."（要求卽寄）。

另外，英文履歷表的文字，可不必用完整的句子，通常省略主詞。日期、地名、學位等可以用縮寫表示，但公司和機關學校名稱必須將全名寫出。又且，履歷表的文字可以採用電報文體。

(二)履歷表的種類：

履歷表的種類可依內容及格式分類如下：

1.由內容來分：①簡式履歷表(Simplified résumé)：只列出主要的項目如姓名、年齡、籍貫、學歷、通訊處，及曾任職務等。

②詳式履歷表(Detailed résumé)：包含較詳細節，如特長、語言能力、身體特徵、健康狀況等。

2.由格式來分：①編年式履歷表(Chronological résumé)：依時間的前後次序，將較近的資歷列在前面，依學歷、經歷順序排下。

②功能式履歷表(Functional résumé)：依所應徵的職業項目，列出自己的專長，以符合應徵工作的需求。❾

㈢履歷表寫作的十原則：

1.提綱契領：履歷表不是自傳，把握重點即可。

2.避免用第一人稱「我」：履歷表一般不寫「我」，除非是用來加強語氣。

3.次序安排：最近的資料，安排在最前面，較明顯，也較吸引審核人員。

4.強調過去的成就：僅提到過去的工作、職位、職責是不夠的。可提起過去的成就及貢獻，較有說服力。

5.別調皮饒舌：最好用平和、穩重的方式來寫。

6.用句簡短：儘量使句子簡潔。

7.稍微自吹，但勿過分：適當地把自己能力推銷出來。

8.不必列出薪水，除非有要求：一般公司是有制度，有自己的起薪標準。

9.不必提及種族或宗教信仰：避免不必要的偏見或先見。

10.因應各種不同工作，寫出特別功能的履歷表：勿千篇一律，應因時、因地制宜。❿

㈣依前述分類，列舉履歷表範例如下：

例1. 簡式中文履歷表

職務曾任	通訊處	學歷	籍貫	年齡	姓名
				性別	
			相片		

例2. 簡式英文履歷表

Résumé

姓　名 Name	應　徵　職　位 Job Objective	
年　齡 Age	性　別 Sex	
籍　貫 Native Place	電　話 Telephone	相　　片 Photograph
通　訊　處 Mailing Address		
學　歷 Education		
曾　任　職　務 Experience		

例3. 詳式中英文履歷表

Use This Space For Additional Information You Wish To Add.
本表內各欄如有附加說明請用此處空白

I Authorize Investigation of All Statements Contained In This Form And Understand That Any False Statemenst Made Herein Will Be **Sufficient** Cause For Termination.

本人允許審查本表內所填各項，如有虛報情事願受解職處分

Signature
簽　字 _____

Date
日　期 _____

* This Form Will Be Removed From Active File If Applicant Is Not Employed Within A Year From The Date This Form Is Submitted.　申請人如自申請日起一年內未經錄用本表即予銷廢

(SPACE FOR THE INTERVIEWER)
(此處由接談人填寫)

*APPLICABLE to job applicants only.　僅適用於工作申請人

PERSONAL INFORMATION

履　歷　表

Name 姓名	English 英文 _____ Alias 別號 _____		Attach photograph taken within past 12 months 請貼最近一年內所攝之照片
	Native Language 本國文		

Birth Date 出生日期	Height 身高 ____ Ft,呎 ____ In.吋
	Weight 體重 ____ Lbs.磅
Birth Place 出生地點	Color of Hair 頭髮顏色 ____
	Color of Eyes 眼睛顏色 ____

Native Province And City 籍貫 省 ____ 縣/市	Nationality 國籍	Male 男 ☐ Female 女 ☐ Married 已婚 ☐ Single 未婚 ☐ Divorced 離婚 ☐ Separated 分居 ☐
Citizen Certificate Particulars 國民身份證號碼及發給地點與日期		

Present Address 現在住址	Tel. 電話
Permanent Address. 永久住址	Tel. 電話

Residences During past Ten Years (Give House Number, Name of Street, District, City & Province)
過去十年間之居所 (須敘明省份，縣市，鄉鎮，街道及門牌)

EDUCATION
教育程度

Grade 等別	Name of School 學校名稱	Location 地點	From 自		To 至		Major Subject 所習科系
			Month 月	Year 年	Month 月	Year 年	
Primary 小學							
Secondary 初中							
High 高中							
College 大學							
Others 其他							

Describe Any Special Vocational or Technical Training And Specialized Knowledge/Ability.
詳述所受之特殊職業或技術訓練及其有之特長

Languages Name And Indicate The Extent of Your Competence, i,e., Excellent, Good. Fair,
語　文 (以很好、好、平平表示程度)

Language 語文	Read 讀	Write 寫	Speak 講

Use separate sheet Where additional space is needed. 本表各欄如空白不足，請用另紙填寫

Typing Speed 打字速率	_____ Words Per Minute 每 分 鐘 字 數	Shorthand Speed 速記速率 _____	Words Per Minute 每 分 鐘 字 數

Employment Record (Include Present Occupation And List All Past Jobs In Chronological Order)
履　　　歷　　(包括現在職業以年月先後順序列詳履歷)

任Emlpoyed職		Job Title 職　位	Name & Address of Organization 機關名稱及地址	Supervisor's Name And Title 主管長官之姓名職稱	Salary 薪　給	Reas on For Leaving. 離　職　原　因
From 自	To 至					
Mo.月|Yr.年	Mo.月|Yr.年					

Do You Possess Reference Papers From All Your Past Employers Listed Above? If No. State Reasons
是否持有上開歷次職業離職證明文件？如無說明原因

Explain Details of Your Experience (Be Sure To Explain All Phases of Jobs Most Familiar To You.)
詳　述　工　作　經　驗　(務請說明工作中最熟悉之各部份)

---

* Job Applied For
申請何種工作

* Lowest Acceptable Salary 希望最低薪金	Location Preference 願往之工作地區

Information Regarding Family (Including Parents, Parents-In-Law, Spouse, Children, Brothers/sisters. Other Close Relatives And Previous Spouse If Any)
家　庭　狀　況　(包括父母、岳父母、配偶、子女、兄弟姊妹、其他近親及前配偶)

Relation 親屬關係	Name 姓　名	Birth Date 出 生 日 期	Occupation 職　業	Address 地　　址

List Three Local References Who Are Able To Supply Information Regarding Yonr Character And Ability.
請列舉居住本市並能提供有關填表人之品性及能力資料之朋友三人

Name 姓　名	Occupation 職　業	Address 地　址	Tel. 電話

Military Status (Rserve Status, Rank. Etc.) 軍　　　歷　(說明後備軍人身份階級等項)

Social Interests. & Hobbies 社交活動及嗜好

Have You Ever Been Arrested? Stase Circumstances If Yes. 曾否因案被捕　(如曾被捕說明原因)

Person To Notify In Case of Emergency 發生意外時通知何人	Relation 關　係	Address 地　址	Tel. 電　話

* Applicable to job applicants only.　　僅適用同工作申請人

例4.　編年式履歷表❶

Babara Green

1133 Trimble Dr.

San Jose, CA 91033

Telephone:(214)987-6543

Professional Goal

A career in fashion merchandising, beginning in retail clothing sales.

Education

Pursuing a Bachelor of Science degree at West State University, Winiford, California.　Now enrolled in Accounting, Computer Information Systems, and Microeconomics.　Anticipated graduation date:June, 1992.

Major:Marketing, with a specialty in fashion merchandising.

Grade average:3.6(on a 4.0 scale).

Business courses completed:Quantitative Analysis, Introduction to Business, Macroeconomics, and Interpersonal Communication.

Business courses planned for the junior year:Retailing, Marketing Environments, Public Relations in Business, and Seminars in Fashion Merchandising.

Sales and Other Experience

August 1985 to May 1986.　Sold sandwiches and soft drinks for Winiford Quickburger, 20 hours per week.

Summers 1984, 1985, and 1986.　Served as unpaid assistant (candy striper) at Winiford Community Hospital, 15 hours per week.

Was president of candy stripers' group in 1986.

Personal Data

Determined to compile a superior academic record and qualify for membership in Alpha Gamma Sigma (honorary fraternity open to juniors and seniors). Subscribe to Retail Selling and Fashions of the Year. Have strong interest in health and physical fitness. Exercise regularly. Earning 25 percent of my college expenses.

References

Ms Sharon Wells RN	Dr May Hart Adviser	Mr Tom Holt Manager
Community Hospital	Marketing Department	Winiford Quickburger
1123 N Lake Street	West State University	151 W Warren Street
Winiford CA 91003	Winiford CA 91002	Winiford CA 91002
(214)345-67895	(214)345-9876	(214)456-1234
(214)345-9876		

例5. 功能式履歷表⓬

Babara Green
1133 Trimble Dr.
San Jose, CA 91033   Telephone: (214)987-6543

Objectives

To begin work in retail clothing sales and later to advance in fashion merchandising, possibly to become a buyer.

Sales-Oriented Career

Have since childhood had a strong interest in fashions. Have had three years' part-time experience in selling fast foods. Currently a sophomore majoring in marketing (with specialty in fashion merchandising) at West State University. Subscribe to <u>Retail Selling</u> and <u>Fashions of the Year</u>. To graduate in June 1992.

Public-Relations Skills

Saw the value of tact in taking and filling orders in the fast-food business (Winiford Quickburger, part-time from August 1985 to May 1986). Commended by manager for diplomacy with patrons and staff. Received an A in Interpersonal Communication and will be taking Public Relations next year. Volunteer work (as a candy striper at Winiford Community Hospital for three summers) provided experience in coping with various personality types.

Record-Keeping Skills

Used cash register and balanced receipts against records each day at Quickburger. Now taking two classes (accounting and computer science) that emphasize keeping records electronically.

Dependability

Was always on the job when scheduled for work. In three years, was never late for work. Responsible, occasionally, for opening, closing, and taking cash to bank. Attend classes regularly.

Learning Capacity

Commended for learning work procedures quickly. On the dean's list for the last two semesters. Achieved 3.6 grade average (on a 4.0 scale) in the last two semesters.

Interests

Developed strong interest in health and physical fitness while serving at the hospital. Exercise regularly. Earn 25 percent of college expenses. Now enrolled in the third Spanish course.

References

Ms Sharon Wells RN	Dr May Hart Adviser	Mr Tom Holt Manager
Community Hospital	Marketing Department	Winiford Quickburger
1123 N Lake Street	West State University	151 W Warren Street
Winiford CA 91003	Winiford CA 91002	Winiford CA 91002
(214)345-67895		
	(214)345-9876	(214)456-1234
345-9876		

例6. 履歷表實例

CURRICULUM VITAE

<u>NAME</u>: James W. Brown

<u>ADDRESS</u>: 7-3 Fl., ＃36 Lane 13 Wei-Sui Rd.

Taipei, Taiwan Republic of China

Tel.: 536-5495

<u>DATE AND PLACE OF BIRTH</u>: May 25, 1961-Burlingame, CA USA

<u>MARITAL STATUS</u>: Single

<u>EDUCATION</u>:   Foothill-DeAnza College

Cupertino, CA USA

Graduated: August 1983, with honors

Degree: A.S. Business Administration

The California State University

San Jose State University

Status: Junior, entrance with honors

Current Overall Grade-Point Average (4.0 Scale): 3.72

<u>ENGLISH TEACHING AND GENERAL WORK EXPERIENCE</u>:

The Church of Jesus Christ of Latter-Day Saints (Mormon)

Taipei, Taiwan ROC

Position: English Teacher

June 1980 to August 1981

AndAir Aviation Inc.

San Jose Municipal Airport, CA USA

Position: Parts Manager for Cessna Aircraft.

　　　Tasks included bookkeeping, purchasing, and distribution of materials.

Spring and Summer 1982

California Fire Equipment

Santa Clara, CA USA

Position: Sales and installation of fire equipment.

Summers 1979, 1981

OTHER EXPERIENCE AND ACHIEVEMENTS:

　　Worked for two years, from 1979 to 1981, as a Mormon (LDS) missionary in Taiwan, Republic of China.

　　Languages-English and Mandarin Chinese

　　Holder of current Commercial Pilot certificate, with instrument and multi-engine ratings.　Total flying experience of 430 hours.

　　Received scholarship from The Ministry of Education, Republic of China, through The National Chengchi University, for academic achievements.

例7.　履歷表實例

CURRICULUM VITAE

Mary Tobin

#311 Lane 120 Shio Shan Road Bei-Tou 112

(02)891-7811

B.A., SUNY at Albany, New York (1972) Anthropology

Regent's Scholarship

Shen Foundation 1980-1984 (Fairfax, California)

Administrative Consultant: Development of curricula for seminars; co-ordination of classes; personnel development; bookkeeping; development of funding sources.

Rocky Mountain Healing Arts Institute 1976-1979

(Boulder, Colorado)

Co-Director; Teacher: Helped expand program from initial 20 students and seven staffers to 110 students and 22 staffers; taught classes in General Business Practices and Business Ethics; scheduling and development of classes; interviewed prospective teachers and students; represented the school with various government agencies.

Albany City Hostels, Inc. 1973-1976 (Albany, New York)

Teacher; Counselor: Worked with sixteen developmentally disabled adults

Project Equinox/Washington Park Free Medical Clinic

1969-1974 (Albany, New York)

Administrator; Teacher: Administered and taught community health care to individuals, groups, and institutions; worked with State and County Health agencies; determined community needs; developed funding sources.

二、自傳(Autobiography)

中英文自傳的寫法類似，雖並不一定要完全逐字地翻譯過去，但重點一定要把握住。寫自傳的方式有二種：一為傳統式，二為功能式。

㈠傳統式的自傳(Traditional Autobiography)

依照自己的本身資料、家庭資料、教育背景、能力、嗜好、未來計劃與抱負等六項依序寫下來。是把所有的資料都列入了，但皆千篇一律，較平淡無奇。傳統式的自傳細節如下：

⑴對自己做簡短的說明(Briefing)：如姓名、性別、生辰、出生地。如果姓名已寫在標題旁或下面，文中可不必再提。

⑵家庭資料(Family information)：家中人數，對每個家庭份子作個簡介。

⑶教育背景(Educational background)：從小學開始寫起直到最後教育階段。看情況，可略縮短，或由中學開始等。

⑷能力(Abilities)：描述在最後教育階段所學的各種技術與能力，包括專業能力、語言能力、人際關係等。

⑸嗜好(Hobbies)及個性(Character)：描述出自己參與的活動及平日所做的休閒活動。由此可看出一個人的個性。個性方面可表明積極、活潑、文靜、負責等。

⑹未來計劃與抱負(Future plan)。

㈡功能式的自傳(Functional Autobiography)

即針對所應徵工作的性質來寫。由自己相關的優點開始寫，配合學歷與經歷，到最後引伸使自己的優點、學歷、經歷能符合所應徵工作的需求。

這是比較具有特色的寫法。因為它具有目標，功能式的自傳頗能

獲雇主的青睞。

⊙自傳撰寫的十原則

1.不宜過份謙虛，應盡量將自己的能力、經驗百分之百表達出來。但也切勿自我誇大吹噓，落得輕浮。

2.自傳字跡要正楷書寫，草率馬虎的自傳，容易被丟進紙屑簍裏。

3.中文自傳可用稿紙寫，用打字亦可，依情況而定。英文自傳，除非有規定，一律用打字。中英文自傳皆可用電腦來處理列印，美觀大方。

4.自傳內容勿太長也勿太短，以一到二張稿紙為原則。打字稿則以一張 A4 紙張為原則。

5.自傳之撰寫以切題為要。以功能式自傳較優。百分之八十寫自己與應徵職位相關事項，百分之二十可介紹出生地、家庭、學校，以及自己的生活與興趣。

6.自傳字裡行間要表現出「積極」「勤勉」「奮鬥」「進取」「向上」「負責」等有正面意義的字，以留下好的印象。

7.少用負面的字，如「消極」「破壞」「頹唐」「草率」等。

8.保持自傳格式，外表的美觀。切勿塗改或留下污穢，破壞美感。

9.自傳切勿千篇一律，應依照不同性質的公司，寫不同功能的自傳，以切合主題，較易達成目標，獲得工作及賞識。

10.寫完自傳不急於投遞，放上一兩天，自我端詳一下，或請親友師長幫忙過目，以求完美，增加成功的機率。❸

⊙茲舉中英文自傳範例如下：

例1. 傳統式自傳（英文）

AUTOBIOGRAPHY
——Miss Lily min-i Lee

I was born on October 29, 1952, in Taipei, Taiwan, Republic of China. My father is a businessman. I have two brothers and two sisters. We enjoy a very harmonious family life.

At the age of six, I entered elementary school at a neighborhood primary school. Six years later, in September 1965, I was admitted to Taipei Municipal Girls' Middle School through a competitive entrance examination. There I studied very hard, which enabled me to enter the famous Taipei Municipal First Girls' High School in 1968.

After graduation from senior high school in 1971, I participated in the annual National Joint Matriculation Test for Universities and Colleges. Fortunately, I was admitted to the Department of Anthropology, National Taiwan University. The four years of undergraduate study there was fruitful. In addition to academic study, I was also engaged in field work and completed a paper on the "Folklores of Chinese Women in Pregnancy and after Child Delivery." I received a bachelor's degree in June 1975.

To further my working experience, I wish to submit my qualifications and am sure that I will do my best if being employed.

例2.　傳統式自傳（英文）

AUTOBIOGRAPHY
——Tien-Lin Wang

I was born on March 21, 1951, in Yuang Lin, Chang Hua Hsien, Taiwan. My parents were both born in Nan King City in the undistinguished families on mainland China. My mother, who died in my tenth year, was from a family named Chu. My paternal grandfather emigrated, about 1927, from Northern China to the Province of Kiang

Su.

My father and my mother moved to Taiwan in 1949 after the military setback in the mainland. Because my parents grew up without much education, working laboriously for a living, they wanted their only son to receive the best education available in the island of Taiwan.

I was accordingly sent to school when I was six years of age. I lived up to my parents' expectation, as my records always showed a distinguished achievement at school, beginning from the primary school to the university.

After six years of secondary education, I was successfully admitted to the Department of Chemistry, Tung Hai University. I have always had a burning desire for Chemistry, and I hope to be an expert in applied Chemistry. Therefore, I took more than the normal amount of credits in the optional subjects and did a lot of outside reading and laboratory work. In summer, I worked at the laboratory of China Pharmaceutics Co. Ltd, to earn tuition fees for the following semester and most important of all, to obtain experience and knowledge in field work.

Now that I have completed the military service, 20 months after graduation from the university, it is time that I find a suitable job to support my family and to make my father live a happy life.

例3. 傳統式自傳（英文）

AUTOBIOGRAPHY

——Wen-Shien Chang

I was born is Wan Hua, Taipei, Taiwan on July 11, 1956 of a

middle class family. My father is a civil official at the Department of Health, Taipei Municipal Government. My mother is a school teacher in a primary school downtown. Both of them are residents of Taipei.

Although I am the only child of my parents, I am by no means a spoilt girl. When I was still in my infancy, my mother taught me how to speak and how to behave. At the age of five, I was sent to a kindergarten in the neighborhood, and one year later, to a primary school. Six years in the primary school was a period of time most valuable in my whole life because it was during this period that I first come to know the variety of knowledge in the world and that I made friends with several classmates. The friendship among us is to last for the rest of our lives.

Upon graduation from the primary school, I was assigned to Nan Men Junior High School in August, 1968, without any entrance examination, thanks to the implementation of the nine-year compulsory education. Three years later I became a student of Taipei First Girls' High School, the envy of many of my classmates. I had many happy days for the first two years in high school when I did not have to worry about the future., I participated in some extracurricular activities, in which I developed interest in music, swimming and folk dancing. I even tried to join the school band but a sudden illness in my second year kept me from playing the musical instruments such as the clarinet and the French horn.

In 1974 I entered Tamkang College of Arts and Sciences, after passing the "narrow gate" of College Entrance Examination. I took international trading as my major. In view of the fact that Taiwan is an island with limited natural resources but abundance of manpower, our country must depend on export and import, if we are to progress and prosper. International trading has become not only an act of transaction but also a way of life.

During four years of college training, I learned a great deal about the trading business. Before graduation, I was employed as part-time clerk in a small trading corporation responsible for telex operation and typing, which are my specialties.

I have worked in the present company for ten months now. The working condition here is good and my boss is very kind; but I am unhappy about the easy job, the company being a small one. I wish to work in a large company where I can take on heavy responsibilities and develop my potentiality.

例4. 傳統式自傳（英文）❹

AUTOBIOGRAPHY

——BY Shin-mei Ro

On May 24, 1957 I was born in the suburbs of Chang Hwa City. Because my father was a government officer and was tranferred his position for several times, our home moved from place to place. My father retired in 1964, when we moved to Taichung.

I am the fourth of parents' five children. I have two elder brothers, one elder sister and one younger sister. My eldest brother handles a trading company. The second brother is a lawyer in Taipei. My elder sister is working on her Master of Business Administration degree at the University of Boston. My younger sister is a junior in the Department of Economics of Tung Hai University.

I entered Ming Sheng Primary School when I was six. I was one of the top two among 50 classmates. Then I entered Taichung Girls' High School in 1973. In 1976 I took part in the College Joint Entrance Examination and was admitted into the Department of Western Languages and Literature of National Cheng Chi University. I shall be graduated in June; as I hope to be employed right after graduation, I apply to the position you offer.

Thank you very much for your kind attention to my autobiography.

例5. 功能式自傳（英文）

AUTOBIOGRAPHY

——BY Cheng may-wei

"Words without actions are of little use," is my motto.

I was born on December 27, 1967 in Taipei. I have three younger sisters and one brother. They are all students. My father is a businessman. He runs a hardware store. My mother is a nice house-keeper. They are kind, friendly, and conservative.

Since I was a little girl, I have been interested in business career and have become business-minded. That is the reason why I entered Shih Chien College and majored in Secretarial Science. During College life, I have studied hard for all my lessens and learned ——ARRANGING MEETING, TIME MANAGEMENT, TRAVELING ARRANGEMENT, HUMAN RELATION, APPOINTMENTS, and so on. As to my professional skills, I am good at operating computer (Lotus 1-2-3, DBASE III+, Wordstar and W／P). My typing speed is 65 W.P.M.

Concerning personality, I am easy-going, active, initiative, and adaptable. As I am the oldest daughter, I am in reality, independent. I think that to be a competent SECRETARY, the most important elements are being responsible and detail-minded. Being a clerk in our store for more than ten years, I understand how to deal with others and get along well. Customers are always right.

As I know, your company offers good working environment and good promotion system for your staff. It will be my pleasure if I have a chance to work for you. I will try my best to do my duty, help my colleagues, and create good working atmosphere.

例6.　傳統式自傳（中文）⑮

羅新美自傳

民國四十六年五月廿四日我出生在彰化市郊，由於父親是公務員，經常調差，所以我們家也跟著搬了好幾個地方。父親於五十三年退休，我們家也於該年搬到臺中。

我排行第四，有兩個哥哥，一個姊姊，一個妹妹。大哥開一家貿易公司，二哥是律師，現在臺北，姊姊在美國波士頓大學攻讀企管碩士學位，妹妹就讀東海大學經濟系三年級。

我六歲進民生國小，在全班五十人中，經常名列前茅。六十二年考入臺中女中。六十五年，參加大專聯考，考取政大西語系。今年六月我即將畢業，我希望能於畢業後即開始一展所長，所以我應徵貴公司的職位。

謝謝　閣下親閱此篇自傳。

例7.　傳統式自傳（中文）⑯

自傳　　　　　　　　　　　　　　　　　　謝愛珠

在報上得知貴社需要編輯人員，基於對工作的熱愛前來應徵，希望能有這個

機會，參與貴社的工作。

　　小時候生長在農村，有一個美麗的童年，中學就讀於臺南女中，大學聯考後分發到淡江法文系，後來轉到臺中東海大學歷史系。

　　在學生生活中，曾參加淡江樸毅社山地服務隊，臺北廣慈博愛院婦職所義務老師，東海佛學社，臺中救國團張老師青少年輔導，臺灣史蹟源流研習會及臺中寺廟調查、探訪，從這些社團中讓我學習如何與人相處，在做人處事上獲益匪淺，也從中更了解社會的結構。

　　我的興趣很廣泛，自然科學、人文科學都喜歡，熱愛大自然生命。有一顆熱忱學習服務的心，關心國家社會現勢，也更感到自己對這個社會的責任。故希望能盡一己之力量，貢獻所學、所知於社會。

　　畢業後，在小學當代課老師，主要教五、六年級，覺得自己蠻適合文教界的工作，也希望能與文教界的朋友相互學習、相互成長，希望貴社能給與我這個工作機會。

例8.　功能式自傳（中文）❶⑰

自傳

楊美蓮

　　「天下無難事，只怕有心人」這是我的座右銘；「勤儉樸素」是我的人生觀；「戰戰兢兢、認眞負責」是我的工作態度。

　　我生長在樸實無華的農村——苗栗縣頭份鎭郊外，「依山面河」，風景優雅。父母親業農，養成我勤儉樸實奮發之人生觀。上有兩位兄長、下有弟妹各一。我的小學、國中都在家鄉度過，在學校功課總是名列前茅，課餘或休假日我總是抽空幫忙母親做些家務事。國中畢業，我考進了世界新聞專科學校編採科，從此負笈北上，背景離鄉。

　　我喜歡搖筆桿，爬爬格子，科刊裡常常出現我的文章。對於編輯工作極為喜好，三年級時，我擔任科刊的助編工作。由於工作表現令人滿意，四年級時在大家推舉之下，我擔任了科刊的主編工作。

　　科刊的編輯與外界書報雜誌之編輯相較，雖難成氣候也未可知，然而在有限

人力、有限的財務下，我們仍本著精益求精之精神，致力於提高科刊的水準，這一點頗贏得科主任之讚揚。

四年級暑假，託某位世伯之介紹，很慶幸地進入《家庭與婦女》雜誌社，擔任文稿校對的工作三個月。文稿校對工作看起來雖然簡單，若稍微疏忽的話，就會錯誤百出，貽笑大方。原稿的錯別字，不通順的字句、亂寫一通的草字，都要一一加以辨認而剔出。若僅將原稿與打字稿上的文字核對一下的話，雖然可交差了事，卻會降低了出版物之水準，非負責任的校對人員所當爲。

五年級時因學業與操行均列甲等，乃得校方優先分配之資格，如願分發到國語日報去實習。如採訪、編輯、校對……等都安排實習，使我領略到一份報紙必須經過多少人的正確配合才能順利出刊！只恨時間過短，沒有辦法完全徹底從頭到尾都經手做過。

我是去年從世界新聞專科學校編採科畢業的，雖然名列前茅，由於不景氣，一時工作難找，只好在北一補習班擔任批改作業的工作。我本性不習慣換工作，又從來不遲到不早退，在北一補習班待了一年有餘。由於熱衷於編輯工作，學的又是編採，只好爲了自己的喜好，向貴雜誌社應徵編輯的工作了。

昨日見報，欣聞　貴雜誌社招募編輯數名，於是不揣簡陋，前來應徵。我一向敬業樂群，負責任、守紀律，何況編輯工作是我志趣所在，倘蒙錄用，必當傾力獻身於編輯工作，庶幾　貴雜誌社業務更加發展。

三、申請工作表（Application form）

申請工作表爲應徵者應徵工作時，雇主公司的人事單位提供的應徵工作表格，有的公司以員工資料表代替之。這種表格項目繁多，主要是要對應徵者做一初步的瞭解。應徵者必須據實填寫，字體要工整。一般填好之後，有時馬上接下去面談（interview），有時則要等候初審通過之後，再面談。所以，申請工作表尤需要愼重仔細填寫。

填寫申請表格需要注意事項：

1.資料要齊全，愈詳細愈好。

2.字體要工整，拼音要正確。

3.誠實細心填寫，勿草率。

4.保持表格乾淨清潔，勿折損沾污。

5.仔細看好說明再填，要注意留給人事單位填的部分，不必填寫。

6.填好，審視一遍，再簽名。

⊙申請工作表範例如下：

例1　英文申請工作表

UNIFORM ENTERPRISES, INC.
Application feor Employment

Date: _____

Personal Data

Name　　First	Middle	Last	Telephone Number
Present Address	City	State	Zip Code
Date of Birth	Age	Height	Weight
Marital Status		Physical Condition	
Type work desired　Salary expected		Parents' occupations	
How did you become interested in employment here?			
Give names of any members in our organization with whom you are acquainted.			
In case of an emergency notify		Address　　Telephone Number	

Education				
Names of School	Location	Major	Years Attended	Diploma／Degree
High School(s)				
College(s)				
Business Trade or Technical School				
Other Special Training				

Employment Record					
From	To	Title	Name of Company	Address	Name of Supervisor

Character References			
Name	Address	Occupation	Telephone Number

By signing this application, I affirm that all statements made herein are to the best of my knowledge. If employed by the company, I agree to consider my salary a confidential matter and to refrain from discussing it with other employees.

THIS SPACE FOR USE OF PERSONNEL DEPARTMENT		
PLACEMENT RECORD		_____
DATE	INTERVIEWED BY	Signature of Applicant
COMMENTS		
DEPARTMENT	SHIFT	
CLASSIFICATION		

員工資料表

麥當勞 McDonald's

麥達食品股份有限公司

編號：

中文姓名：　　　　英文姓名：

性別：　　血型：　　身份證字號：　　籍貫：

現在住址：　　　　電話：

戶籍地址：　　縣市　鄉（鎮）區　村里　鄰　路　段　巷　弄　號　樓之

出生年月日：　　出生地：　　宗教：　　配偶姓名：　　電話：

緊急聯絡人：　　地址：　　電話：　　關係：

可工作時間：星期　一　二　三　四　五　六　日

每星期上班總時數：　　始於　　止於

是否曾僱於麥當勞？　是□　否□

何時？　　何地？　　曾任職務

住處距離：　　交通工具：

父母同意聲明：（未滿20歲者需用）　我准許我的子女在前述時間內為麥當勞當勞工作　　父母簽名：

學歷：　　新入學：　　在學時間：　　到

是否已畢業：　　課外活動：

最近之工作經歷：

（一）服務單位：　　地點：　　服務期限：　　至　　電話：

職務：　　待遇：

離職原因：

（二）服務單位：　　地點：　　服務期限：　　至　　電話：

職務：　　待遇：

離職原因：

兵役狀況：

健康狀況：

有沒有足以影響工作的疾病，如有請說明：

本人允許審查本表內所填各項，如有虛報情事願受解職處分。

應徵人簽名：　　日期：

僱用面談記要： 甄試人：　　　　　　日期：

初次面談記要

評分：	1	2	3	4	5
品格					
儀容					
能力					
群性					
潛力					

總經理簽名

每一項目完成都須記錄並簽名

制　服　尺　寸
　上　衣
　長　褲
　帽　子

員工簽名　　　　　總經理簽名

簡介項目表

簡介每一項目並逐項記錄，全部簡介完成之後，請在此表底部簽名並註明日期

訓練計劃說明	服務組會議
個人儀容準則 　　制服	坦誠關明政策
時間卡及打卡規則 　工作時間表	工作考核 　　工作講調
服從指示 　　發薪之重要性	休息與用餐
付薪原則 　　發薪日期	對於工作以及推廣中心整體功能
"歡迎加入麥當勞"錄影帶	填寫各項表格（祝福資料、體檢證明等）
推廣中心的特殊規定、活動和福利	參觀中心並介紹同仁（可以由訓練員執行）

以上各項均已討論完成

手用等資料
服務組手用
稅籍及勞保資料
體檢證明
麥當勞員工基本資料表
臨時座談會
其　他

員工簽名　　　　　總經理簽名

□辭職 □免職 □離職 □留職停薪

離職面談和結論：

有適當通知？ 是□ 否□
可再任用？ 是□ 否□

員工簽名　　　　日期：　　　原因：
　　　　　　　　　　　　　　日期

四、申請工作函（Application letter）

申請工作函又稱應徵函。在某一方面來說，它又像是一封推銷函（sales letter），因爲去找工作等於是去推銷自己的資歷、能力、訓練、經驗等。推銷函寫作的四個原則是：

1.引起興趣（Arouse interest）

2.產生欲望（Create desire）

3.傳達信心（Carry conviction）

4.引誘行動（Induce action）

申請工作函的寫法亦是相同。即要以資歷引起雇主的興趣，然後以過去的經驗記錄以獲得信心，最後促使雇主採取行動來安排面談，並予聘用。❽

申請工作函的結構，一般分四段，其各段主要大意如下：

第一段：簡介──說明工作資料的來源。

第二段：學歷──說明就學狀況、能力、訓練等。

第三段：經歷──敍述工作經驗，及由工作中所獲得技能。

第四段：行動──表明對此工作的興趣，希望能有面談的機會。

申請工作函寫作需注意事項：

1.除非另有要求，用打字，以求美觀，或用電腦處理亦可。

2.注意格式安排，拼音正確，留下好印象。

3.最好以一頁爲原則。

4.外表整齊清潔，勿有塗改污損。

5.用質料好的白紙寫信，勿用私人、公司，或有花色的信紙。

6.英文信的地址和簽名要適當。

申請工作函一般爲應徵者在得知某公司機構有職位出缺時所寫。

其來源可由報紙、雜誌、行政院青年就業輔導委員會、各地的就業輔導中心，或親戚朋友介紹等。其前題為得知某公司機構有需要人才。但是，另一種申請工作函為自薦函（An Unsolicited Application），即是未知對方是否有空缺職位，對方也未邀請，自己主動寫信去詢問。這種信充滿了朝氣及積極性，有時頗能見效。

◎申請工作函範例如下：

例1. 中文申請工作函

　　執事先生大鑒：頃閱中國時報，獲悉
貴公司徵求業務代表，敝人甚盼有幸參與此項工作，謹隨函附上履歷及自傳，敬請鑒察並賜佳音為禱。專此，順頌
　　商祺！

　　　　　　　　　　　　　　　　　　　　　　應徵人
　　　　　　　　　　　　　　　　　　　　　　　○○○敬啓
　　　　　　　　　　　　　　　　　　　　　　　　月　日

例2. 英文申請工作函

Dear Sir,

　　I have read with interest your advertisement in today's China Times for a sales representative in your company. I feel that it is just the kind of post that I have been looking for.

　　I enclose my résumé and autobiography, and shall be obliged if you will give me a personal interview.

　　　　　　　　　　　　　　　　　Very truly yours,

Encls.

例3.　英文申請工作函

應徵經理女秘書職位

Gentlemen:

In reply to your advertisement in today's China Times regarding a secretary to manager, I wish to apply for the position.

I am confident that I can meet your special requirements indicating that the candidate must have a good knowledge of English and accounting, as I graduated from Business Administration Department of Fujen Catholic University last year.

In addition to my study of Business English and Accounting while in the university, I also have had the secretarial experience for two years in Formosa Trading Co., Ltd. The main reason for changing my job is to gain more experience with a superior trading firm like yours. I believe that my education and experience will prove useful for the work in your office.

Enclosed please find my curriculum vitae, certificate of graduation, letter of recommendation from the Dean of Business Administration of the University and one recent photo. With respect to salary, although it is difficult for me to estimate how much my services would be worth to your company, I should think NT$25,000 a month, which is my present monthly salary, a satisfactory beginning salary. I shall be much obliged if you will give me an opportunity for a personal interview.

Sincerely yours,

履歷表

CURRICULUM VITAE

Name in Full: Wang Ta-wei

Date of Birth: December 7, 1954

Family Relation: Eldest daughter

Permanent Domicile: 58 Tung San Street, Taipei

Present Address: Same as Permanent Domicile

Educational Background:

Entered Provincial Hsin Chu girl middle School in

> September, 1966, finished in July, 1972.
>
> Entered Fujen Catholic University Business Administration Department September 1972, finished in September 1976.

Working experience: As stated in the letter of application.

Rewards: Won a prize for three years' regular attendance at the Provincial Hsin Chu Girl Middle School. Won the second place in the Intercollegiate English Speech Contest sponsored by the international Rotary Club Taipei Branch in 1973.

Personal details: Age: 23   Height: 165 cm.

> Weight: 54kgs.
>
> Health: first class
>
> Marriage: single
>
> Hobbies: reading, stamp collection and sports.

I hereby declare upon my honor the above to be a true and correct statement.

例4. 英文申請工作自薦函
應徵秘書職位

Dear Mr. Williams:

Someday in the future you may have need for a new secretary.

Here is why I should like to offer myself for the job, and here is why I am so much interested in obtaining it. For one thing, I know that you do an enormous variety of work very fast and very well. This offers a real challenge to whoever works for you. It is the kind of challenge I like to meet because, with all due modesty, I have so trained myself in secretarial work that only exacting problems are interesting to me.

As to my mechanical abilities, I can take dictation at the rate of 180 words a minute, and type at the rate of 70 words per minute.

I cannot think of any job in which I would be so useful as that of secretary to you, since, in addition to my business training and experience, I could put to work for you and your organization the know-how of practical , everyday business handling.

Yours very truly,

第四節　面談

應徵者在寄出申請工作函或已填好申請工作表後，雇主公司開始審核工作。在審核工作後，便挑出資格符合者參與面談。所以，應徵者能參與面談，表示申請工作函及履歷表所列的資歷已被接受了。面談的目的不僅使雇主公司機構有機會瞭解應徵者，而且應徵者也可順便瞭解工作的性質及公司機構的狀況。

在面談時，最能放鬆自己的方法是，要相信自己是最理想的人選。要有自信心，則應徵者必須定下心來好好考慮自己的資歷優點、職位的種類，及公司的性質。之後，應徵者才能胸有成竹，勇往直前。

本節可分三部份來探討：

一、面談前及面談時
二、準備面談時之應對
三、面談後檢討

一、面談前及面談時

A.面談前

在應徵前，應徵者必須先有充分的準備，以便在面談者面前，有

最佳的狀況表現。面談前的準備可分三方面：

（一）建立信心

（二）收集資料

（三）整理儀容

（一）建立信心

首先要建立信心。要知道，大部份人只要有面談的經驗，就有失敗的經驗，萬一失敗還有其他的機會等著，心情放得開，自然容易建立信心。運動員通常是抱持著這種想法的，網球冠軍佛烈德‧派瑞就常說：「我並不是在爭取溫布頓的冠軍，而只是賣力地去打一場球。」

面談也是一樣的道理。別在意能否得到工作，把注意力集中在面談本身，巧妙地運用技巧，從過去的錯誤中吸取經驗，把每次面談當作學習的歷程。心情不緊張，自然放鬆，信心增加，必能有好的表現，工作自然就會上手。⓱

（二）收集資料

應徵者所需收集的資料包括雇主公司的狀況、面談時之應對，及專業知識等。

1.雇主公司的狀況：

信心建立在知識，而知識建立在準備之上。孫子曰：「知己知彼，百戰百勝。」對提供工作的公司要有一徹底的研究，對於面談必有助益。事先應知道這家公司的產品、規模、最高階層管理者、成長過程、最近的財務狀況、長處和短處等。這些資料的來源，如果是大公司，可到圖書館查閱工商年鑑、產業調查、產業動態等；或如果是小公司，可到附近鄰居問問看，以有個先前的瞭解。

2.面談時之應對：

可自己先思考，並詢問別人，或參考相關的書籍，將面談者會問的問題資料整理成表。可自己先預習，增加熟練度，以提高信心。

3.專業知識：

面談時可能會問到的專業知識，必須收集，並予溫習。例如應徵秘書人員，必須把秘書實務、電腦、文字處理、公共關係、國際貿易等專業知識的資料收集齊全，並予瀏覽一遍。

㈢整理儀容

面談的第一印象很重要。服裝要事先選定，以美觀大方爲主。衣服的厚薄要與氣候相配合；顏色、式樣要適合求職時的場合。注意以整齊清潔合宜爲原則。

B.面談時

面談時需注意的事項分三個部分：

㈠到達

㈡在面談時

㈢面談結束

㈠到達

可早十分鐘，或更早些到達，以便先認識一下環境並有助於自己定下心來面對面談的挑戰。

記得面帶笑容，對於接待的人員的服務，多予致謝，以留下好印象。

應知面談者的名字，以後可用得著。如果不知道，可請問一下秘書。如果不好發音的名字，也可順便請問。

應徵者的穿著、坐姿、走路的姿態，及談吐等皆需要隨時注意。

㈡在面談時

在聽問題時，要小心聽，並儘量精簡地回答。面談時要注意看面談者。面露微笑，坐姿要自然，讓人有很好相處之感。至於薪水，可說依公司的規定，或可說個大約數字（一般行情）作爲起薪；但是，不能說不清楚自己可支領多少薪水，那表示自己的就業準備尚未妥善。

㈢面談結束

面談者把文件收到卷宗裏，說要應徵者等候消息，並問有沒有問題，或僅僅從椅子上站起來，這表示面談已結束。這時除非有更深入的問題，否則不要拖延時間。如果面談者伸出手，則可握握手並予致謝，並答願等候佳音。

記得離開時，順便向接待的人員致謝，說不定會有很大的效用。[20]
⊙面談時應注意的要點：

(1)不抽煙：即使面談者抽煙或請你抽煙，你最好還是不要。

(2)不喝酒：在面談時，你是在工作，喝酒會使你腦筋遲鈍，也許會影響表現。

(3)別把自信和自滿搞混了：當你在描述過去成就時，多用「我們」少用「我」，別讓人產生一種「如果那家公司沒有你準定倒閉」的感覺。大部分公司要的是充滿自信的人，而不是自得意滿的人。

(4)別攀龍附鳳：別以爲用一些名人做招牌就可以打動面談者，有時會適得其反。

(5)別引起爭辯：球賽、書籍、政治、哲學等談得愈多，引起爭辯的機會愈大。你也許可以贏得辯論，但卻可能因此失去工作。

(6)別嚼口香糖。

(7)別帶人一起去面談，即使是你的配偶。

(8)別一面談，一面又問面談者公司是否有適當的工作提供給自己

的配偶。

　　⑼不要要求面談者允許你用他的電話。

　　⑽別開玩笑。

　　⑾除了公事包或手提包，不要再帶著其他東西去面談。

　　⑿別用面談者聽不懂的方言、行話及形容詞進行面談。 ❷❶

二、準備面談時之應對

　　面談時的話題，大部分會環繞在面談者所問的問題上面，而這些問題的內容也跟著面談者的層次有關。比如說：當人事主管問問題時，內容會比較廣泛而普遍。這是因人事主管在整個雇用程序中是居於前段篩選的階段。但到了愈高層次的面談問題就可能較專業化與細部化。

　　本小節分七項目來舉例：

　　㈠認識自己

　　㈡自己的學經歷

　　㈢對方公司

　　㈣專業知識及業務

　　㈤認識應徵的職位

　　㈥一般性問題

　　㈦機智性的問題

　　㈠認識自己：

　　1.你是誰？你的家庭狀況如何？

　　2.你的個人人生目的是甚麼？

　　3.你的個人事業的目標是甚麼？長期目標是什麼？

　　4.你在為別人工作時最為認真，還是替自己工作時最為認真？

5. 你比較喜愛室內工作，還是室外的工作？

6. 你是否喜歡經常旅遊外出？

7. 你是否因某一職位必須經常出差在外，而放棄它？

8. 你是否喜歡沒有固定薪資收入而專靠一定比例的佣金？

9. 你對於有固定的薪資收入會滿意嗎？

10. 你是否能在大庭廣眾下談話而神色自若？ 或喜歡對少數人談話？

11. 你有沒有在數百人面前代表公司發言的能力？

12. 如果調職，是否樂意全家遷移，定居於一陌生環境？

13. 為求進步，是否願意減少薪資，參加一項長達一年的訓練？ ㉒

14. 什麼能夠激勵你？

15. 你認為你會喜歡這個工作嗎？

16. 你解決問題的創新能力如何？

17. 你能激勵他人嗎？

18. 你如何使自己成為一位領導者？

19. 你在學校最喜歡的科目？

20. 你在學校的表現如何？

21. 你小時的願望是什麼？

22. 到目前為止，你最大的成就有那些？

23. 你喜歡結交那一類型的朋友？

24. 你的脾氣好嗎？

25. 你能為本公司帶來什麼貢獻？

26. 在這個年齡，你為什麼還要換工作？

27. 你自動自發的精神如何？

28. 如果你有獨善其身的機會，你會多管閒事嗎？

29.在這個工作，你覺得多久之後應該獲得升遷？

30.你的健康情形如何？

31.你真的熱愛工作嗎？

32.你能不為財富而工作嗎？

33.你對孩子們關愛程度如何？

34.你認為你太太（丈夫）對於你將接任這個工作有何感想？

35.你對批評的敏感程度如何？

36.在你一生中，所遇到最大的挑戰是什麼？

37.你現在如何改進自我呢？ ❷

㈡自己的學經歷：

1.你的教育背景如何？

2.你認為最有價值的學歷有那些？

3.你認為最有意義的工作經驗有那些？

4.你認為你最成功的工作有那些？

5.你認為你有那些特殊優點和特殊能力？

6.你認為你的教育背景跟你的工作經驗有何關係？

㈢對方公司：

1.你對本公司的瞭解多少？

2.你如何知道本公司？

3.你知道本公司的特色有那些？

4.你知道本公司的商譽如何？

5.你如果成為本公司的一份子，會有何感想？

㈣專業知識及業務：

專業知識及業務的問題因各行各業而異。

以下為秘書方面的問題：

1.你認為如何才能作個成功的秘書?

2.秘書的功能如何?

3.那些是作個好秘書的條件?

4.現代的秘書必須負那些責任?

5.現代的秘書角色跟以前有何不同?

6.你對於電腦的認識如何?

7.你認為公共關係的重要性如何?

8.何謂辦公室自動化(OA)?

9.何謂 CPS? PSI? CPA? MBA? CEO?

10.秘書要如何與主管配合，才能充分發揮辦公室效率?

11.如果聘用你，你第一天要做那些事?

12.你對進出口業務瞭解多少?

㈤認識應徵的職位:

1.你知道在此職位上你的責任有那些?

2.你對於這個職位瞭解多少?

3.如果聘用你，你何時可來上班?

4.你是否會安於此職位?

5.你對此職位的發展潛力知道那些?

㈥一般性問題:

1.你是否關心時事?

2.你常說實話嗎?

3.加班會影響你的家庭生活嗎?

4.你要多少待遇?

5.你是否關心別人的事?

6.最近有何重要新聞?

㈦機智性的問題：

　1.你承擔得了壓力嗎？

　2.要你做五年，你感覺如何？

　3.為什麼想離開目前的工作？

　4.為何辭去上一個工作？

　5.你已經失業很久了嗎？

　6.你為什麼不常換工作？

　7.你為什麼一直要做這一類工作？

　8.如果明天就要上班，你能來嗎？

　9.你能獨當一面嗎？為什麼？

　10.你對公司的政策有異議嗎？

三、面談後檢討

本小節分二部分來探討：

㈠檢討面談(Interview review)

㈡寫一封後續感謝函(A follow-up thank-you letter)

㈠檢討面談(Interview review)：

面談之後，回想一下自己的表現如何，回答下面問題，用 1 到 10 來代表你曾做到的程度：

　⑴我曾儘可能的讓自己的外表看起來舒服嗎？

　⑵面談後我對這家公司的了解與先前的了解，相符合的程度有多大？

　⑶我是否保持輕鬆並對自己控制自如？

　⑷我在回答問題時，是否在強調三件事：我的能力，我的意願與

我對工作的適合性?

(5)我是否專心傾聽面談者說話?

(6)我是否將問題引導到我想強調的重點上?

(7)我察言觀色做得如何?

(8)面談者對我的回答是否引起興趣並積極的參與?

(9)我是否將回答的內容加以修正，以配合面談者個人的型態?

(10)我是否將自己的形象，精確且正面性的描述出來? ❷

(二)寫一封後續感謝函(A follow-up thank-you letter)：

在面談後約一、二天左右，可寫封後續函以感謝面談者撥空來處理應徵之事。如果能再寫一封信給曾參與甄選事務，並曾幫忙接待的秘書小姐，必可收到意外的效果。

茲舉後續感謝函範例如下：

例1. 中文後續感謝函

林先生惠鑒：

謹啓者，○○上星期四欣得參與貴公司招考而由　執事親自主持之面試，承蒙考慮爲執事之助理，此項○○渴望已久之工作自信可以適應，用特肅函申謝

恭候

覆示　順訟

時祺

應徵人

○○○敬上　月　日

例2. 英文後續感謝函❷

April 22, 1992

Mr. Su-Long Lin

General Manager

AMC Trading Co.,Ltd.

102 Nanking E. Rd., Sec 2

Taipei 106

Dear Mr. Lin:

I just wanted to write to tell you how pleased I was to meet with you last Thursday. Thank you for considering me for the position as your assistant. The job is just what I am looking for, and I think that I would be able to fit into your company very well.

I am looking forward to hearing from you soon.

Sincerely,

例3.　英文後續感謝函㉖

15 Spruce Lane

Cedar Rapids, IA 52407

May 15, 1984

Ms. Judy Jette

Office Manager

Prospect Bank

1000 Main Street

Cedar Rapids, IA 52407

Dear Ms. Jette:

Thank you for meeting with me yesterday to discuss the secretarial position. The friendly and helpful attitude reflected by you and the others I met convinced me that Prospect Bank is the type of organization with which I want to be associated.

I am confident that my experience in a position where a high degree of accuracy was required, together with my formal education, has given me the background needed to be an effective member of your staff.

I look forward to hearing from you soon.

Sincerely.

Helen Strobel

附　註

❶ Emmett N. Mcfarland, *Secretarial Procedures*, Reston: Prentice-Hall Int, 1985, p.485.

❷同上，pp. 487-488.

❸徐筑琴，《秘書理論與實務》，臺北：文笙，民國七十八年，p.159.

❹同❶，pp.489-490.

❺同❶，pp.492-495.

❻同❸，pp.162-163.

❼同❸，p.164.

❽陳振貴，《英文履歷大全》，臺北：五南，民國八十年，p.18.

❾ Himstreet. Baty, *Business Communications*, Boston: PWS-KENT, 1990, pp.348-349.

❿羅勃‧海佛，《求職指南》，洪啓銘譯，臺北：遠流，民國八十年，pp.113-114.

⓫同❾，p.354.

⓬同❾，p.356.

⓭求職技巧研究小組，《應徵面談求職技巧》，臺北：前程企管，民國七十八年，pp.84-86.

⓮同❽，pp.9-10.

⓯同上.

⓰同⓭，p.89.

⓱同⓭，pp.94-95.

⓲ L. Gartside, *Model Business Letters*, Plymouth: Macdonald &

Evans, 1991, p.427.

❶同⓾，pp.167-168.

❷同❶，pp.510-511.

❷同⓾，pp.204-206.

❷同⓭，p.108.

❷同⓾，pp.201-202.

❷同⓾，pp.223-224.

❷同❽，pp.13-14.

❷同❶，p.515.

本章摘要

　　一位主修秘書事務者，或者其他科目之主修者，在學有專精後，必定會想找個工作以求學以致用，以展抱負。這時，就必須有適當的謀職準備，才能得其門而入。

　　謀職的程序為自己先確定目標，然後經由各種管道去探討市場之需要。在經由各種途徑，發現有合乎自己理想的職位出缺時，可準備個人資料包括履歷表，申請工作函及自傳等，直接寄出或親自送往有職位出缺的公司機構。接著，雇主公司先審核所有應徵者的文件，挑選出資格條件符合要求者，寄出面談通知，或直接以電話通知面談。面談之後，應徵者可寫封後續感謝函，以表達謝意與就職的誠意，尤能奏效。最後，應徵者收到雇主公司寄出的錄取通知，謀職程序才算完成。

　　首先，要確定目標時，必須先瞭解自己的個性、性向、能力、學歷、經歷、專長等，然後考慮五個因素：㈠工作的性質㈡機構的行業㈢機構的規模㈣機構的地點㈤自己的資歷等，以建立自己的目標。

在探討市場之需要方面可分五方面：㈠親朋好友介紹，㈡報紙，㈢私人職業介紹所，㈣公營職業介紹所，㈤直接詢問。

準備個人資料包括四項：㈠履歷表(Résumé)，㈡自傳(Autobiography)，㈢申請工作表(Application form)，㈣申請工作函(Application letter)。

面談部分有三項：㈠面談前及面談時，㈡準備面談時之應對，㈢面談後檢討。

如果遵照以上步驟，按部就班，必能做好謀職準備。應徵與獲取理想之工作，則是輕而易舉之事。

習題九

一、是非題：

(　) 1.專業化的秘書將很容易可找到優越的工作。

(　) 2.秘書一般獨立作業，不必考量主管與同事間互動的關係。

(　) 3.在大的辦公場所，因為事務複雜，可以獲得較多的工作量。

(　) 4.在小的辦公單位，大小事情都得幫忙，有較大的任務和責任。

(　) 5.報紙分類廣告謀職的機會一般較多，要慎重選擇，然後去函。

(　) 6.履歷表的寫作，因為是本人的資料，所以都用「我」作為代名詞。

(　) 7.備詢人，通常以校長、系主任、上司或有名望人士為合適。

(　) 8.面談時應徵者對薪水可以表明完全沒有概念。

(　) 9.面談時的話題，大部分會環繞在面談者所問的問題上面。

(　) 10.在面談後，約十天左右，可寫封後續感謝函給面談者。

二、選擇題：

(　) 1.謀職的第一步是①確定目標②探討市場之需要③準備個人資料。

(　) 2.現代秘書的需求與以往相比為①更高②相似③更低。

(　) 3.私人職業介紹所一般抽取佣金為①第一個月②第二個月③每個月薪水

約百分之十至二十的比例。

(　) 4.公營職業介紹所抽取佣金的比例為① 10%-20%② 20%-30%③無。

(　) 5.履歷表應包括①財務狀況②教育背景③家庭資料。

(　) 6.依時間前後次序來寫的叫作①功能式②時間式③編年式的履歷表。

(　) 7.針對所應徵工作的性質來寫的叫作①功能式②傳統式的③工作式的自傳。

(　) 8.自傳的字裡行間要表現出①積極②消極③保守。

(　) 9.應徵者填妥申請工作表之後①必要②不要③可要可不要簽名。

(　) 10.申請工作函在某一方面來說，它像一封①感謝函②推銷函③後續函。

三、填充題：

1.謀職準備的四大項目為：＿＿＿＿＿，＿＿＿＿＿，＿＿＿＿＿，及＿＿＿＿＿＿。

2.探討市場之需要的途徑有五項：＿＿＿＿＿，＿＿＿＿＿，＿＿＿＿＿，＿＿＿＿＿＿及＿＿＿＿＿。

3.準備個人資料包括四項為：＿＿＿＿＿，＿＿＿＿＿，＿＿＿＿＿，及＿＿＿＿＿。

4.履歷表應包括的項目有七個為：＿＿＿＿＿，＿＿＿＿＿，＿＿＿＿＿＿，＿＿＿＿＿，＿＿＿＿＿，及＿＿＿＿＿。

5.面談前，應徵者必須注意的事情有三項為：＿＿＿＿＿，＿＿＿＿＿，及＿＿＿＿＿。

四、解釋名詞：

1.直接詢問

2. curriculum vitae

3.備詢人(references)

4.自薦函(An unsolicited letter)

5.功能式自傳

6.後續感謝函

五、問答題：

　　1.建立目標的考慮因素有那些？

　　2.履歷表寫作的原則有那些？

　　3.自傳撰寫的十原則為何？

　　4.面談的目的為何？

　　5.面談前，應徵者必須收集的資料包括那些？

六、寫作題：

　　寫出自己的中英履歷表、申請工作函及自傳。

第十章　結論

　　科技文明之進步，使得秘書工作的性質有明顯的改變。電腦的發明及軟體的使用，代替了很多以往由人力去做的業務，如檔案管理、人事管理之電腦化等，皆可省去大量的人力、精力與時間。

　　現階段已進入電腦時代，全部辦公室的工作都將電腦化。現代化的辦公室裏，每個工作人員面前皆有一臺終端機(terminal)，取代以往用紙張，費時費力又費錢的工作。

　　明顯地，電腦取代了多項文書及事務性的工作，並且有些部門可能因而裁減，或有些部門因而合併；因此，秘書的工作性質將做適當的變更，如電腦的操作以代替繁瑣的打字工作，以及公共關係業務的加強等。然而，秘書工作仍甚具挑戰性。秘書的職位仍將具有時代的新意義。

　　對於秘書工作的前景，本章將分下列二項目來討論：

一、秘書工作之展望
二、自我發展

第一節　秘書工作之展望

　　秘書的工作日新月異。純粹以打字爲主的傳統式秘書工作慢慢轉變成以電腦爲主的專業秘書工作。工作的層次也由較低層次的一般業

務轉變成較高層次的管理、財務、電腦、公共關係等業務。秘書工作之展望充滿著發展的潛力。

本節依下列項目來探討：

> 一、工作領域之擴大
> 二、管理技能之需要
> 三、電腦之廣泛應用
> 四、地位的提昇
> 五、發展的方向

一、工作領域之擴大

秘書工作市場一直在拓展，沿多方面途徑發展。經理主管們不希望秘書只能打字、檔案管理、傳譯，及回覆電話。秘書要能從事公共關係及接觸大眾的工作。有些秘書要能做簿記及預算的工作；有些則要能做電腦，文字處理，桌上排版等工作。這些工作需要各種不同的技能與才能。爲了符合工作的需求，秘書的技能與才能需與時並進。❶

二、管理技能之需要

新時代的秘書，不僅僅是聽主管的吩咐，抄抄寫寫而已；他是主管周圍團體的一部分，可以參與決策並決定一部分事務。因此，秘書的水準要求越來越高。秘書除了本身具備傳統式技能之外，對於管理方面知識的需求，將更爲顯著。

三、電腦之廣泛應用

科技時代尤需應用電腦來管理及拓展業務。傳統秘書所做的業務

如打字、檔案管理、速記、傳譯等，以往皆由人力來處理。現代的秘書已能經由電腦軟體之使用，由傳統的打字進入文字處理(word processing)，再進入試算表(spreadsheet)套裝軟體，桌上排版(desktop)，預算(budgeting)，及業務分析(sales analysis)等。秘書可發現，在事業生涯中，自己已成為公司機構具套裝軟體的智囊人物。可以預見的，由於電腦的廣泛使用於秘書業務中，秘書將因其對電腦套裝軟體的卓越知識，而提昇其地位，受到更高的肯定。❷

四、地位的提昇

秘書的技能與才能的增進，使得秘書在公司機構中的地位漸漸提昇。管理知識之增加，電腦軟體之廣泛使用，財務分析能力之具備，公共關係能力之訓練等漸漸使秘書塑造成具新形象的專業秘書。在工作上，秘書將能做更多的決定，並將更能依自己的計畫行事。很明顯地，秘書的技能與才能將更受到重視，也將使秘書的地位提昇。

五、發展的方向

由於秘書工作領域提供甚多在職訓練及再教育的機會，使得秘書的技能及才能不斷地提昇，秘書的業務也漸漸地專業化。此專業化的趨勢將使秘書在工商社會中漸漸發展成為專業秘書。資深的專業秘書可晉升為其專業範疇的主管。專業秘書所擅長的項目分別為下列五方面：

㈠人事管理方面：

人事管理即是要以科學的方法從事研究組織內部人事活動。其目的在於運用科學的計劃、組織、指揮、協調、管制的原理和方法，使企業獲得人與事的配合，人與人的協調，發揮人的潛能與事的高度效

率。

　秘書，由於曾經協助主管從事人事管理方面的業務，對於人事管理的理論與實務必能有所通曉。所以，秘書如往人事管理方面發展，必能以其多年訓練所具備的計劃、組織、指揮、協調等能力來作爲發展之基礎，發揮潛力。❸

　㈡公共關係方面：

　公共關係從業人員的條件，要有熱心的個性，以眞誠的態度去說服他人，發揮高度溝通能力。要以高操的品德，靈巧的智慧，敏銳的觀察，及卓越的領導，去與大衆接觸、聯繫，才能促使公共關係政策的成功。如此，才能成爲傑出的公共關係人員。❹

　優秀秘書的條件與傑出公共關係人員的條件可以說是不謀而合。因此，公共關係也爲優秀的秘書人員鋪出一條發展的途徑。

　㈢電腦業務方面：

　辦公室的自動化，使得秘書擅長於電腦資訊業務。由於業務的需要，秘書必須要熟悉各種套裝軟體，例如，LOTUS 1-2-3，WORD-STAR，PE1-2-3，D-BASE 等。電腦業務不斷地推陳出新，秘書的業務也跟著日新月異，才能趕上時代的潮流。因此，秘書平日之電腦訓練，已奠下其日後往電腦業務發展之基礎。

　㈣管理及訓練方面：

　管理爲秘書工作的主要功能之一。在組織體制中，秘書應納入管理階層。優秀的秘書要具備有管理的技巧與技術，有組織的潛力，才能做好管理的工作。

　卓越的秘書，因其與業務涉及管理方面的事務及在組織方面的潛力，可往管理方面發展，開拓美好的展望。

　另外，有些秘書因與人力訓練的業務有所接觸，可往人力訓練及

教育方面發展。一位優秀的秘書，以其平日處理事務的經驗，積極主動的精神，縝密處事的心思，圓滑的人際關係技巧，來辦理訓練工作是非常理想的人才。

所以，秘書如果往管理及訓練方面發展，亦可創出錦繡前程。

㈤財務會計方面：

有些秘書對於財務及會計必須負監督管理之責，所以必須精於財務分析與會計業務。由於秘書的細心處事態度及周密的思慮，財務與會計將是很有潛力的發展途徑。

第二節　自我發展

秘書，由於工作的關係，具有很多機會可發展其潛力及自我教育。本節依下列項目來討論：

一、職業發展
二、陞遷
三、決定生涯方向

一、職業發展❺

接觸面的廣泛使得秘書能夠不斷地精進其職業技能。在職業技能上，秘書能夠自我發展的項目包括：㈠在秘書專業機構中的求進，㈡閱讀進修，㈢研討會，及㈣正式教育等四項。茲以美國的情形為例，分別說明如下：

㈠在秘書專業機構中的求進

在美國，幾乎所有大城市皆有秘書的專業機構。一般專業組織皆

爲專門行業所設，例如法律、醫藥等；但至少會有一兩個組織機構是爲上班族而設的。這些組織提供秘書與會員互動及精進其專業技能的機會。

有些組織機構爲增進秘書的素質，辦有專業秘書檢定考試。

美國專業秘書協會(PSI:Professional Secretaries International)設有秘書檢定機構(The Institute for Certifying Secretaries)，其主要目的即在鼓勵秘書提昇其專業水準。此機構的主要功能在準備及舉辦每年一次的合格專業秘書(CPS:Certified Professional Secretary)考試並提升 CPS 的資歷。

合格專業秘書(CPS)的考試源自西元 1951 年。每年在大約 250 地區舉行二天的考試。考試科目包括六項目：

1.商業中的行爲科學(Behavioral science in business)

2.商事法(Business law)

3.經濟學及管理(Economics and management)

4.會計(Accounting)

5.溝通實務(Communication applications)

6.辦公室管理及技能 (Office administration and technology)

其他專業協會也提供考試服務及專業秘書鑑定工作。美國全國法律秘書協會〔NALS: The National Association of Legal Secretaries(International)〕爲會員提供多項服務並舉辦專業法律秘書(PLS: Professional Legal Secretary)檢定考試。二天的考試包括科目有：

1.法律秘書技能(Legal secretarial skills)

2.判決實務(Exercise of judgment)

3.法律術語及技術(Legal terminology and techniques)

4.秘書實務(Secretarial procedures)

5.人際關係(Human relations)

6.會計(Accounting)

㈡閱讀進修

秘書可經由閱讀進修工商業及專業之書籍以增進自己的智能，擴大自己發展的領域。在美國，秘書每天至少閱讀一份報紙和一份新聞週刊，及下列的雜誌：

1.《辦公室》（*The Office*）

2.《辦公室管理及自動化》（*Office Administration and Auto-mation*）

3.《秘書》（*The Secretary*）

4.《現代辦公室實務》（*Modern Office Procedures*）

5.《現代辦公室及資料管理》（*Modern Office and Data Management*）

除了報章雜誌外，秘書應多看些書籍以擴大知識領域。在閱覽書籍報章雜誌時，應多注意商業相關的文章及廣告等，以便可應用來增進工作效率，使公司業務營運更騰達。

㈢研討會

美國的大學及一般組織機構經常為專業秘書舉辦研討會。一般公司會出資讓秘書參與研討會，以提昇秘書專業的知識及應變的能力。

下列為最近常討論的話題：

1.組織機構中秘書的角色(Your Role in the Organization)

2.計劃及管理的技巧(Techniques for Planning and Control)

3.增進人際關係技巧(Improving Interpersonal Skills)

4.有效時間管理策略(Strategies for Effective Time Management)

5.促進秘書及主管的團隊精神(Strengthening the Boss／Secretary Team)

6.自我主張訓練(Assertiveness Training)

7.有效商業寫作(Effective Business Writing)

8.辦公室有效溝通(Effective Communication in the Office)

9.由時間管理來增進工作效率(Increasing Job Effectiveness Through Time Management)

㈣正式的教育

秘書雖然已由學校畢業，但正式教育並未終止。很多公司幫秘書付學費使其能繼續進修相關課程。例如，進修外語，可增加至國外工作的機會。修習電腦，有助於辦公室的電腦化。多修些技能課，可使自己擴大責任的領域，開擴美好的前景。

二、陞遷❻

秘書不斷的提昇自己的知識與能力。不斷的再教育，使得秘書有機會得到陞遷。陞遷可能是在同公司內職位的升等，也有可能是換到另一家公司。

很多秘書皆安於現狀，並不很想陞遷，因陞遷可能會帶來額外的新責任。所以，在決定是否接受陞遷以前，秘書可考慮以下六點：

1.對於新的工作以後是否會厭膩？

2.對於目前的工作，應再加強那些，才能做得完美？

3.由於所需技能之變更，工作是否受影響？

4.薪水是否仍可接受？

5.如果換新的主管，是否會受影響？

6.以後陞遷的可能性？

本小節分二項目來討論：

㈠尋求陞遷

㈡得知職位出缺

㈠尋求陞遷

秘書能在現職工作，表示有在現職工作的能力。但是，如果要換到高層次的工作，則必須在尋找工作前，充實自己。

在尋找陞遷前，秘書應自我問下列問題：

1.對於現職，是否能勝任？

2.是否百分之百可靠？

3.行為是否顯示愛自己的工作及公司？

4.是否有效的團隊工作者？

5.是否比別人更有資格陞遷？

6.是否做好陞遷的準備工作？

有時候，夠資格陞遷的人並沒有得到陞遷。這可能是他們的表現並沒有被主管所發現。

所以，秘書要使主管或人事單位知道自己有好的表現。例如，如果秘書修完一個課程或通過一項考試，就寫個便條紙給人事單位，請求把此資料存入檔案中。如果主管尚不知，也可給他一張便條。

精通自己的業務是很重要的，但也不能使自己的業務變成非自己莫屬，別人無法接辦。記得，必須有系統地整理自己的業務，使任何人皆可輕易地接辦。例如，教導同仁如何使用辦公室設備，整理出常

用的電話號碼，準備書面的辦公室作業流程，以利遵循辦理。

（二）得知職位出缺

秘書，由於其業務的關係，會比公司的其他同仁較早得知任何職位的出缺。這時，秘書如果有意想獲此空缺職位，便可先向人事單位示意，以求捷足先登。

例如，秘書在午餐閒談中，得知某同事的配偶將於六個月後調往國外任職。雖然同事尚未通知人事單位將辭職，秘書如果有意接此職位，可先去進修研習此職位所需的技能。到時，秘書已成爲完全適合此職務的人選了。

三、決定生涯方向❼

秘書如果想待在某一職位，就必須考慮到那個職位向上發展的可能性。如果認爲發展幅度有限，就可考慮找一家發展潛力較大者。或許在應徵工作時可問：「如果表現不錯，這職位的發展性如何？」或「以前在此職位的人，現擔任何職位？」

本小節分下列五項目來討論：

（一）改變生涯
（二）熟悉工作領域
（三）決心轉職
（四）瞭解管理功能
（五）辨認管理能力

（一）改變生涯

秘書如果想改變職業，可有很多途徑，例如會計、財務、人事、行銷、電腦、公共關係人員，或成一管理人員等皆是很適當的行業。

㈡熟悉工作領域

一旦要考慮轉職，秘書就要小心探討新工作所需要的資格。如果需要再教育，須考慮是否可能上夜校進修或辭職專心上課。

㈢決心轉職

在決心轉職時，準備二個表。一個表寫下轉職的理由。另一個表記下留在秘書界的優點。依此兩個表，好好考慮，依照最有利的因素，做下決定。切記，勿只因金錢等單一的因素而轉職。

如果因對目前工作不愉快，想轉換一家新公司。秘書記得把不愉快的因素找出來；可能不愉快的因素是與工作無關，那麼新工作也不會帶來愉快。甚至於，如果是與工作相關，轉職也不一定解決問題。所以說，在某公司與同事有適應困難的人，換到另一公司也會遭遇相同問題。

㈣瞭解管理功能

秘書需瞭解管理的功能包括計畫(planning)，組織(organizing)，控制(controlling)，用人(staffing)，督導(directing)。

秘書在輔佐主管執行管理任務時可獲得很多管理方面的技巧。秘書如果升為管理人員，將從基層管理人員做起，上司則是中級經理人員。基層管理人員的任務包括做決策，與屬下、上司溝通，及分派任務。

決策過程的步驟關係密切，專家把過程分別定位如下：

1.找出問題。

2.找出可能的解決辦法。

3.分析評估解決辦法。

4.選擇一個辦法。

5.施行此選出的辦法。

管理人員需對決策的結果負責。其實，管理人員需經常徵求上司的意見及支持，並詢問屬下，以發現問題，分析問題，並解決問題。

管理人員負責決定要做那些任務，並甄選人員來完成它。好的管理人員不會獨攬所有的工作。然而，他會確定屬下都瞭解任務，多予授權，並自己隨時提供協助。屬下的責任，即是成功地完成任務。卓越的管理人員必須能夠與上司、其他主管、人事人員與屬下溝通。

管理人員與上司的溝通包括定期報告、執行指示、提供意見、請求協助解決問題等。

管理人員對於上層管理階層的指示，須能正確地佈達予屬下。因此，溝通的技巧很重要。

㈤辨認管理能力

在準備尋求管理職位時，秘書需要列出自己的能力。想想在目前的職位，能完成多少任務？問問自己是否有資格擔任管理職務：

1.能清晰地提供指示給別人？

2.能承擔責任？

3.能接受挑戰？

4.關心別人的福利？

5.有必備的技能？

6.易於相處？

7.態度進取？

8.做事積極？

9.可靠性？

10.欣然接受批評？

11.是否合作？

12.能否適應緊急狀況？

13.仔細聽別人?

14.尊重別人?

15.熱衷於自己的工作?

16.如期完成任務?

17.把握機會進修?

18.能否圓滑地指出別人的錯誤?

在應徵管理人員時,秘書應列個表展示出自己在上述範疇的能力,以證明自己的資歷。

新的時代將對秘書提供很多的事業選擇。很多秘書人員將會走向電腦、財務、桌上排版、人事行政及管理。爲了做最好的生涯選擇,秘書必須考量自己的智能與才能,繼續發展新的興趣,評估是否該繼續深造。而且,在自己公司或經辦的業務中,留意新契機的來臨。❽

附　　註

❶ Marcia A. Manter, "The 1990s: Secretaries Discover New Career Paths", *The Secretary,* April 1990, P.8

❷同上, P.9

❸徐筑琴,《秘書理論與實務》,臺北: 文笙, 民國七十八年, pp.36-37

❹同上

❺ Emmett N. Mcfarland, Secretarial Procedures, Reston: Prentice-Hall Int, 1985, pp.521-524

❻同上, pp.524-525

❼同上, pp.526-529

❽同❶ p.9

本章摘要

由於科技時代的來臨，秘書也須承擔新的角色。傳統秘書所做的工作，雖仍需由秘書來做，但方法與方式皆已漸改變。此改變來自電腦的使用；電腦帶動了辦公室自動化。電腦代替並革新傳統的打字、行程安排、檔案管理、及其他管理業務等。秘書業務隨之專業化，秘書的地位也提昇，能自主的權力也較大。有些資深秘書晉升爲人事、資訊、財務、公關、管理等主管。秘書的前景充滿著燦爛的希望。

本章分二主要章節：㈠秘書工作之展望，㈡自我發展。秘書工作之展望分五小節爲：㈠工作領域之擴大，㈡管理技能之需要，㈢電腦之廣泛應用，㈣地位的提昇，㈤發展的方向。在自我發展方面，分三小節：㈠職業發展，㈡陞遷，㈢決定生涯方向。

秘書的自我發展，首先包含職業發展。職業發展即是在職進修，可分㈠在秘書專業機構中的求進，㈡閱讀進修，㈢研討會，及㈣正式的教育。秘書可隨時充實自己，作爲對內陞遷及對外高昇的基礎。在陞遷方面，必須注意的是㈠尋求陞遷及㈡得知職位出缺。在決定生涯方向時，需注意㈠改變生涯的途徑，㈡熟悉工作領域，㈢下定決心轉職，㈣瞭解管理功能，㈤辨認自己管理能力。

秘書的工作提供了很多進修及學習的機會。由於時代的進步及科技的發達，秘書因其所擔任的專業職務，而受到重視並提昇其地位。專業秘書因應而生。管理任務因而加重。所以，秘書應在平時多多把握機會充實自己，以秘書職務作爲陞遷爲行政主管之踏腳石，開創自己的錦繡前程。

習題十

一、是非題:

( )　1.科技文明的進步, 使得秘書的工作性質有明顯的改變。

( )　2.秘書工作市場一直在拓展, 沿單方面途徑發展。

( )　3.新時代的秘書可以參與決策並決定一部份事務。

( )　4.辦公室的自動化, 使得秘書擅長於公共關係。

( )　5.管理爲秘書的主要功能之一。

( )　6.美國全國法律秘書協會(NALS)負責檢定合格專業秘書(CPS)。

( )　7.美國合格專業秘書(CPS)考試科目之一爲商事法。

( )　8.陞遷不可能帶來額外的新責任, 所以很多秘書很想陞遷。

( )　9.秘書需有系統地整理自己的業務, 以利他人來接辦。

( )　10.秘書如果升爲基層管理人員, 上司則是中級經理人員。

二、選擇題:

( )　1.現代化的辦公室裏, 每個工作人員面前, 皆有一臺①打字機②終端機③收銀機。

( )　2.成爲公司機構具套裝軟體的智囊人物的是①秘書②經理③董事長

( )　3.秘書地位的提昇是由於秘書的①智力與口才②熟練與天資③技能與才能。

( )　4.資深的專業秘書可晉升爲①董事②董事長③主管

( )　5.秘書的主要功能之一爲①管理②調查③諮詢

( )　6.美國合格專業秘書（CPS）的考試, 源自西元① 1961 ② 1951 ③ 1971 年。

( )　7.美國合格專業秘書(CPS)的考試是每①一年②二年③三年舉辦一次。

( )　8.秘書多修些技能課可使自己①擴大責任領域②減少負擔③增進人際關係。

（　）9.較不適合秘書發展的途徑是①行銷②電腦③設計。

（　）10.秘書如果升爲管理人員，將從①中層②基層③高層管理人員做起。

三、填充題

　　1.專業秘書發展的方向有五方面爲：＿＿＿＿＿＿，＿＿＿＿＿＿，＿＿＿＿＿，
　　　＿＿＿＿＿＿，和＿＿＿＿＿＿。

　　2.美國合格專業秘書(CPS)的考試科目有六項目爲：＿＿＿＿＿＿·＿＿＿＿＿＿
　　　＿，＿＿＿＿＿＿，＿＿＿＿＿＿，＿＿＿＿＿＿和＿＿＿＿＿＿。

　　3.管理的功能包括五項爲：＿＿＿＿＿＿，＿＿＿＿＿＿，＿＿＿＿＿＿，＿＿＿＿
　　　＿，及＿＿＿＿＿＿。

　　4.秘書的職業發展可分四項目爲：＿＿＿＿＿＿，＿＿＿＿＿＿，＿＿＿＿＿＿，及
　　　＿＿＿＿＿＿。

四、解釋名詞：

　　1. CPS

　　2. PSI

　　3.電腦套裝軟體

　　4. NALS

　　5. PLS

　　6.閱讀進修

　　7.管理的五功能（要素）

五、問答題：

　　1.秘書工作之展望可分爲那五大項目?

　　2.現代秘書的地位爲何提昇?

　　3.秘書發展的方向有那些領域?

　　4.秘書自我發展的項目有那三方面?

　　5.秘書如何決定生涯方向?